百年天演

——《天演论》研究经纬

苏中立◎著

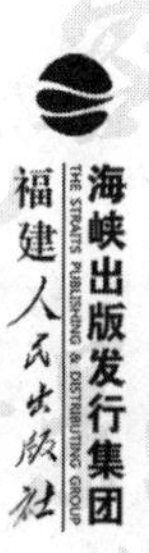

海峡出版发行集团
THE STRAITS PUBLISHING & DISTRIBUTING GROUP
福建人民出版社

本书由闽都文化研究会资助出版

目　录

绪　论

《天演论》是中国近代史上一部划时代的著作，一百多年来，人们对它的研究长盛不衰，而且是开头热、后头盛。一部"零编小识"的译作，竟然能够产生如此强烈而又持久的学术效应和社会效应，实在是思想文化史上独特的奇观。

我从20世纪80年代开始研究严复，至今已30余年，未曾中断。90年代开始，我在广泛搜集有关严复研究资料的基础上，开始撰写、发表有关严复研究的著作与论文，并先后出版了《救国、启蒙、启示——严复与中西文化》(1992年)、《严复思想与近代社会》(与涂光久合著，2006年)、《百年严复——严复研究资料精选》(与涂光久合编，2011年)等书稿，此后便专心整理、撰写《百年天演——〈天演论〉研究经纬》一书。

一、本书写作之缘由

1.《天演论》与严复的历史地位相关联。

"天演"和"严复"不可分离：严复担当了译述《天演论》这一历史重任，回答了时代提出的重大课题；《天演论》则奠定了严复在近代史上的杰出地位，赋予严复不朽的声名——最杰出的启蒙思想家、爱国主义者、富有开创性的哲学家、社会学家、教育家、翻译家、向西方寻求真理的先进人物、世界文化巨匠……故而有人称严复为"天演严"、"天演宗哲学家"，严复与天演是二而一、一而二，不可分离的。因此，研究严复不能不研究《天演论》，乃将研究严复和研究《天演论》的文献资料同时进行搜集整理并编辑出版。

2.对《天演论》进行全面系统研究尚属空白。

如前所说，《天演论》是一部划时代的著作，具有重要地位，但还没有一部全面系统对其进行研究的著作问世，为了弥补这一空白，我决心进一步对其进行研究。

3.《天演论》的影响既广且深，更加激发了探索意愿

知名学者曹聚仁说："近二十年中，我读过的回忆录，总在五百种以上，他们很少不受赫胥黎《天演论》的影响。"此语更加引发了我探索《天演论》的浓厚兴趣，想了解这五百种回忆录的内容。几十年来，尤其是近几年来，我收集了大量的有关《天演论》的资料，在我读过的有关严复问题的各类文书中，至少有千种以上提到"天演"或《天演论》的内容，其中以"天演进化"、"物竞天择"、"与天争胜"、"自强保种"、"苦乐善恶"、"信达雅"、"力智德"等观念，传播得最为广泛。对哲学、伦理学、翻译学、社会学、教育学、政治学、文学、史学、乃至生物学等领域，影响最为深远。我于是边阅读、边摘录并打印了1896年至2008年102年中内含天演的各类文书共700多篇，20多万字，在此基础上再进行专题研究，最终形成这部著作。

《百年天演——〈天演论〉研究经纬》和《百年严复——严复研究资料精选》，原计划同时出版。在2011年纪念严复逝世90周年和辛亥革命100周年之际，由福建人民出版社先出版了当时已交稿的《百年严复——严复研究资料精选》一书；之后，我便集中精力进行《百年天演——〈天演论〉研究经纬》一书的定稿工作，力争早日出版，献给2014年纪念严复诞生160周年大会，也在我80岁生日之际，了结我的学术心愿。

二、本书的主要内容

本书除了绪论、后记、附录外，分为五个部分：《天演论》研究之历史和现状，《天演论》之版本类型及其比较，《天演论》的翻译问题，《天演论》的内容问题，《天演论》的影响问题。

（一）《天演论》研究之历史和现状

本书将102年间702篇内含天演的各类文书，按时序分为三个时期（清末、民国、中华人民共和国成立后）、六个阶段（戊戌时期、辛亥时期、北洋政府时期、南京国民政府时期、中华人民共和国成立初期、改革开放以后），每个阶段又从翻译研究、内容研究、对《天演论》和严复的评价、基本特点等方面进行概述。

第一，从文书的分布来看。可从纵横两面来观察。

从纵向来看，以文书数量计，是两头多，中间少。清朝末年和改革开放后这两个时期比较多，其余时期比较少。

从横向来看，以文书类型计，书信、日记主要是在清末时期；诗词主要是在清末和改革开放以后；翻译、哲学论著，主要是在民国时期和改革开放以后；

其他文章、论著也主要是在清末和改革开放以后撰写的。

总之，无论从纵向还是从横向观察，都主要是清末和改革开放后比较多。清末17年也是革新之年，可见，严复及其《天演论》是和改革开放、现代化紧密联系在一起的。

第二，从文书的内容来看。

关于《天演论》的翻译研究，包括《天演论》译述的时间、原因、宗旨、方式、文体、态度、标准、翻译思想的来源以及严复与林纾、辜鸿铭之比较等，重点是关于翻译时间、翻译方式、翻译文体、翻译标准的论述和争辩。

关于《天演论》的内容研究，包括天演、演化、进化、进步的界定及其关系，物竞天择的起源、普适性、形式、结果，进化思想的流行、性质、作用，竞争与互助、大同的关系，自强保种、合群救国，警钟、维新、革命、新文化，科学思想，民主思想，等等。

关于《天演论》和严复的评价。

一百多年来，对《天演论》的评价，反映出国人对《天演论》的认识有一个逐步深入的过程。在清末和民国时期，主要是对《天演论》本身的性质和价值的评估，认为《天演论》是奇作、宏制、名著、新学、善本、哲理之学，有稗于国计民生。中华人民共和国成立以后，学者进而对《天演论》的历史作用和历史地位进行评估，认为《天演论》是号召书、代表作、奠基作，是警钟，是划时代的著作，《天演论》奠定了严复的杰出地位。

一百多年来，对严复的评价，也反映出国人对严复的认识是逐步深入的，是由感性到理性、由浅入深的。清末时期，主要是从翻译西书、介绍西学方面评估严复，认为严复"为译界泰斗"，"于西学、中学皆为我国第一流人物"。民国时期，除了肯定严复翻译西书、介绍西学，认为严复是"近世译才"之"首"、是"西方思想的最大权威"、"是中西文化批判的前驱"之外，还强调其西学思想、哲学思想，认为"严复是介绍西洋近世思想的第一人"，是"学贯中西之哲"、是"第一"位"介绍西洋哲学"者，并提出了严复"是一位划时代的人物"、"为中国近代思想第一位的启蒙人"等说法。中华人民共和国成立后，尤其是改革开放以后，对严复进行了全面的高度的评价，除了普遍肯定严复是中国近代著名的启蒙思想家、翻译家、教育家、爱国者、向西方寻求真理的先进人物之外，还提出了许多新的命题：从翻译方面说，认为严复是"我国近代译界之巨擘"、"开山祖师"、"一代翻译宗匠"、"近代译学之父"；从思想文化方面说，认为严复是"一个划时代的思想巨擘"，是"传播西学的先师和主帅"，是"中国的普罗米修斯"，是"划时代的文化巨人，世界的文化巨匠"，是"中国近代思想文化史上里程碑式的巨人”；严复还是“天演哲学家”、“政治家”、“文学家”，严复“开创了中国近代思想革命的新纪元”，等等。

由于《天演论》奠定了严复在中国近代史上的杰出地位，所以在评价《天演论》的时候必然要涉及对严复的评价，在评价严复的时候也必然要涉及对《天演论》的评价，如康有为所说，“严复译《天演论》为中国西学第一者也”，这就把严复和《天演论》紧密地结合在一起，形成二而一、一而二也。

总之，从对《天演论》和严复的评价这一侧面，就可以反映出一百多年来《天演论》研究的一般状况，“《天演论》研究之历史和现状”这一专题，在一定意义上可以说是一部《天演论》研究的学术发展史。

关于每一阶段《天演论》研究的基本特点，主要是从研究内容、研究人员、传播方式等方面分析。

从“《天演论》研究之历史和现状”中，还可以说明《天演论》本身的总特点，即新、全、通、今。一是新——思想新颖，二是全——如同百科全书，三是通——会通中西，四是今——联系现实。这既是严复改造《天演论》的必然结果，也是《天演论》长盛不衰的根本原因。

（二）《天演论》之版本类型及其比较

《天演论》的版本大致分为五种类型：《天演论》手稿本、《天演论》节录本、《天演论》正式本、《天演论》商务本、《天演论》白话本。弄清《天演论》的版本类型及其特点，对于准确了解《天演论》的内容、影响、意义，都非常重要。

（三）《天演论》的翻译问题

主要是严复译述《天演论》的时间、原因、宗旨、原著改作等四个问题。

一，严复译述《天演论》的时间。

由于文献记载不同，一百多年来一直存在着分歧，主要有三种观点：1895年说，1896年说，1895年或1896年存考说。比较起来，1896年说的证据比较充分，无论是主证，还是旁证，或者是反证，都证明严译《天演论》，应在1896年，而不可能是1895年。

二，严复译述《天演论》的原因。

这个问题可以从三个方面进行思考：第一，是严复为何要译述西书；第二，严复为何不译达尔文、斯宾塞之书；第三，严复为何要译赫胥黎之《进化论与伦理学》。其具体原因有五：《进化论与伦理学》是小书，简约、较易翻译；它具有发挥学术思想的空间；它适应当时中国社会现实的需要；它提倡一种新的社会伦理思想；严复选译赫胥黎的著作与他崇尚理性思维有关。

三，严复译述《天演论》的宗旨。

百余年来，学术界对严复译述《天演论》宗旨，有许多不同的提法，根据严复、吴汝纶以及《天演论》文本的说明，严复译述《天演论》的宗旨，可归结为物竞天择，与天争胜，合群御侮，变法图强，救国保种。从思想层面来说，可以分为三个层次：首先是危机意识，其次是竞争意识，最后是历史使命感。

四，《天演论》是严复对赫胥黎原著的改作。

所谓“改作”，是说正文部分，有着赫胥黎原书的主要内容、基本精神；但就全书来说，又有严复自己对原书正文删除、改变和增添的内容，还有严复自撰的译者序、译例言、复案、译者注等。总之，《天演论》既不是单纯的译著，也不是完整的已著，曰改作之著，是比较符合实际的。

（四）《天演论》的内容问题

一，《天演论》是一部百科全书式的著作。

《天演论》中“横览五洲六十余国”和“上下六千余年之记载”，勾画了中外的地理、历史、哲学等的知识谱系，并具体指出全球五大洲的洲名和24个以上国家的国名，涉及、介绍18门以上的东西方自然科学与哲学社会科学的具体学科、100名以上的中外重要人物，此外，它既概述了中西古今自然科学和哲学社会科学的发展历程，又具体阐述了各个学科的内容，真可谓综论古今中外的百科全书。

二，《天演论》中对达尔文、斯宾塞的介绍。

在严复译述的《天演论》中，介绍了达尔文及其《物种由来》一书，称“达尔文真伟人”，他“倡晚近天演之学”，“发物竟、天择二义”，其书“《物种由来》，以考论世间动植物类所以繁殊之故”，属生物进化论；“天演之学，将为言治者不祧之祖”，“自有达尔文而后生理确也”。认为该书“为格致家不可不读之书”。

严复还介绍了斯宾塞及其《天人会通论》一书，称斯宾塞为“生物名家”，他“亦本天演著《天人会通论》”，“贯天地人而一理之”。认为该书“亦晚近之绝作也”，“其说尤为精辟宏富”，并详细介绍了“斯宾塞尔”之“天演界说”、“天择”说、“体合”说、“任天”说、“自由”说、“群学”说、“保种公例”说、“进种大例”说、“善恶”说、“过庶”说、“郅治—太平”说等内容。

“天演论”虽然是严复翻译赫胥黎的著作《进化论与伦理学》一书的别名，但严复却将达尔文、斯宾塞的思想融入其中，不仅准确地阐述了达尔文学说的核心内容，高度地评述了达尔文其人、其书的地位和意义，而且详述了斯宾塞著作的具体观点，并与赫胥黎的思想进行比较分析，更高地肯定了斯宾塞及其著作的地位和意义，这对近代中国传播达尔文和斯宾塞的进化思想起着重要的作用。

三，《天演论》与哲学思想。

《天演论》中的哲学思想是非常丰富的，学术界往往把它列入哲学一类书籍之中。这里只就五个问题简述如下。

首先，为什么说西方进化思想的输入是从严复译述《天演论》开始的？这个问题主要从《天演论》之前和之后宣传进化思想的内容、影响之异同进行思考，说明《天演论》较系统、完整地介绍了西方的进化思想，如进化的普遍性、进化的动力、进化的过程、进化的方式、进化的道路、进化的趋势等。

其次，《天演论》是否是上半部唯物论、下半部唯心论？应该说，《天演论》上下两部分，均有唯物论和唯心论的思想。上半部分，虽然主题是讲自然界的生物进化，具有自发的唯物论思想，但其内容无不涉及人类社会的进化发展，也反映出一些唯心论思想。下半部分，虽然主题是讲人类社会中的诸多问题，具有明显的唯心主义观点，但也不乏唯物主义成分。

再次，严复的西方哲学知识是否很有限？严复是否只研究了英国哲学，没有研究德国哲学？实际上，在严复译述的《天演论》中，介绍了十多位古希腊哲学家的代表人物及其观点；介绍了文艺复兴以后的欧洲哲学——包括英国培根经验论和法国笛卡儿唯理论，英国洛克、休谟和德国康德、英国斯宾塞等人的不可知论，形成了较完整的西方哲学知识谱系，说明严复对西方哲学的了解，不是很有限的，而是较为系统的了，只是由于《天演论》内容的限制，没有具体展开而已。严复在 1906 年发表的《述黑格儿唯心论》一文中，不仅介绍了德国哲学的发展历程，还介绍了诸多哲学家——康德、费希特、谢林、黑格尔、叔本华，特别是介绍了黑格尔哲学的师承关系及其独特观点，讲清了德国古典哲学的来龙去脉，实属难能可贵，应该载入史册。

有的学者提出严复的“三个世界”说，认为“易的世界，群的世界，名的世界，包含了严复对整个世界的理解，从而构成了一个完整的世界观”；它“在严译《天演论》中也已得到了初步的表达”。这个问题具有新意，值得深入探讨和研究。

最后，《天演论》是否宣传了庸俗进化论？有的学者认为，严复在《天演论》中只承认渐变而否认飞跃，又强调外因的决定作用，宣传了庸俗进化论的观点。这种看法是值得商榷的。《天演论》中说：“物形之变，要皆与外境为对待……惟外境既迁，形处其中，受其逼拶，乃不能不去故以即新。”这似乎有外因决定论之嫌，但他是在肯定内因的基础上强调外因的作用的，唯物辩证法也认为，外因在一定条件下也是可以起决定作用的。一般人认为，渐进论就是只主张量变，不主张质变，这是一种误解。实际上，渐进论也主张质变，即由量的逐渐积累，最终实现质的突破，由旧质转变为新质。如维新派主张通过变法实现由君主专制到君主立宪制的转变，也是一种质变。

四，《天演论》与社会达尔文主义。

《天演论》与社会达尔文主义的关系，有三种基本看法——肯定或否定《天演论》中宣传了社会达尔文主义观点，或者认为宣传了社会达尔文主义的某些观点。

社会达尔文主义是一个内涵分散而外延多元化的概念，《天演论》中宣传的社会达尔文主义，有接受，有淡化，有改造，也有抵制。接受的观点是物竞天择、宜者生存，种族之高下、优劣，强昌弱亡，弱者先绝，强者后亡。淡化的观点是社会有机体论、白种优胜论、弱肉强食论、强权即真理论。改造的观点是竞争论和天择论。抵制的观点，主要是任天为治说和择种留良说。

《天演论》中对待社会达尔文主义的选择性特点，是由我国国情、民情所决定的。用改造了的社会达尔文主义来解释中国近代的危机及其原因和出路，在理论上具有较强的说服力，在现实上具有较高的合理性，因而容易被国人所接受。

（五）《天演论》的影响问题

一，是《天演论》的传播方式及其特点。

首先，人际传播，它包括直接传播和间接传播，如个人阅读、背诵、回忆《天演论》，集体讨论《天演论》，《天演论》手稿传阅、传抄，学堂宣讲《天演论》，等等。

其次，大众传播。《天演论》的大众传播主要是通过报纸、杂志、特刊、书籍等文字传播媒介进行的，约有 20 种以上的报刊曾发表过宣传《天演论》的文章，约有千种以上各类书籍宣传《天演论》，还有纪念会、研讨会讨论《天演论》，这些对于《天演论》的传播，起了稳定的、持久的、完整理解的作用。

《天演论》不仅在国内产生广泛而又深远的影响，在国外也得到了一定范围的传播，产生了一定的影响。

二，是天演惊雷与辛亥思想的多元趋向。

严复译述的《天演论》，使辛亥革命时期的哲学、民族学、政治学、科学、文学等诸多学科和思想领域，出现了多元化的趋向，如《天演论》的哲学底蕴与辛亥时期哲学思想的分化，《天演论》中的保种呼唤与辛亥时期民族思想的不同模式，《天演论》的怵焉知变与辛亥时期变革思想的分野等。

《天演论》中的进化发展观、种族思想、变革主张等，既具有超时空的普遍意义，又适应了辛亥革命时期形势急剧发展的需要，因而得到各阶层、各派别人士的关注，他们都利用这些思想为各自的不同主张进行论证，从而使其成为辛亥革命时期社会思想发展的渊源之一，说明《天演论》在我国近代社会思想的发展历程中，在某些方面具有开先河的重要地位和导航的巨大作用。

第一章 《天演论》研究之历史和现状

第一节 清朝末年《天演论》研究概述（1895—1911 年）

一、戊戌前后（1895—1900 年）

这一时期论及《天演论》的文章有 66 篇。

（一）关于《天演论》的翻译问题

1. 译书宗旨。戊戌前后，严复译述《天演论》的宗旨主要有四种提法：保种卫族说，与天争胜说，谲谏之资说，救世说。

第一，保种卫族说。严复在 1896 年的《天演论》自序中说，赫胥黎此书反复表达了“自强保种”这一意图。吴汝纶在 1898 年的《天演论》序中说，《天演论》中贯穿了“赫胥黎氏以人持天，以人治之日新，卫其种族、怵焉知变之说”。

第二，与天争胜说。孙宝瑄在 1897 年 12 月 27 日日记中说：“《天演论》宗旨，要在以人胜天。”①

第三，谲谏之资说。吴汝纶在 1897 年说，严复是在“炎黄种族将无以自存”的形势下，为“忠愤所发，特借赫胥黎之书”，强调“人治”，“用为主文谲谏之资而已”。②

第四，救世说。严复在 1897 年说，《天演论》如能“公诸海内，则将备二、

① 孙宝瑄：《忘山庐日记》（上），上海古籍出版社 1983 年版，第 155、156 页。

② 吴汝纶：《致严复书》（1897 年 3 月 9 日），《严复集》第 5 册，中华书局 1986 年版，第 1560、1561 页。

三百金为之。郑侨有言：‘吾以救世也’”。①

2. 译书方式。梁启超在 1897 年肯定了严复“达旨”式的译书方式，认为“凡译书者，将使人深知其意，苟其意靡失，虽取其文而删增之，颠倒之，未为害也”。但是，这样做有个前提条件，那就是像严复所译《治功天演论》那样，“译书者之所学与著书者之所学相去不远，乃可以语于是”。②

3. 译书文体。吴汝纶在 1898 年撰写的《天演论》序中，对严复不用时文，而用古文翻译，能否达到预期效果表示疑惑，说：“凡为书必与其时之学者相入，而后其效明。今学者方以时文、公牍、说部为学，而严子乃欲进之以可久之词，与晚周诸子相上下之书，吾惧其舛驰而不相入也。”但他又说：“文如几道，可与言译书矣”，从总体上肯定了他的古文译书。

（二）关于《天演论》的内容问题

《天演论》的内容非常丰富，如 1898 年吴汝纶在《天演论》序中说该书“博涉乎希腊、竺乾、斯多噶、婆罗门、释迦诸学，审同析异而取其衷，吾国之所创闻也。凡赫胥黎之道具如此”。此时主要阐发了三个方面的内容。

1. 物竞天择。

第一，物竞天择的起源。孙宝瑄在 1898 年 12 月 16 日日记中说：“赫胥黎以为人类孳生，传衍无穷，地力有限，养生之资，将不足以赡之，势不能不出于争。争焉而胜者存，败者亡，于是资生之物，常与生类相配，此物竞天择之说也。”孙宝瑄认为：“世界文明人知公理，共享平权，安有争。限生育以与地力相配，二千年后不患无此良法也。”③

第二，物竞天择的普遍性。

其一，何谓争？孙宝瑄在 1898 年 1 月 6 日日记中说：“争者，与贪得而行劫者异也，图存以自立而已”，“争也者，求免也，前进也”。④

其二，凡物皆归于物竞天择。吴汝纶在 1898 年《天演论》序中说：“西国格物家言天演，其学以天择、物竞二义，言治者取焉。”蔡元培在 1899 年说：“《天演论》二卷，大意谓物莫不始于物竞，而存于天择。”⑤

---

① 严复：《致吴汝纶书》（1897 年 10 月 15 日），《严复集》第 3 册，第 522 页。

② 梁启超：《变法通议·论译书》，《饮冰室合集》(1)，第 71、75 页。

③ 孙宝瑄：《忘山庐日记》（上），第 280 页。

④ 孙宝瑄：《忘山庐日记》（上），第 158、159 页。

⑤ 蔡元培：《严复译赫胥黎〈天演论〉读后》，《蔡元培全集》第 1 卷，中华书局 1984 年版，第 84 页。

其三，竞争遍地球。1900年前后，丘逢甲的诗云："竞争世界论天演"，"竞争世界怜天演"。① 马君武在1900年的诗云："苍茫今古观天演，剧烈争存遍地球。"②

其四，竞争为美德、不争则世界毁。孙宝瑄在1898年1月6日日记中转述当时人的观点，说："天演家有争存之说，故今之持论者多以争为人之美德。曰不争则治化不进，聪明不开。又谓世无大同，大同则平等，平等则无争，无争则所谓世界毁于均平散力矣。"③

第三，物竞天择的形式。

其一，争力、争智、争仁。孙宝瑄在1898年1月6日日记中指出："争有三等：争力，争智，争仁"，并将"三争"与"三世"联系起来说："据乱之世，争力求免于弱，进以强也；小康之世，争智求免于愚，进以慧也；大同之世，争仁求免于私，进以公也。争之极，归于无争"。"据乱世，惟强者存，故争于强；小康时，惟智者存，故争于智；大同时，惟仁者存，故争于仁"。④

其二，争权、争种、争国、争天。唐才常在1898年认为，凡主张竞争说的人都以争为"要务"。"争一也，而争之途万，争之学万。万其途，一其心；万其学，一其旨。故能以争权者争种，争种者争国，争国者争天"⑤。

其三，人与天争。吴汝纶在1898年《天演论》序中说："要贵以人持天，与天争胜。"蔡元培在1899年《严复译赫胥黎〈天演论〉读后》中说："胜天为治之说，终无以易也。"孙宝瑄在1897年和1898年日记中反复地说："要在以人胜天"。"天者顺其自然也，人者知有当然也。顺自然之性，所谓任天行也；法当然之理，所谓尽人事也"。"天演家言以人胜天，盖以天为势也，自然也，无知也；以人为理也，当然也，有知也。世界日进，必使理胜势，当然胜自然，有知胜无知"。

其四，黄种与白种之争。一则，黄种之危。孙宝瑄在1898年12月16日日记中记载他读了《天演论·导言四》中"外种闯入，新竞更起；旧种渐湮，新种迭盛"之后，说："余为之掩卷动色曰：诚如斯言，大地之上，我黄种及黑

---

① 丘逢甲：《重送王晓沧次前韵》、《次韵再答宾南兼寄陈伯严》，《丘逢甲集》，岳麓书院2001年版，第515、518页。

② 马君武：《归桂林途中》，《马君武集》，华中师范大学出版社1991年版，第397页。

③ 孙宝瑄：《忘山庐日记》（上），第158、159页。

④ 孙宝瑄：《忘山庐日记》（上），第158、159页。

⑤ 唐才常：《公法学会叙》，《唐才常集》，中华书局1980年版，第155、156页。

种、红种其危哉!"① 二则，速通黄白之种。唐才常在1897年《通种说》中说:"万国之国通、政通、学通、教通、性通、种通。……吾故谓能速通黄白之种，则黄人之强也可立待也"。"故夫通种者，进种之权舆也；进种者，孔、孟大同之微旨也"。三则，择种留良说。唐才常在1898年介绍说，西方天演家"专以择种留良为宗旨"②。康有为等人不同意择种留良说，他们在1897年3月前读了《天演论》后，"惟于择种留良之论，不全以尊说为然，其术亦微异也"③。

第四，物竞天择的结果：优胜劣败。梁启超在1899年明确提出"物竞天择、优胜劣败"这一口号。④

第五，荀子主竞争，孟子主平争。唐才常在1897年还说：天演家之说，"是荀子性伪之旨也。伪者，为也，言必以人为争天意也"；生理家之说，"是孟子性善之旨也。性善者，太平仁寿之民也，言至于太平，则天人合一也。故荀子主义，孟子主仁；荀子主小康，孟子主大同。荀子之学，由今日以前权力压制之天下之宪法也；孟子之学，由今日以后平等平权渐渍藍萌之天下之宪法也"。⑤

2. 变法图强。

第一，变法思想。1897年梁启超在《说群序》中谈到"以变为用"、"变法"，说:"南海先生曰：'以群为体，以变为用。斯二义立，虽治千万年之天下可已。'"读了《天演论》等书后，"惟自谓视变法之言，颇有进也"。⑥ 1898年吴汝纶在《天演论》序中谈及"知变"，说严复之译《天演论》,"不惟自传其文而已，盖谓赫胥黎氏以人持天，以人治之日新，卫其种族之说，其义富，其辞危，使读者怵焉知变"。

第二，合群思想。

其一，合群为第一义。梁启超在1897年的《说群一·群理一》中，强调"合群为第一义",并谈及离群、合群，认为:"合群"是"造物"、"一心";"离

---

① 孙宝瑄:《忘山庐日记》(上),第155、156、280、274、280页。

② 唐才常:《通种说》,《唐才常集》,中华书局1980年版，第284、163页。

③ 梁启超:《致严复书》(1897年3月),《严复集》第5册，第1570页。

④ 梁启超:《论近世国民竞争之大势及中国前途》,《梁启超选集》,上海人民出版社1984年11月版，第119页。

⑤ 唐才常:《通种说》,《唐才常集》,第102、103、284页。

⑥ 梁启超:《说群序》,《梁启超哲学思想论文选》,北京大学出版社1984年版，第10页。

群”是“化物”，“土崩、瓦解、亡国”。①

其二，群己并重，舍己为群。蔡元培在1899年《严复译赫胥黎〈天演论〉读后》中，介绍了《天演论》中关于斯宾塞之“保种三大例”，其中第三例是“群己并重，则舍己为群。用三例者群昌，反三例者群灭”。②

第三，君民共主。

其一，公私观与君主、民主。梁启超读了《天演论》手稿本《卮言十四》后，将《天演论》中之公私观与民主、君主之政制联系起来说：“君主者何？私而已矣。民主者何？公而已矣。”在谈到两者的关系时，他说：“然公固为人治之极，则私亦为人类所由存”，认为“公私之不可偏用”；进而认为，“民主固救时之善图”，但当前还不能实行，因为“今日民义未讲”，必须“先藉君权以转移之”，也就是说要实行君民共主。③

其二，中西政治之差别。梁启超在1897年讲了“天演之事，始于胚胎，终于成体”之后，说到中西政治之差别，认为西方国家“有今日之民主”，是因为在古代就“含有（民主的）种子以为起点”；而中国是“专行君政之国”，不能直接“由君而入民”，就是说必须经过一个君民共主的阶段。④

其三，民约和君令都需要。孙宝瑄在1898年3月3日日记中，不同意《天演论》中说的如下观点：“上古之民，有约而无令，令出于君，而民遂苦。”他认为，民约和君令都是需要的，“夫民生而有约，迨人愈多而约不能齐，于是有君以齐其约，此令之作也”。关键在于是否立“善令”，“使能立善令如华盛顿者，令民之约恒齐，岂非更赖有是君乎！惟自齐约之令不得善法，于是有枭雄之辈窃君之令，以虐其民，而民始苦于令矣”。⑤

（三）对严复和《天演论》的评价

1. 对《天演论》的评价。

第一，《天演论》是“海内奇作”⑥。

① 梁启超：《说群一·群理一》，《梁启超哲学思想论文选》，第12—14页。

② 蔡元培：《严复译赫胥黎〈天演论〉读后》，《蔡元培全集》第1卷，第84页。

③ 梁启超：《致严复书》（1897年3月），《严复集》第5册，第1570页。

④ 梁启超：《论君政民政相嬗之理》，《梁启超选集》，第48页。

⑤ 孙宝瑄：《忘山庐日记》（上），第179页。

⑥ 吴汝纶：《致严复书》（1896年9月），转引自俞政：《严复著译研究》，苏州大学出版社2003年，第8页注4。

第二，《天演论》是“西人之新学”①。

第三，《天演论》是“高文雄笔”的“宏制”。②

第四，《天演论》“是中译之善本”，“有稗于国计民生”。③

第五，《天演论》“乃骎骎与晚周诸子相上下”④。

第六，《天演论》“美其文章、益人神智”⑤。

2. 对严复的评价。

第一，严复是“能熔中西为一冶者……集中西之长，身强、学富、识闳，救时之首选也”⑥。

第二，严复“译《天演论》为中国西学第一者也”⑦。

（四）《天演论》研究的主要特点

这一时期对《天演论》的研究，强调的是其体现出的西学即新学、西优中劣、与天争胜、变法维新、合群保种等内容。这与戊戌时期变法维新的主流思想是一致的。

严复译述《天演论》时，认为该书是“学理邃赜之书”，他确定的传播对象是“多读中国古书之人”，“非以饷学僮而望其受益也”。⑧ 因此，戊戌时期，传播和接受《天演论》的人，多是具有古文和传统文化基础而又愿意接受新学、并具有一定影响力的少数知识精英。按其初读《天演论》的时间，如 1896 年 56 岁的保定莲池书院主讲吴汝纶，1896 年 33 岁的天津育才学堂总办夏曾佑，1896 年 23 岁的《时务报》主笔梁启超、1896 年 36 岁的《时务报》经理汪康年，1896 年 38 岁的康有为，1897 年 23 岁的浙江主事孙宝瑄，1897 年 33 岁的陕西学政叶尔恺、1897 年 41 岁的天津武备学堂算学总教习卢靖，1898 年 32 岁、主

---

① 夏曾佑 1897 年 1 月 29 日日记，转引自王天根：《天演论传播与清末民初的社会动员》，第 70—71 页。

② 吴汝纶：《致严复书》（1897 年 3 月 9 日），《严复集》第 5 册，第 1560、1561 页。

③ 徐维则：《东西学书录》（1899 年），转引自邹振环：《影响中国近代社会的一百种译作》，中国对外翻译出版公司 1996 年版，第 119 页。

④ 吴汝纶：《天演论》序（1898 年）。

⑤ 卢靖：《致梁鼎芬的一封书信》（1898 年），刘行宜：《卢木斋、卢慎之兄弟》，《天津文史资料选辑》，天津人民出版社 1981 年版，第 106、107 页。

⑥ 吴汝纶：《致严复书》（1898 年 3 月 20 日），《严复集》第 5 册，第 1561 页。

⑦ 康有为：《与张之洞书》（1900 年 9 月），《康有为政论集》（上），中华书局 1981 年 2 月版，第 436 页。

⑧ 严复：《与梁启超书》（1902 年），《严复集》第 3 册，第 516、517 页。

办北京通艺学堂、后任上海南洋公学总理的张元济，1898 年 50 岁、代理湖南按察使、戊戌政变后遭弹劾的黄遵宪，1899 年 37 岁、曾在天津北洋水师学堂、上海求志书院等处任教的宋恕，1899 年 31 岁的浙江绍兴中西学堂监督蔡元培，等等。这些人都是倾向变法维新的。

在传播方式上，戊戌时期，《天演论》的传播虽然也涉及大众传播，如《国闻汇编》等报刊发表《天演论》的部分内容，沔阳卢氏慎始基斋等单位出版《天演论》单行本，但主要是通过人际传播方式进行传播的。特别是在 1895—1898 年之间，严复以天津为中心，通过讲学、书信等方式，将《天演论》的内容向上海、河北保定、湖北沔阳、陕西等地辐射，继而向浙江绍兴、江西南昌、湖南长沙、广东广州等地扩展。另外，《天演论》尚未正式出版，其手稿副本就已开始在一些开明人士特别是维新人士中传抄与传阅，并获得了很高的赞誉，在社会精英中产生了很大的影响。

二、辛亥革命时期（1901—1911 年）

这一时期论及《天演论》的文章有 111 篇。

（一）关于《天演论》的翻译问题

1. 译书目的。

严复自称，其译书是为了“指斥当轴之迷谬，从其后而鞭之”①。

2. 译书文体。

第一，赞同用古文译书。19 世纪末 20 世纪初，读书、译书、写文章，都“以文言文为正宗，也没有人用语体文的”。严复和林纾“因为译笔好，所以在文坛上走红”。②

第二，主张文界革命，文言合一，用白话文译书。梁启超在 1902 年 2 月 8 日《新民丛报》第 1 号上发表《绍介新书：原富》一文中，认为“文界之宜革命”；强调要用“流畅锐达”之文译“学理邃赜之书”，“使学僮受其益”；认为“著译之业，将以播文明思想于国民，非为藏山不朽之名誉”；指责严复译书，“文笔太务渊雅，刻意摹仿先秦文体，非多读古书之人，殆难索解”。刘师培在 1905 年也主张“文言合一”，行“通俗之文”，认为“文言合一，则识字者日益多；以通俗之文，以助觉民之用”。③

---

① 严复：《译斯氏计学例言》，《严复集》第 1 册，第 97 页。

② 包天笑：《钏影楼回忆录》，香港大华出版社 1971 年版，第 214、215 页。

③ 刘师培：《论文杂记》，《刘师培辛亥前文选》，三联书店 1998 年版，第 319 页。

3. 翻译标准。

包天笑回忆1902年前后他们购买印刷《天演论》的情况时，说："严复曾说：译外国书有个三字诀，便是信、达、雅；他既说到此，自然便循此三字而行"；"译笔则以严又陵所标榜的信、达、雅三字为宗旨"。①

（二）《天演论》的主要内容

1. 天演与进化。

第一，《天演论》书名是否妥当？

其一，译为"天演"不合，应译为"进化"。"'天演'二字之原文为Evolution。Evolution在赫胥黎之书应译为'进化'乃合，译为'天演'则不合"。②

其二，译为"天演"或"进化"均可。李石曾在1908年《译〈互助论·进化之一要因〉》之《弁言》中说："天演与进化，名异而谊同。"③ 吴敬恒在1910年10月《天演学图解》之《序言》中说："天演之名词，盖云自然演进，东译进化，其谊亦达。"④

第二，何谓天演与进化？

其一，何谓天？严复在1903年的《群学肄言》译者注中说，天字有三种解释：一是"以神理言之上帝"，二是"以形下言之苍昊"，三是"无所为作而有因果之形气，虽有因果而不可得言之"。"如此书天意，天字则第一义也；天演，天字则第三义也"。⑤

其二，何谓天演？一是严复在1906年《政治讲义·自叙》中说，天演是"时进之义"。二是天演是"天然广演之义"⑥。三是"天演之名词，盖云自然演进"⑦。

其三，何谓进化？李石曾、吴稚晖在《新世纪》1907年11月2日第20期上发表《进化与革命》一文中说："进化者，前进而不止，更化而无穷之谓也"。

---

① 包天笑：《钏影楼回忆录》，第214、215页。

② 孙中山：《平实尚不肯认错》，《孙中山全集》第1卷，中华书局1981年版，第384、385页。

③ 李石曾：《译〈互助论·进化之一要因〉》，《李石曾先生文集》上册，国民党党史委员会1980年编辑出版，第102—103页。

④ （英）霍德著、吴敬恒译：《天演学图解》，上海文明书局1911年版，卷首第1—3页。

⑤ （英）斯宾塞著、严复译：《群学肄言》，商务印书馆1981年版，第299页。

⑥ 李杕：《天演论驳议》，转引自王天根：《群学探索与严复对近代社会理念的建构》，黄山书社2009年版，第190－206页。

⑦ （英）霍德著，吴敬恒译：《天演学图解》，卷首第1—3页。

"有进而无止，无善而可常，此之谓进化"。"'无穷尽'，进化之公例也"。"人固未已其进化也，必仍时进日进，以至无穷"。

第三，天演进化思想的发展与输入。

其一，天演进化小史。一则，希腊时期的天演进化思想。"纪元前六百年，希腊学者研究宇宙之根源，而最著名者为德黎及亚诺芝曼德，亚氏首先发明自然发生之真理，彼以为一切生物，皆由无机之物质而生，其余若额拉吉拉图、恩贝都克尔、德谟吉利图、安那萨哥拉，皆有默符于天演之理想"①。二则，西方近代天演进化思想。马君武在《新民丛报》1902 年 5 月 22 日第 8 号上发表《新派生物学（即天演学）家小史（1825—1895）》一文，标题即指出："新派生物学即天演学。"文中讲了三点：一是新派生物学之前的"物种不变"论、"皆由上帝创造而来者"说；二是生物学大革命，"畅发其理者为达尔文"；三是"达尔文之前时及其同时，与达氏同调者共有 34 人焉，皆信生物之递变，或亦固执上帝造人之说者，盖数人焉，其著有生物史及地学史等书者 27 人"，其主要代表人物有：法国人把俸（今译布丰）、拉马克，英国人斯宾塞、赫胥黎。

其二，《天演论》介绍了达尔文的进化论。一则，"达尔文、斯宾塞之进化学说，在中国则惟严氏《天演论》始述其绪言，而原书久未出现于东大陆"②。二则，李郁在 1903 年译《天演学者初祖达尔文传》之《凡例》中说：该书之《天演学》等章，"使读者既知达氏历史，并可粗识其进化原理"③。三则，陈天华在 1905 年明确提到"最可信的，就是近今西洋大学者名叫达尔文的《进化论》"，"后来的比从前的胜，古时的动物断不及今时的动物，这就叫做进化的公理"。④

其三，社会进化思想。一则，人和物之竞争进化不同。梁启超在《新民丛报》1902 年 2 月 8、22 日上发表的《地理与文明之关系》一文中说，"人和物所循天演之轨道不同。物类之争生存，惟在热度之强盛，营养之足用"；"人类争生存"之"优劣胜败之差"，在于"智识道德"。二则，人类起源说。一是人为神造说或人为天演说。1904 年夏曾佑说："由古之说，则人之生为神造；由今之

---

① （英）霍德著、吴敬恒译：《天演学图解》，第 212 页。

② 未署名：《时评·绍介新书：达尔文天择论，达尔文物竞论，斯宾塞女权论》，1903 年《癸卯新民丛报》，第 949、950 页。

③ 转引自汪子春、张秉伦：《达尔文学说在中国的传播和影响》，《进化论选集》，科学出版社 1983 年版。

④ 陈天华：《狮子吼》，《陈天华集》，湖南人民出版社 1958 年版，第 106—111 页。

说（如达尔文之种源论），则人之生为天演，其学如水火之不相容。”① 二是猴子进化为人。1902—1903年，“由蔡元培任总理的爱国学社，把《天演论》作为课本，讲猴子进化为人，连讲带表演，非常有趣”②。三则，社会发展三阶段说。1903年，严复说，“考进化之阶级，莫不始于图腾（蛮夷）之社会，继以宗法，而成于国家（军国）”。“世变之迁流，在彼（欧洲）始迟而终骤，在此（中国）则始骤而终迟，固知天演之事，以万期为须臾”。③ 四则，政体进化说。竞盦在《江苏》1903年第1、3期上发表《政体进化论》，文中说：“天择物竞，最宜者存，万物莫不然，而于政体为尤著。”

2. 物竞天择。

第一，物竞天择的起源。梁启超在《新民丛报》1902年3月10日第3期上发表《天演学初祖达尔文之学说及其传略》一文中明确指出：“达尔文推物竞之起原，以为地上所产出之物数，比诸其所以营养之物质，常不能相称……以此之故，于有限之面积中，而容无限之品类，其势固不可以不竞争。”

第二，物竞天择的普适性。竞盦在《政体进化论》一文中，既说“天择物竞，最宜者存，万物莫不然”；又说“世运之进无穷期，政体之变无已时”，就是说物竞天择无处不在、无时不有。辛亥革命时期许多学者都曾提到物竞天择，如鲁迅在1901年“买了一部《天演论》，一口气读下去，‘物竞’‘天择’也出来了”④。许守裳回忆于1901年在求是学堂学习时，“读《天演论》，略言‘物竞天择’之理”，受到老师宋恕的表扬。⑤ 王国维在1905年说：“《天演论》出，一新世人之耳目。嗣是以后，物竞天择之语见于通俗之文。”⑥ 胡汉民在1906年说：“自严氏书（指《天演论》）出，而物竞天择之理，厘然当于人心，而中国民气为

① 夏曾佑：《中国古代史》，河北教育出版社2000年版，第8、9、404页。

② 柳亚子：《柳亚子文集——自传·年谱·日记》，上海人民出版社1986年版，第151页。

③ 严复：《译者序》，甄克思著、严复译：《社会通诠》，商务印书馆1981年版，卷首第9—10页。

④ 鲁迅：《朝花拾夕·琐记》，《鲁迅全集》第2卷，人民文学出版社1981年版，第295—296页。

⑤ 胡珠生：《宋恕年谱》，胡珠生编：《宋恕集》下册，中华书局1993年版，第1114页。

⑥ 王国维：《论近年之学术界》，《王国维遗书》第5册，上海古籍书店1983年版，第94页。

之一变。”[①] 李石曾在1908年说：到英人达尔文时，“进化学说乃定，故其言益彰，而物竞天择之说，亦遂风行世界，且已成为通俗之名词”[②]。

第三，物竞天择的必要性和重要性。

其一，物竞天择是公例。梁启超说：“物竞天择，优胜劣败，此天演学之公例也。”[③] 其二，竞争为进化之母、文明之母。梁启超反复说明，“竞争者，进化之母也”。“竞争为进化之母”，已成为“铁案”。“竞争者，文明之母也；竞争一日停，则文明之进步立止”。[④] 君平在《觉民》1904年第9、10期合本上发表《天演大同辩》一文中也说：“物各相竞，非优无以自存，物求自存，故物求进步，此世界之所以日即文明。”文明靠竞争，“舍竞争二字之外，无以应焉”。“以其有天择之作用，故劣者渐归消灭，优者乃得展其文明之设施，则虽云世界为天演所造成，无不可也”。孙宝瑄在1901年5月14日日记中说：“争愈久，所争愈文明。”

其三，竞争之义视为至理、大义。康有为在概述天演家之竞争观时，说：“近自天演进化之说鸣，竞争之义视为至理……百事万业，皆祖竞争，以才智由竞争而后进，器艺由竞争而后精，以为优胜劣败乃天则之自然，而生计商业之中尤以竞争为大义。”[⑤]

其四，竞争为人生之模范、唯一之真理。李石曾在1908年的《译〈互助论·进化之一要因〉》之《弁言》中说：人们将“物竞天择之说”，“视为人生之模范与唯一之真理。后人过信竞争，达尔文亦未及自料”。

把竞争提高到“公例”、“至理”、“唯一之真理”、为“进化之母”、为“文明之母”的高度来认识，是社会达尔文主义的突出表现之一。

第四，物竞天择的形式。

其一，人权与天权相争。一则，“六争”归于“一争”即“人权与天权相争”。孙宝瑄在1901年4月2日日记中先提出“六争”——“物与物相争、人与

---

① 胡汉民：《述侯官严氏最近政见》，《辛亥革命前十年间时论选集》第2卷上册，三联书店1963年1月版，第145、146、151页。

② 李石曾：《译〈互助论·进化之一要因〉》，《李石曾先生文集》上册，第102—103页。

③ 梁启超：《本馆第一百册祝辞并论报馆之责任及本馆之经历》，《梁启超选集》，第194、330、331页。

④ 梁启超：《论近世国民竞争之大势及中国前途》，《梁启超选集》，第119、235、219页。

⑤ 康有为：《大同书》，古籍出版社1958年版，第117、236、237页。

人相争、国与国相争、教与教相争、贱族与贵族相争、民权与君权相争”。然后说：“余谓其终也归于人权与天权相争而已。”他认为当时是处在“扶人权而抑天权”之时，“天人相胜，人与天争”，强调人权要胜天权。又说：“自物竞争存之理出，而后人皆知振刷精神，挽回气运，以求所以胜天。为使天权为人所夺，人有权，天无权，乃为文明之极点。”在1901年5月7日日记中，他又将人权与天权和心与物联系起来，说：“余谓心物二者，交相需也。然心可以胜物，物不可以胜心。何也？物胜心则天权胜，心胜物则人权胜。今日者，扶人权而抑天权时也。天有权而人无权，世界将退化矣。”① 二则，任天与争天。一是同意赫胥黎之争天说，不赞成斯宾塞之任天说。孙宝瑄在1901年5月8日日记中说，他不赞成斯宾塞任天之说，而采取赫胥黎与天争胜之说，因为在情与理之中，“斯宾塞任天之说，谓任情非任习，苟如其情而止，不患其或过。譬饥而食，食而饱，渴而饮，饮而滋，是情也。使饱而犹食，滋而犹饮，所谓习也，违其情矣”。孙宝瑄说，“余谓不然。盖任天之情，苟无人理以为之主，未有不过者”。不仅饮食如此，另如“好色者恣意于色，无有厌期；好货者恣意于货，无有足境”。如果在这些领域“忽能自拔者，皆以人理自止者也。任天任情，必为祸害。故吾仍取赫氏之论”。② 二是认为严复本于斯宾塞之体合、任天演自然。胡汉民在《民报》1906年1月第2号上发表《述侯官严氏最近政见》一文中说：“严氏之学，本于斯宾塞尔。斯宾塞尔以生物学治群学者也。生物之最大公例曰：与所遇之外缘为体合，物自致于宜，其睽者不可以骤附而强为，故曰任天演自然。”三是墨家近于人与天争之说，儒家近于物由天择之说。刘师培在1905年说：“墨家之论，近于赫氏，即人与天争之说也。儒家之论近于达氏，即物由天择之说也。……中国古代，多任天为治，以为国祚之盛衰，人寿之休短，皆有定之数……盖‘人与天争’一语，为中国儒者所骇闻。惟唐代刘禹锡之作《天论》，则主张人定胜天之旨。”③

其二，国家竞争与国民竞争。梁启超在1899年把竞争分为“国家竞争”和“国民竞争”两种，认为“国家竞争其力薄，国民竞争其力强；国家竞争其时短，国民竞争其时长”。“今日欧美诸国之竞争……其原动力乃起于国民之争自存”，强调要开展力强、时长的国民竞争。④

---

① 孙宝瑄：《忘山庐日记》（上），第321、322、334页。

② 孙宝瑄：《忘山庐日记》（上），第334、335页。

③ 刘师培：《哲理学史序》，《刘师培辛亥前文选》，第247—249页。

④ 梁启超：《论近世国民竞争之大势及中国前途》，《梁启超选集》，第119页。

其三，五战——兵战、商战、学战、农战、工战。如 1903 年 5 月《游学译编》第 7 期发表未署名的《与同志书》一文，就提出："今日之世界，竞争剧烈之世界也，争之为道有三：兵战也，商战也，学战也。"上海《华商联合会报》1910 年第 2 期发表林作屏的《商箴》一文，说当时的世界已从兵战的时代进入商战的时代，"列国倾向注集商战，经济竞争烈于军备"。商与农工之间的关系密切，商之本在农，商之体用在工，讲商战又必然涉及农战和工战。五战思想是一种新的竞争观，具有鲜明的时代特色。

其四，五争——力争、才争、利争、名争、理争。李石曾在 1908 年说："人之竞争，不外数种：力争、才争、利争、名争、理争"。"以力争，则强弱分焉；以才争，则智愚分焉；以利争，则贫富分焉；以名争，则荣辱分焉，以理争，则是非分焉。……今不追论力争、才争与名争，亦不预论理争，惟论利争。盖今日之社会，利争之社会也。力争、才争、利争与名争之时代，皆为不正当之竞争。过此以后，为理争得力之时代，互助与竞争并重，社会至此正当矣，自然之进化发达矣"。这里，他批判了当时的"利争之社会"，肯定了未来之"理争得力之时代"，并提出了"互助与竞争并重"的新命题。①

第五，物竞天择的结果。物竞天择的结果，是适者生存，优胜劣败。生物界如此，人类社会亦然。

其一，适者生存。一则，"适者生存"口号的提出。严复在《原强》和《天演论》中所说的"最相宜者存"、"天择"，也就是适者生存之意。根据目前掌握的资料，梁启超在 1902 年的《天演学初祖达尔文之学说及其传略》中明确提出了"适者生存"的口号："竞争之结果如何，即前节所述适者生存之公例是也。"二则，"适者生存"口号的流行。严复反复讲"最宜者存"，梁启超在 1902 年明确讲"适者生存"，二语同时流行，影响很大。陈天华在 1905 年认为，"物竞天择，适者生存"是"个大大的理信"②。杨度在 1907 年说，举人世间所有事，无能逃出优胜劣败，适者生存这个"公例之外者"③。吴敬恒在 1911 年强调"天演之行，适者生存，物既如此，即理道亦何莫不然"④。三则，适者即优者、胜者、强者、善者。梁启超在《新民丛报》1902 年 3 月 10 日第 3 期发表《新民说·论公德》一文，反复讲适者与优者、胜者以及个体与族群之关系，他说："优胜劣

① 李石曾：《无政府说》，《辛亥革命前十年间时论选集》第 3 卷，第 152、153 页。

② 陈天华：《狮子吼》，《陈天华集》，第 106 页。

③ 杨度：《金铁主义说》，《杨度集》，湖南人民出版社 1986 年版，第 220 页。

④ （英）霍德著、吴敬恒译：《天演学图解》，第 212 页。

败，固无可逃。人人各务求自存，则务求胜，务求胜则务为优者。”梁启超在同期《新民丛报》上发表的《天演学初祖达尔文之学说及其传略》一文中又说：生物界和人类都有一个“公例”，就是适者之“优、胜”，不在个体，而在于个体多代相传的“智、力”积累而形成的“特有之奇材异能……驯致别为一种族而后已”。在《云南杂志》1906年第1期《发刊词》中也说：“物竞天择，优胜劣败，适者为优，不适为劣，天演之公例也。以我与西人较……彼以适于今日而占优胜，我以不适于今日而归劣败故耳。”

其二，优胜劣败。一则，“优胜劣败”口号的提出。物竞天择的结果还有两种可能：一个是“优者传、劣者灭”，另一个是“劣者反传、优者反灭”。[①] 戊戌变法与辛亥革命时期，重点强调的是“优者传、劣者灭”这一结果。据现有材料，梁启超在1899年《论近世国民竞争之大势及中国前途》一文中，明确提出了“优胜劣败”口号：“以天演家物竞天择、优胜劣败之公例推之，盖有欲已而不能已者焉。”二则，优胜劣败不可避免。《国民报》1901年6月第2期上发表的未署作者名的《说国民》一文中说：“优胜劣败之理，无可逃于天地者也。”梁启超在1902年《新民说·论公德》中说：“优胜劣败，固无可逃。”三则，优胜劣败是公例，普遍适用。梁启超在1901年《本馆第一百册祝辞并论报馆之责任及本馆之经历》中说，“物竞天择、优胜劣败”为“公例”。在1902年《天演学初祖达尔文之学说及其传略》中又说，“生存竞争、优胜劣败”是“公例”。“天然淘汰、优胜劣败之理，实普行于一切邦国、种族、宗教、学术、人事之中，无大无小，而一皆为此天演大例之所范围，不优则劣，不存则亡”，所以人们要努力探求怎样才能“适存于今日之道”。四则，优胜劣败的条件。一是内和外争。在严复译述的《天演论》导言八、十二、十四正文中，反复讲要外争、不要内争，如说“如是之群，合而与其外争……惟泯其争于内，而后有以为强，而胜其争于外也”。梁启超也反复讲合内敌外，如说合群之力、德，“夫然后能合内部固有之群，以敌外部来侵之群”[②]。邹容在1903年的《革命军》中说：“人之爱其种也。必其内有所结，而后外有所排……终焉自结其国族，以排他国族。”并说这是“世界人种之公理”，也是“人种发生历史之一大原因”。二是新民之道。首先强调智、德、力三者。严复在《天演论》导言十五按语中提出，人之智、德、力三者皆大者胜。孙宝瑄读了之后表示赞同，并用《中庸》中的知、仁、勇来表述智、德、力。他在1901年5月9日日记中说：“愚谓智者，知

① 严复：《保种余义》，《严复集》，第1册，第87页。

② 梁启超：《十种德性相反相成》，《梁启超选集》，第157、158页。

也；德者，仁也；力者，勇也。人欲图存，必用其才力心思，以与妨生者为斗。负者日退，胜者日昌，胜者非他，智德力三者皆大而已。”[1] 卫种在《二十世纪之支那》1905 年 6 月第 1 期上发表的《二十世纪之支那初言》一文中也说：“中国拯救之方策如何？使其德、智、力皆有所达也；然后对于内足以组织完全之国家，对于外足以御列强之吞噬；于是树二十世纪新支那之旗于世界。”其次强调智德二者。梁启超在智、德、力三者之中又“恒视其智识道德，以为优劣胜败之差”[2]。再次强调德育一门。在智、德之比较中，严、梁还强调人心、德育之重要。严复在 1906 年说：“须知东西历史，凡国之亡，必其人心先坏。……不佞目睹今日之人心风俗，窃谓此乃社会最为危岌之时，愿诸公急起而救此将散之舟筏。故曰德育尤重智育。”[3] 梁启超在 1902 年《新民说·论公德》一文中说：要“急急发明”和“提倡”“一种新道德”，否则，“吾恐今后智育愈盛，则德育愈衰，泰西物质文明尽输入中国，而四万万人且相率而为禽兽也”。以上这些条件，充分体现了人的主观能动性，与听其自然的优胜劣败是有区别的。

其三，天然淘汰与人事淘汰。一则，天然淘汰与人事淘汰的区别及天然淘汰之实行。梁启超在 1902 年《天演学初祖达尔文之学说及其传略》中说：“胜败之机有由于自然者，谓之自然淘汰，有由于人为者，谓之人事淘汰。”二者比较，“天然淘汰之力，无有间断，无有已时，比诸人事淘汰之力，其宏大过之万万”。又说：“所谓天然淘汰优胜劣败之理，实普行于一切邦国种族宗教学术人事之中，无大无小，而一皆为此天演大例之所范围，不优则劣，不存则亡，其机间不容发。”二则，人事淘汰与择种留良。梁启超在 1902 年《天演学初祖达尔文之学说及其传略》中，认为择种留良适于古不适于今，说：“人事淘汰……此不徒于物为然也，即人类亦有之。古希腊之斯巴达人，常用此法以淘汰其民。凡子女之初生也，验其体格，若有尪弱残废者，辄弃之杀之，无俾传种，惟留壮健者使长子孙，以故斯巴达之人，以强武名于时。至今历史上犹可见其遗迹焉。此皆所谓人事淘汰之功也。”但是，“今日文明世界，断无用斯巴达野蛮残酷手段之理”。孙宝瑄在 1903 年 9 月 19 日日记中肯定择种留良说：“同一救人也，救善人则有功，救恶人则有罪。同一杀人也，杀善人则有罪，杀恶人则有功。卜式对汉武帝曰：治天下如牧羊，去其害种者而已矣。《天演论》云：治天

① 孙宝瑄：《忘山庐日记》（上），第 335、336 页。

② 梁启超：《地理与文明之关系》，《新民丛报》1902 年 2 月 8、22 日第 1、2 号。

③ 严复：《论教育与国家之关系》，《严复集》第 1 册，第 167 页。

下如园丁之治园，其于园中植物也，择种留良。故扶善锄恶，宙合之公例也。”①

第六，“物竞天择”的理论来源。

其一，来自西方天演家达尔文、斯宾塞之言。君平在1904年的《天演大同辩》、王国维在1905年的《论近年之学术界》等文，都谈到了这一点。1903年8月《国民日日报》上发表未署名的《革天》一文中也说：“近世欧洲有所谓天演学者，盛于英人达尔文，有物竞、天择二义。”

其二，来自中国儒家、墨家之言。许寿裳回忆1901年在求是学堂学习的情形，说：“‘物竞天择’之理，即《中庸》‘栽者培之，倾者覆之’之意。”② 黄遵宪在1902年说，“孔子《系辞》曰：‘方以类聚，物以群分。吉凶生矣’”，这就是“生存竞争（即物竞）、优胜劣败之说”。“若谓品物既生，有类有群，此类此群，自生吉凶，由吉凶而生变化，而形象乃以成达尔文悟此理于万物已成之后，孔子乃采此理于万物未成之前，不亦奇乎！往严又陵以乾之专直，坤之翕辟，佐天演家质力相推之理。吾今更以此辞为天演之祖”。③ 觉佛在《觉民》1904年第7期上发表《墨翟之学说》一文中，认为“欧西新发明之天演学理”——“物竞天择，优胜劣败”，“墨氏其有先见之明”。刘师培在1905年说，儒家对“天择物竞之理，窥之甚明”④。

3. 竞争与互助、大同。

第一，竞争与互助。李石曾在1908年《译〈互助论·进化之一要因〉》之《弁言》中讲到进化论与互助论的同和异时，说：到英人达尔文时，“进化学说乃定，故其言益彰，而物竞天择之说，亦遂风行世界，且已成为通俗之名词。于是引用之者，不独以为物象之观察与进化之一因，而且视为人生之模范与唯一之真理”。“后人过信竞争，达尔文亦未及自料。赫胥黎、赫智尔辈对于进化学说的传播，虽有大功，亦有过失”。至俄国克洛包得金继起，“乃明进化不独有竞争为之一因，而互助尤其大者”。“以欧战之教训，足以证明互助与竞争之实验，及其优劣之分”。克洛包得金的《互助论》一书，“不可为国人所忽”。这里，显然是说互助优，竞争劣；但二者又有其共同点，即竞争与互助都是“进化之一因”，可曰竞争进化与互助进化。

---

① 孙宝瑄：《忘山庐日记》（上），第735页。

② 胡珠生：《宋恕年谱》，《宋恕集》下册，第1114页。

③ 黄遵宪：《致梁启超书》（1902年），转自王天根：《天演论传播与清末民初的社会动员》，第77页。

④ 刘师培：《哲理学史序》，《刘师培辛亥前文选》，第247—249页。

第二，竞争与大同。君平在1904年《天演大同辩》中讲了两派之区别后，提出了自己的折中观点，说："天演家之言曰：'物竞天择，优胜劣败。'大同家之言曰：'众生平等，博爱无差。'总之，大同者，不易之公理也；而天演者，又莫破之公例也。公理不可刹那弃，而公例不能瞬息离。公理固可宝爱，而公例又非能避弃。当事者亦惟循天演之公例，以达大同之公理耳。"

4. 民族、国家之危机与合群救国、保种卫族。

第一，种族、民族之危机。

其一，白种优越论。梁启超在1902年说："五色人相比较，白人最优；以白人相比较，条顿人最优；以条顿人相比较，盎格鲁撒逊人最优。此非吾趋势利之言也，天演界无可逃避之公例实如是也"。"白种人所以雄飞于全球者非天幸也，其民族之优胜使然也。……条顿人之优于他白人者何也，条顿人政治能力甚强，非他族所能及也。……盎格鲁撒逊人尤优于他条顿人者何也，其独立自助之风最盛"。① 杨度在1907年说："西洋民族之优者，可分为二：一拉丁民族，一条顿民族。其优劣各不相同。……若条顿民族之能力，固较拉丁民族为高，而条顿民族中又以盎格鲁撒克逊人为最。此世界中公推其政治能力为天下第一民族者也。"②

其二，黄种与白种之争。邹容在1903年《革命军》一书中说："地球之有黄白二种……交战于天演界中……为终古物竞进化之大舞台。"陶成章在1904年说："六十年来，黄白登于一堂，我中国与白色人种共逐太平洋之浪，而交战于学术界、工艺界、铁血界中，求争存于世。"③

其三，黄种之危机。一则，非特灭国，抑且灭种。孟晋在《东方杂志》1905年2月第2年第1期上发表《论改良政俗自上自下之难易》一文中说，"我国既无教育，又无兵力"，将像"美洲之红种，非洲之黑种"一样，"非特灭国，抑且灭种"。"吾恐不及百年，而我国人民之迹，罕见于全球矣"。二则，炎黄子孙之危。1903年6月12、13日《苏报》上发表的《驳〈革命驳议〉》一文中说："炎黄之胄……逆天演物竞之风潮，处不适宜之位置，奴隶唯命，牛马唯命，亦终蹈红夷棕蛮之复辙而已。"三则，中国黄种必为天演所淘汰。杨度在1902年《游学译编》创刊号上发表《〈游学译编〉叙》中说："今日之中国，方为世界竞

① 梁启超：《新民说》第四节，《饮冰室合集》(6)，第8、9、10、11页。

② 杨度：《金铁主义说》，《杨度集》，第296、297页。

③ 陶成章：《中国民族权力消长史》，《陶成章集》，中华书局1986年版，第212—215页。

争之中心点，优胜劣败之公例，必为天演所淘汰，自此以后，又将为黄白存亡亚欧交代之过渡时代矣。”

第二，国家之危机。

其一，弱肉强食。严复早在 1895 年 3 月的《原强》中就提出了“弱者当为强肉”的论点。梁启超在 1897 年也曾提到“以强吞弱，以大弱小”①。根据目前查到的资料，在《国民报》1901 年 5 月第 1 期上发表的未署作者名的《二十世纪之中国》一文中，明确提出了“弱肉强食”的口号。梁启超在 1902 年说：“欧美人常扬言，世界者，优等民族世袭之产业也，优等人斥逐劣等人而夺其利，犹人之斥逐禽兽，实天演强权之最适当而无惭德者也。”然后说：“兹义盛行，而弱肉强食之恶风，变为天经地义之公德，此近世帝国主义成立之原因也。”②陈天华在 1905 年《狮子吼》中说，他当时在外面看到的一切，“无非是‘弱肉强食’四字”，“无一不是伤心惨目的事”。周越然在回忆 1907 年前后他和同乡学习《天演论》的情形时，说《天演论》出版后，“最顽固的蒙师，也谈起‘弱肉强食’、‘适者生存’来了”③。

其二，灭国新法。梁启超在 1901 年说：“灭国者，天演之公例也。灭国之有新法，亦由进化之公例使然也”。“此乃天演所必至，物竞所固然，夫何怪焉”。④

其三，夺其国土，虏其种民。严复在 1906 年《述黑格尔惟心论》中说，民族国家强大后，“羁轭异种之民，所以犯天下之大不韪者，以所胜所羁之民，乃有道之种民也。其国民思想之所标揭，其上下所求臻之上理，精深博大，而可自存于天演界者，无所愧于胜家，夫如是而夺其国土，虏其种民，乃为大戾，而可叛也”。

其四，地大物博有时不能保。竞盦在《江苏》1903 年 4、6 月第 1、3 期上发表《政体进化论》一文中说：“生存竞争天演公理……科学日新，制造日巧，山城海池有所不足畏；争机益启，优胜劣败，地大物博有时不能保。”

第三，合群救国、保种。

其一，合群御侮、群己关系。一则，何谓合群？梁启超在 1901 年说，所谓“合群”，就是“合多数之独而成群也”。“以物竞天择之公理衡之，则其合群之

① 梁启超：《湖南时务学堂答问》，《梁启超选集》，第 64 页。

② 梁启超：《论民族竞争之大势》，《饮冰室合集》(2)，第 35、13 页。

③ 周越然：《追忆先师严几道》，《杂志》1945 年 8 月 10 日第 15 卷第 5 期，第 15 页。

④ 梁启超：《灭国新法》，《梁启超选集》，第 172、173 页。

力愈坚而大者，愈能占优胜于世界上”。[①] 黄世仲在 1902 年《原类》中说：“类者，合群之公名也，天演之公例也。”[②] 二则，合群御侮，反对同室操戈。《外交报》1908 年 6 月 3 日第 210 期上发表未署名的《申论外人谋握我教育权之可畏》一文中说，“天演竞争、日新月异”，外国侵略者极虑殚精争谋我教育之权，“当此一发千钧之际”，吾国人应该“同心御侮，努力合群，以拒西来之洚洞”，反对将“宝贵之时光心力，用以操一室之戈”。三则，群己关系。要合群就要处理好群己关系。一是自营与群道结合。孙宝瑄在 1901 年 5 月 8 日日记中说，“人居群中，不能不自营”，但又不能“侈于自营”，因为“侈于自营，则相争而群道息”。“天良者，保群之主，所以制自营之私，不使过用以败群者也。余谓天良，即人理也。苟能以人理自止，于保群乎何有”。[③] 二是利己与爱他一致，平等竞争。梁启超在 1901 年《十种德性相反相成》中说，“芸芸万类，平等竞争于天演界中，其能利己者必优而胜，不能利己者必劣而败”，因为“人而无利己之思想者，则必放弃其权利、责任，而终至于无以自立”。然而，“利己心与爱他心，一而非二者也。知有爱他之利己，则利己而不偏私”。三是个人与群体，群体更重要。梁启超在 1902 年说：“人非群则不能使内界发达，人非群则不能与外界竞争，故一面为独立自营之个人，一面为通力合作之群体，此天演之公例，不得不然者也。既为群矣，则一群之务不可不共任其责固也。”[④]

其二，建民族国家以救中国。一则，在文明古国中，唯中国优胜适存。许守微在《国粹学报》1905 年 8 月第 7 期上发表《论国粹无阻于欧化》一文中说：“四千余年之文明古国，埃及、希腊、印度，皆以失其国粹，或亡灭，或弱微，而我中国犹岿然独著于天下。”究其原因，不是“天择之独厚”，而是我国有“适于天演之例”，“其优胜适存如是，其光明俊伟如是，此正爱国保群之士，所宜自雄而壮往者也”。二则，建民族国家以救中国。梁启超在 1902 年《民族竞争之大势》中说：“今日欲救中国，无他术焉，亦先建设一民族主义国家而已。以地球上最大之民族，而能建设适于天演之国家，则天下第一帝国之徽号，谁能篡之？而特不知我民族有此能力焉否也。有之则莫强；无之则竟亡。间不容发，而悉听我辈之自择。”

第四，奋起图存。

---

① 梁启超：《十种德性相反相成》，《梁启超选集》，第 157、162、164 页。

② 郭天祥：《黄世仲年谱长编》，中国社会科学出版社 2002 年版，第 47 页。

③ 孙宝瑄：《忘山庐日记》（上），第 334、335 页。

④ 梁启超：《论政府与人民之权限》，《梁启超选集》，第 316 页。

其一，棒喝、刺激、警钟。梁启超在1901年《本馆第一百册祝辞并论报馆之责任及本馆之经历》中说："以天演学物竞天择优胜劣败之公例，疾呼而棒喝之，以冀同胞之一悟。……广民智振民气……厉国耻。"胡适回忆1905年进入上海澄衷学堂学习时的情形，说："这个'优胜劣败，适者生存'的公式确是一种当头棒喝，给了无数人一种绝大的刺激。"① 吴玉章回忆1902年前后学习《天演论》的情况时，说："《天演论》所宣扬的'物竞天择'、'优胜劣败'等思想，深刻地刺激了我们当时不少的知识分子，它好似替我们敲起了警钟，使我们惊怵于亡国的危险，不得不奋起图存。"②

其二，革新。一则，革新是公例。梁启超在1902年《释革》中说，"革也者，天演界中不可逃避之公例也"。二则，改变民气、人心、风俗。王国维在1905年《论近年之学术界》中说："《天演论》出，一新世人之耳目。"胡汉民在1906年《述侯官严氏最近政见》中说："自严氏书（指《天演论》)出，而物竞天择之理，厘然当于人心，而中国民气为之一变。"邓实在《国粹学报》1907年6月第30期上发表《国学无用辨》一文中说："达、斯之学说出，而天演之公例大明。此其学已猋动云兴，足以转移一世之人心风俗而有余。"

其三，革命。一则，邹容在1903年《革命军》中说："革命者，天演之公例也。"二则，革命即求进化。李石曾、吴稚晖在《新世纪》1907年11月2日第20期上发表《进化与革命》一文中说："革命即革去阻进化者也，故革命亦即求进化而已。由是而知进化与革命，二者之密切相关，二者乃互助而非背驰"。"故知进化必不能止，遂知革命不能免矣，因革命即求进化者也"。"进化之理，为万变之原，而革命则保守之仇也"。三则，"我不自变，人将代我而变"。竞盦在《江苏》1903年4、6月第1、3期上发表《政体进化论》一文中说："以强凌弱，以文攻野，易如反掌，我不自变人将代我而变也。其变异，其所以变则同，归天演而已矣。……变于民正式之变也，变于敌变式之变也。变于民，政变而国犹是也；变于敌，政变而国随亡也。"四则，排满革命，皆天演自然。胡汉民在1906年《述侯官严氏最近政见》中说："我汉族之外竞求存，不能不脱异种之驾驭者，一皆天演自然，而无容心其间耶。……故知排满革命为吾民族今日体合之必要，严氏征据历史而衡以群学进化之公例，其意盖有可识者"。"所谓言合群，言排外，言排满者，固为风潮所激发者多，而严氏之功盖一匪细"。

---

① 曹伯言选编：《胡适自传》，黄山书社1986年11月版，第45—47页。

② 吴玉章：《辛亥革命》，人民出版社1961年版，第49—51页。

其四，平权、民主。一则，平国人之权，去君主之世袭。1901 年 5 月 9 日孙宝瑄在日记中说："赫氏《导言》十七云：治国之道，在赏善罚恶，进贤退不肖。余谓二喻皆极善。惟如何而能取不贤者之所傅而去之，惟有平国人之权，去君主世及之蠹而已"。① 二则，"今日世变，由君权而政党而民主，圣人不啻先知"②。三则，"独治、众治，当与民群天演之浅深相得"③。

（三）对《天演论》和严复的评价

1. 对《天演论》的评价。

第一，《天演论》等"各译书"，"皆泰西名著，理蕴宏深而有实用"④。

第二，《天演论》是"天演哲理之学短篇中之杰构，彼书数理所该括"⑤。

第三，《天演论》曾"苏润思想界"，起过"积极作用"。梁启超在 1904 年说，"严复译赫胥黎《天演论》、斯密亚丹《原富》等书，大苏润思想界"，国人"十年来思想之丕变，严复大有力焉"。⑥ 吴玉章回忆说："在二十世纪初年的中国，《天演论》的思想，的确曾起过一时的积极作用。"⑦

第四，《天演论》是"信口胡言"，"遗害良多"。李杕在 1906 年说："惟知天演之说，大不合形上之理，大不合实验之迹，大不合万民之论。要皆信口胡言，绝无确据。因其谬乱人心志，遗害良多。故据所知以为之辨，其间实理，愿阅者审察而得之可也。"⑧

2. 对严复的评价。

第一，"严复于西学、中学，皆为我国第一流人物"⑨。

---

① 孙宝瑄：《忘山庐日记》（上），第 335、336 页。

② 黄遵宪：《致梁启超书》（1902 年），转自王天根：《天演论传播与清末民初的社会动员》，第 77 页。

③ 严复：《论英国宪政未尝分立》，1906 年 9 月 3 日—10 月 22 日《外交报》第 153—158 期。

④ 张难先：《义痴六十自述》，《张难先文集》，华中师范大学出版社 2005 年版，第 499 页。

⑤ （英）霍德著，吴敬恒译：《天演学图解》，上海文明书局 1911 年版，卷首第 1—3 页。

⑥ 梁启超：《论中国学术思想变迁之大势》，《饮冰室合集》(1)，第 1、104 页。

⑦ 吴玉章：《辛亥革命》，第 49—51 页。

⑧ 李杕：《天演论驳议》，转引自王天根：《群学探索与严复对近代社会理念的建构》，第 190—206 页。

⑨ 梁启超：《绍介新书：原富》，《新民丛报》1902 年 2 月 8 日第 1 号。

第二，“严复为译界泰斗”，“近世所许为重言者”，“其言恒宁静深远，顾非浅夫所能识”。①

（四）辛亥革命时期《天演论》研究的特点

1. 内容更加全面，理论性和现实感均较强烈。

和戊戌时期相比较，涉及的内容更加全面，在竞争进化方面，除了更广泛地使用戊戌时期已明确提出的“物竞天择、优胜劣败”等概念外，还明确提出并传播了“生存竞争、适者生存、弱肉强食、天然淘汰、人事淘汰”等概念。在天人关系方面，分析了任天与争天、天权与人权、心与物、理与欲等关系，强调与天争胜、人权胜天权、心胜物等等。特别是突出了社会进化、民族国家、政治革新等社会内容，均具有较深的理论性和强烈的现实感。

2. 人际传播与大众传播相结合。

《天演论》的人际传播，是通过杭州求是书院（教师宋恕）、上海爱国学社（总理蔡元培）、保定莲池书院（主讲吴汝纶）、上海澄衷学堂（教师杨千里）等学堂传授，亲戚朋友之间交谈（如鲁迅与许寿裳之间以及周越然与同乡之间的交谈、背诵《天演论》）等直接方式和传递书信（如鲁迅与许寿裳之间、周越然与同乡之间的通信，涉及《天演论》的内容）、传抄手稿（如吴汝纶节本《天演论》，刘英阅读批注癸卯本《天演论》）等间接方式进行的。《天演论》的大众传播主要是通过报刊、书籍等文字传播媒介进行的：报刊方面，如《清议报》、《新民丛报》、《东方杂志》、《江苏》、《外交报》、《民报》、《国粹学报》、《政艺通报》、《新世纪》、《汇报》等，均发表了宣传《天演论》的文章；书籍方面，如1901年南京富文书局出版的石印本《天演论》，1903年上海文明书局出版的《吴京卿节本天演论》、申江同文社出版的铅印本《天演论》和杭州史学斋出版的石印本《天演论》，1905年上海商务印书馆出版铅印本的初版《天演论》等，其传播范围和影响要比戊戌时期大得多。

3. 受众更加广泛，由多读古书之人到中小学生。

辛亥革命时期，《天演论》的受众不断扩大，由知识精英向一般人群、中小学生、青少年拓展，其中既有维新派、立宪派的人士，如康有为、梁启超等人；又有革命派的成员，如1903年18岁的留日学生、爱国学社成员之一邹容，1903年30岁的浙江绍兴学堂副监督徐锡麟，1904年30岁的留日学生、华兴会组织者之一陈天华，1906年27岁的同盟会评议部议员胡汉民等人；还有国粹派及无

① 胡汉民：《述侯官严氏最近政见》，《民报》1906年1月第2号。

政府主义者，如1905年21岁的留日学生、同盟会会员刘师培，1902年21岁的留法学生、1906年《新世纪》创办人之一的李石曾等人；以及文人、学者、师生、宗教人士，如1902年21岁在南京矿路学堂学习的鲁迅，1902年16岁在爱国学社读书的柳亚子，1905年14岁在上海澄衷学堂学习的胡适，1912年40岁的成都中学堂教习吴虞；还有1911年18岁在湖南省立图书馆自修的毛泽东等人。他们从各自的角度审视《天演论》，既得出了反帝爱国的共同结论，又得出了维新立宪、反满革命、废除政府、反帝反军阀等不同的结论。正如胡适后来回忆时所说："《天演论》出版之后，不上几年，便风行到全国，竟做了中学生的读物了。……几年之中，这种思想像野火一样，延烧着许多少年人的心和血。'天演'、'物竞'、'淘汰'、'天择'等等术语都渐渐成了一班爱国志士的口头禅。"① "中学生"、"许多少年人"、"一班爱国志士"都成了《天演论》的接受者和传播者，受众接受《天演论》的主动性和快速度都是史无前例的，从而使《天演论》在辛亥革命时期产生了更为广泛而又深刻的影响。

4. 政治分野更加鲜明。

辛亥革命时期，思想文化的主流，既不再是"天不变，道亦不变"的形而上学世界观的一统天下，也不是进化论世界观与天道不变的形而上学世界观的两军对垒，而是和平渐变的进化观与革命突变的进化观的冲突了，并成为改良派与革命派论战的理论基础。改良派以和平渐进论为根据，坚持天演进化只能循序渐进，认为中国必须按照君主专制到君主立宪再到民主共和的秩序"拾级而上"，绝不能通过革命斗争"躐等而进"。革命派以革命突变论为根据，强调天演进化与革命是相联系的，以此来论述中国能够由革命而进化到民主共和的道理，"如谓不能，是反夫进化之公理也，是不知文明之真价也"②。这里，异中有同，不一致性中具有一致性，即自然、社会都是进化发展，永无止境的。

由于变革之道有渐、激之分，随着国内外形势的发展，渐进和激进的分野日益鲜明，终于形成以《新民丛报》为核心的君主立宪说和以《民报》为核心的革命共和说的激烈论争，辛亥时期两大主导思想也由此得以发展。

① 胡适：《四十自述》，《胡适文集》(1)，北京大学出版社1998年版，第46、47页。

② 孙中山：《在东京中国留学生欢迎大会的演说》，《孙中山全集》第1卷，第283页。

第二节　民国时期《天演论》研究概述（1912—1949年）

一、北洋军阀时期（1912—1927年）

这一时期论及《天演论》的文章有49篇。

（一）《天演论》的翻译问题

1. 严复译述《天演论》之原因。

“原书”是“零编小识”之书，“以其简约，姑为通译”，“颇为社会所不弃”。①

2. 严复译述《天演论》的目的。

是“借他山之力，唤醒国魂”，“瀹智合群”、“经国救民”。②

3. 译书方式。

第一，主张音译。章士钊说：“苟音译之说，学者采之，一名既立，无论学之领域，扩充至于何地，皆可永守勿更；其在意译，则难望此。”③ 第二，主张直译。傅斯年在《新潮》1919年第1卷第3号上发表《译书感言》中，比较了直译和意译之优劣，主张直译，说：“论到翻译的文词，最好的是直译的笔法，其次便是虽不是直译，也还不大离宗的笔法，又其次便是严译的子家八股合调，最下流的是林琴南和他的同调。”第三，认为直译、意译都有优劣，偏向意译。徐宗泽在1925年说：“翻译有直译，有意译。二种翻译，都有优劣”。“李之藻之《名理探》，是意译”。封面标明“傅泛际译义，李之藻达辞”，“但此达辞，非常通畅，有信达雅之三长”。④

4. 译书文体。

第一，基本肯定严复用古文译书。蔡元培在1923年的《五十年来中国之哲

---

① 严复：《进化天演》（1913年），孙应祥、皮后锋编：《〈严复集〉补编》，福建人民出版社2004年版，第134—147页。

② 蒋贞金：《〈严几道诗文钞〉叙》（1922年12月1日），沈云龙主编：《近代中国史料丛刊》第42辑（417号），台北文海出版社，第5、6、7页。

③ 章士钊：《答容挺公论译名》，《翻译研究论文集》（1894—1948），外语教学与研究出版社1984年版，第36、37页。

④ 徐宗泽：《名理探·跋》，黎难秋主编：《中国科学翻译史料》，中国科学技术大学出版社1996年版，第166—171页。

学》中说，严复用古文译书，“很雅驯，给那时候的学者，都很读得下去”。“他在那时候选书的标准，同译书的方法，至今还觉得很可佩服的”。①

第二，完全肯定严复用古文译书。胡先骕在《学衡》1923年第18期上发表的《评胡适〈五十年来中国之文学〉》一文中，不同意胡适把严复用桐城派古文翻译《天演论》等书称为“死文字”。学衡派人物胡先骕认为，严复与章士钊都是“以其能用古文良好之工具，以为传播学术新思想之用，斯有不朽之价值”。

第三，否定严复用古文译书。张嘉森在1923年说：“以古今习用之说，译西方科学中之义理，故文字虽美，而义转歧混”。“我读《天演论》第八篇，几疑为柳子厚《封建论》之首段，而忘其为19世纪赫胥黎之文字矣”。② 陈西滢在1929年说，“严复译赫胥黎的《天演论》，时刻忘不了秦汉诸子的古典的文章，他便看不见赫胥黎的晓畅可诵，结果译文至难解索，他还把责任挪在原书的身上”，说“原书之难，且实过之”（《群已权界论》译凡例页三），“真是欺人太甚了”。③

5. 翻译标准。

第一，同意信、达、雅三标准。梁启超、郁达夫、徐宗泽、贺麟、钱基博等人，都表示赞同信、达、雅标准。梁启超在1920年说，“译事之难”，“标信、达、雅三义，可谓之知言”。并分三步，“惟先信，然后求达，先达然后求雅”。④ 郁达夫在1924年说，“‘信、达、雅’三字，是翻译界的金科玉律，尽人皆知”。它“是翻译的外部条件”，“翻译者的内部条件”应是“学、思、得”三个字。⑤ 徐宗泽在1925年的《名理探·跋》中说，“翻译是一种学问”，所以“难”。要想“成为名贵之译本”，就必须做到“严复所谓译书当有信达雅三字也”。李之藻翻译的《名理探》，“是意译，有信达雅之三长”。贺麟在《东方杂志》1925年11月第22卷第21号上发表《严复的翻译》一文中说，严复“首先厘定三条翻译标准——信、雅、达”，“虽少有人办到，但影响却很大，在翻译西籍史上的意义，尤为重大”，“后来译书的人，总难免不受他这三个标准支配”。钱基博在1932年《现代中国文化史》中说，严复不同意吴汝纶提出的“与其伤洁，毋宁失真”

① 蔡元培：《五十年来中国之哲学》，《蔡元培全集》第4卷，第350—355页。

② 张君劢：《严氏输入之四大哲学家学说及西洋哲学之变迁》，抱一编：《申报》五十周年纪念特刊《最近之五十年》第二编，1923年2月申报馆发行。

③ 陈西滢：《论翻译》，《翻译研究论文集》（1894—1948），第142、143页。

④ 梁启超：《佛典之翻译》，《饮冰室合集》（9）。

⑤ 罗新璋编：《翻译论集》，商务印书馆1984年版，第390页。

说，提出“译事三难：信、达、雅”，他的译书“大率似此”。①

第二，基本不同意信、达、雅三条标准。陈西滢在《新月》1929 年第 2 卷第 4 号上发表《论翻译》一文中，强调“信”字，说：“译文学作品只有一个条件，那便是要信”，“得以原文的标准为标准”。曾虚白在《真美善》1930 年第 5 卷第 1 期上发表《翻译中的神韵与达——西滢先生论翻译的补充》一文中，强调“信”、“达”二字，说：“一个翻译家要完成这种表现感应的艺术，不独需要着信的条件，并且也不可缺少那达的手腕。信是对作者的，而达是对译者自己的。信的能力只能达到意似的境界，而达的能力却可以把我们所认识的神韵，或可说，原书给我们的感应，表现出来。”

第三，严译各书是否符合信、达、雅三条标准。胡先骕在《学衡》1923 年第 18 期发表《评胡适〈五十年来中国之文学〉》一文中，肯定严复中期译书“信雅达三善俱备”，“为永久之模范”。1925 年前后，柳诒徵说，严复中期译书“悉本信、达、雅三例，以求与晋、隋、唐、明诸译书相颉颃”②。贺麟在《东方杂志》1925 年 11 月第 22 卷第 21 号上发表《严复的翻译》一文中，将“严复所译各书”分为三段：“初期偏重意译，略亏于信；中期略近直译，可谓三善俱备；后期则更自由意译。”

6. 译书之比较。

第一，严复译书与隋唐译经之比较。胡先骕在《学衡》1923 年第 18 期上发表《评胡适〈五十年来中国之文学〉》中说，严复译书，“义无不达，句无剩义”，“惟昔日六朝与唐译经诸大师为能及之”。1925 年前后，柳诒徵在《中国文化史》下册中说，严复译书，“以求与晋、隋、唐、明诸译书相颉颃”，但数量上不及隋、唐译经，“隋、唐译经，规模宏大，主译者外，襄助孔多，严氏则惟凭一人之力，故所出者亦至有限，此则近世翻译事业之远逊前人者也”。

第二，严复与林纾之比较。康有为在 1913 年以严林并称：“译才并世数严林，百部虞初救世心。”③《清史稿》中以林严并称：“林纾以中文沟通西文，严复以西文沟通中文，并称林严。”④ 一个提严林，一个提林严，略有不同之深意。

---

① 钱基博：《现代中国文化史》，刘梦溪主编、傅道彬编校：《中国现代学术经典·钱基博卷》，河北教育出版社 1996 版，第 459—497 页。

② 柳诒徵：《中国文化史》下册，中国大百科全书出版社 1988 年版，第 798、799 页。

③ 康有为：《琴南先生写万木草堂图题诗见赠赋谢》，《康有为集》（九），珠海出版社 2006 年版，第 599 页。

④ 《清史稿》，《二十五史》（12），上海古籍出版社、上海书店出版社 1986 年版，第 10332 页。

柳诒徵在《中国文化史》下册中，认为林纾译书，“虽文笔雅洁，实不足与严复相比”。

第三，严复与梁启超、林纾之比较。梁启超在1920年的《清代学术概论》中比较了严、梁、林三人之译书，说严复译《天演论》等书“皆名著”，“半属旧籍，去时势颇远”。“西洋留学生与本国思想界发生关系者，复其首也”。“是新思想之输入”，“无组织，无选择，本末不具，派别不明，惟以多为贵”，“社会亦欢迎之”。林纾所译小说“百数十种”，“颇风行于时”。“所译本率皆欧洲第二三流作者”，“辄‘因文见道’，于新思想无与焉”。① 吴虞在1912年8月1日日记中，记载章太炎评论诸家，“章太炎颇不取严复，以其太旧而又仅采惟物派，专重科学实验，非唯心派之说不能圆满；然太炎于严氏，仍称其精深”。章太炎对于梁启超，“亦谓其精深虽不及严氏，而智识之宽博则非严氏所及”。②

第四，严复与林纾、苏玄瑛之比较。钱基博在1932年的《现代中国文化史》中，讲了严、林、苏三人之首译内容不同：“苏玄瑛首先以古诗体译西诗；林纾首先以古文辞译小说；而严复首先以古文辞译欧西政治、经济、哲学诸科。”③

（二）《天演论》的主要内容

1. 天演、演化、进化。

第一，何谓天演？进化论与演化论是何关系？

严复在1916年说，天演是“一气之行，物自为变”，“西人亦以庄子为古之天演家”。④ 潘光旦在1925年说，演化论与进化论不同，“不宜相混”。“演化论，国内学者向译作‘进化论’，于义未妥”。“演化为自然的现象，且演化不必进”，“‘进’‘退’乃人为的观念，生物中退化之事实随处可指”。⑤

第二，竞争进化。

其一，物竞天择、优胜劣败、适者生存的普遍认同。一则，争购、了解适种生存说。稻叶君山说，四方士子“争购新著《天演论》”，了解“适种生存、

---

① 梁启超：《清代学术概论》，朱维铮校注：《梁启超论清学史二种》，复旦大学出版社1985年版，第79、80页。

② 梁大为、李子谦等整理：《吴虞日记选刊》，《中国哲学》第6辑，北京三联书店1981年出版，第343—357页。

③ 钱基博：《现代中国文化史》，刘梦溪主编、傅道彬编校：《中国现代学术经典·钱基博卷》，第459—497页。

④ 严复：《〈庄子〉评语》，《严复集》第4册，第1106页。

⑤ 潘光旦：《二十年来世界之优生运动》，《潘光旦文集》第2卷，北京大学出版社1994年版，第316—318、346—347页。

弱肉强食之说”。[①] 二则，物竞天择、优胜劣败成了日常用语、口头禅。陈兼善说，《天演论》是“十九世纪后半叶新起的学说”，“‘物竞天择’、‘优胜劣败’居然在半死不活的中国，成了日常习用的话”。[②] 蔡元培说：“自《天演论》出后，‘物竞’、‘争存’、‘优胜劣败’等词，成为人人的口头禅。”[③]

其二，生存竞争、适者生存的首倡者。一则，英国沃力斯与达尔文的生存竞争、天择学说都导源于马尔秀斯之《民庶论》。开洛格（Kellogg）在1916年说：“达氏天择之说，亦导源于马尔秀斯（Malthus）之《民庶论》（*On Population*，1828）。以人推物，于是生存竞争之理著矣。沃力斯之悟生存竞争之理，亦读马氏之作使然也。”[④] 二则，英国沃力斯与达尔文同时发现生存竞争与天择学说。胡先骕在1919年说：“英国沃力斯在1858年写的《论变种大异于原种之趋势》，对于生存竞争各点均言之甚详，其结论云：‘惟最强健者生存最久，最孱弱者必不能幸免于死亡。’此书实与达尔文《物种由来论》同为天择学说不刊之作也。”[⑤] 三则，达尔文适者生存之义，希腊之言披图格即主之。章士钊在1923年说：“且即达尔文之学，亦非独创。据柏格森诏我，适者生存之义，希腊之言披图格即主之，徒以为雅里士多德所峻拒，故尔不昌。言披图格也，达尔文也。”[⑥]

第三，天演持重与激进、保守。

其一，天演持重。严复在1918年强调天演持重，反对意欲锋气者。他认为《天演论》既出之后，“意欲锋气者”乃借《天演论》大肆宣传他们的革新主张，严复“心知其危”，便于1903年翻译出版《群学肄言》，希望他们“稍为持重”，“不幸风会已成”，未能达到目的。“嗟呼！新则新矣，而试问此为何如世耶”。[⑦]

其二，激进与保守。蔡元培在1923年的《五十年来中国之哲学》中，认为严复由激进到偏于保守，说：“严氏译《天演论》的时候，本来算激进派，听说他常常说‘尊民叛君、尊今叛古’八个字的主义。后来他看得激进的多了，反

---

① （日）稻叶君山著、但焘译：《清朝全史》下册之四，中华书局1915年版，第30页。

② 陈兼善：《进化论发达史略》，《民铎杂志》1922年第3卷第5号“进化论号特刊”。

③ 蔡元培《五十年来中国之哲学》，《蔡元培全集》第4卷，第350—355页。

④ 开洛格著、胡先骕译：《达尔文天演学说今日之位置》，《胡先骕文存》下卷，江西高校出版社1996年版，第624—632页。

⑤ 胡先骕：《天择学说发明家沃力斯传》，《胡先骕文存》下卷，第26—30页。

⑥ 章士钊：《评新文化运动》，《章士钊文选》，上海远东出版社1996年版，第380页。

⑦ 严复：《与熊纯如书》，《严复集》第3册，第678、679页。

有点偏于保守的样子。他在民国纪元前九年，把他四年前旧译穆勒的 *On Liberty* 特避去自由二字，名作《群己权界论》。又为表示他不赞成汉人排满的主张，译了一部甄克思的《社会通诠》(E. Tenks：*History of Politics*)，自序中说‘中国社会，犹然一宗法之民而已’。”

第四，竞争与互助。

其一，《天演论》与《互助论》同时并存。蔡元培在1923年《五十年来中国之哲学》中谈到辛亥革命前的学说时，说：“《天演论》出版后，‘物竞’、‘争存’等语，喧传一时，很引起一种‘有强权无公理’的主张。”与此同时，“有一种根据进化论而纠正强权论”的《互助论》，“从法国方面输进来”。“克鲁泡特金的互助论，李煜瀛虽然没有译完，但是影响很大。李煜瀛信仰互助论，几与宗教家相像。李煜瀛的同志如吴敬恒、张继、汪精卫等等，到处唱自由，唱互助，至今不息，都可用1906年创刊的《新世纪》作为起点”。孙中山在谈到辛亥革命后的学说时，说：“今日进于社会主义，注重人道，故不重相争，而重相助。”① 蔡元培说，当时出现了“人人都信仰互助论，排斥强权论”的局面。②

其二，赞成达尔文主义，批判社会达尔文主义弱肉强食论、强权为真理论、择种留良论。孙中山在1912年赞成达尔文之生物进化论——“动物之强弱，植物之荣衰，皆归之于物竞天择、优胜劣败”，却不同意社会达尔文主义者所谓“凡国家强弱战争，人民贫富之悬殊，皆视为天演淘汰之公例，世界仅有强权而无公理，绝对以强权为世界唯一之真理”的观点。认为“强权虽合于天演之进化，而公理实难泯于天赋之良知；故天演淘汰为野蛮物质之进化，公理良知实道德文明之进化也”。他还认为，“社会主义”为了“挽救天演界之缺憾”，“原欲推翻弱肉强食、优胜劣败之学说，而以和平慈善，消灭贫富之阶级于无形”。③ 章士钊在1914年《答容挺公论译名》中，从具体事实出发批判社会达尔文主义择种留良论，说：“适者生存，适者未必即为良者；择种所留，其为不良之尤者，往往有之，以故为真正进化计，《天演论》已当改造。”④

第五，进化论之广泛影响。

其一，左右思想、影响学科。陈兼善在1922年说：“现在底进化论，已经有

① 孙中山：《在东京中国留学生欢迎会的演说》(1913年)，《孙中山全集》第3卷，第25页。

② 蔡元培：《黑暗与光明的消长》，《蔡元培全集》第3卷，第216页。

③ 孙中山：《在上海中国社会党的演说》，《孙中山全集》第2卷，第507、508页。

④ 章士钊：《答容挺公论译名》，《翻译研究论文集》(1894—1948)，第36、37页。

了左右思想底能力，无论什么哲学、伦理、教育以及社会之组织、宗教之精神、政治之设施，没有一种不受他的影响。”①

其二，如日中天、战胜诸论。章士钊在1923年说，“五十年来，达尔文之天演论，如日中天”，战胜“前此进化诸论”。②

其三，引人注目、进化专号。潘光旦在1925年说，《天演论》后，进化论“引人注目”，“杂志文字中尤数见不鲜”，“《民铎》至有‘进化论’专号之印行”。③

2. 新旧、变革、革命。

第一，天演进化与新旧、变革。

其一，天演进化与老少。李大钊在《新青年》1916年9月1日第2卷第1号上发表《青春》一文中说：“青春之国民与白首之国民遇，白首者必败，此殆天演之公例，莫或能逃者也。”

其二，天演进化与变革。一则，变与不变：“民国成立后，开国世殊，质文递变，天演之事，进化日新”。“治制虽变，纲纪则同”。“《六经》正所以扶立纪纲，协和亿兆”，所以是不变的。④ 二则，革新思潮之源头活水。日本稻叶君山在1915年说：“若以近代中国之革新，为起端于1895年之候，则《天演论》者，正溯此思潮之源头，而注以活水者也。”⑤

其三，天演进化与文学革命。一是革命潮流——进化与革命、文学革命。胡适在1916年4月5日日记中说：“革命潮流，即天演进化之迹。自其异者言之，谓之革命；自其循序渐进之迹言之，即谓之进化。”文学革命即使“吾国之语言成为言文一致之语言”。“文学革命至元代而极盛”，自明代起，“五百余年来‘半死文学’遂苟延残喘以至今日。文学革命何可更缓耶！”⑥ 二是《天演论》播殖了新文化运动的种子。梁启超在1922年说，“中国人从文化根本上感觉不足”，是在辛亥革命之后的第三期。这种“新运动的种子，也可以说是从第二期播殖下来”，即辛亥革命之前“学问上最有价值的出品——严复翻译的（《天演论》等）几部书”，这些书“把19世纪主要思潮的一部分介绍进来”，可惜当时

---

① 陈兼善：《进化论发达史略》，《民铎杂志》1922年第3卷第5号“进化论号特刊”。

② 章士钊：《评新文化运动》，《章士钊文选》，第380页。

③ 潘光旦：《二十年来世界之优生运动》，《潘光旦文集》第2卷，第316—318、346—347页。

④ 严复：《读经当积极提倡》（1913年3月），《严复集》第2册，第332页。

⑤ 转引自贺麟：《严复的翻译》，《东方杂志》1925年11月第22卷第21号。

⑥ 陈金淦编：《胡适研究资料》，十月文艺出版社1989年版，第394—395页。

“国人能够领略的太少了”。①

其四，关于文白之争。严复倾向于古文优于白话文。他认为五四前后，北京大学发生的白话文与文言文之争，“全属天演，优者自存，劣者自败”，“虽千陈独秀，万胡适、钱玄同，岂能劫持其柄”。② 蔡元培则调和白话与文言之争，他在 1919 年说：“白话与文言，形式不同而已，内容一也”。“《天演论》等，原文皆白话”，严复“译为文言”，“少仲马等所著小说，皆白话也”，而林纾“译为文言”，能说严复、林纾之所译，“高出于原本乎？”③

3. 人类起源与种族进化。

第一，人的由来。

其一，三种人类由来说：除了达尔文的“以物力诠释物种之由来”说外，还有“帝力创造万物”说，“众生无故自生”说。“达尔文学说者，只是天演众说之一”。④

其二，由“猿猴进化成人”说。马相伯在《宗教在良心》中转述达尔文的观点：“达尔温氏之言曰：天演变化，日久年湮，由此植物进为动物，动物中之猿猴，又进化成人。”

其三，“人是从造物主来”的，非“由于天演”而来。马相伯在《宗教之关系》中说：“人之生，生从造物主来。人之死，死归造物主去。”反对人生由于天演之说，“近世之学好新奇，至谓人生由于天演”。“天演又天演，植物可变动物，动物可变灵物，而今植物变植物，于理何难之有”。⑤

第二，种族竞争与种族进化。

其一，种族素质与种族强立。严复在 1912 年《与熊纯如书》中说：“淘汰已至，而存立之机见焉。西人谓华种终当强立，而此强立之先，必须先去掉种种恶根性与不宜之性习。”⑥

其二，种族竞存之三期与种族进化。潘光旦在《西化东渐及中国之优生问题》中说：二三百年中西接触史，“自种族进化之大处观之”，可谓之“一片竞

---

① 梁启超：《五十年来中国进化概论》，《梁启超选集》，第 834 页。

② 严复：《与熊纯如书》，《严复集》第 3 册，第 698—700 页。

③ 蔡元培：《答林君琴南函》，薛绥之、张俊才编：《林纾研究资料》，福建人民出版社 1983 年版，第 140、141 页。

④ 开洛格著、胡先骕译：《达尔文天演学说今日之位置》（1915—1916 年），《胡先骕文存》下卷，第 624—632 页。

⑤ 朱维铮主编：《马相伯集》，复旦大学出版社 1996 年版，第 151、155、156 页。

⑥ 严复：《与熊纯如书》，《严复集》第 3 册，第 608 页。

存史”。它可分为三期：第一期曰“隔离期，是闭关自守期”，“自明季至清中叶”；第二期曰“顺应期，是西化东渐期”，“自清中叶至今日”；第三期是从今以后，可叫选择期，“一是择善而从，以种族之竞存为指归”，“二是形成若干新观念、新组织，使种族日跻于优良健康之域”，这即“所谓中国之优生问题”。

其三，种族竞存之适者生存、优胜劣败与优生学的兴起。潘光旦在《优生概论》中说：“天演进化之理，适者生存”，不适者归于淘汰，这一“自然律”不能改变。“生物界之所谓优胜劣败、强存弱亡者，固始终以种族为单位”。“生民之初，世无所谓优生学也”，文化既兴之后，“知人类不能超越优胜劣败之自然律，知自来文化有种种反选择的效用，知精质之绵续不变，知遗传有法则可循，知循行天择之大原则而作人工选择之不为不可能——于是乎优生之学说以起”。①

（三）对《天演论》和严复的评价

1. 对《天演论》的评价。

第一，赞扬《天演论》。

其一，《天演论》“为善本”。顾颉刚在1919年说，《天演论》“精思是正，遵为善本”，“举国风行，刻版至数十种”。②

其二，《天演论》“为瑰宝”，“为世宝贵”，“为鸿宝”。《今闻类钞》1913年3月发表严复《进化天演》一文，“编者按”中指出：严复演讲《进化天演》，是“精理名言”，“学者所当奉为瑰宝也”。③ 陈宝琛在1921年说，严复“为学一主于诚，其论著诗札皆精美，为世宝贵”④。胡汉民在1925年说，《天演论》“尔时学界则视为鸿宝”⑤。

其三，《天演论》是“新书”，“如日中天”。章士钊在1923年《评新文化运动》中说，“五十年来，《天演论》如日中天，一扫前此进化诸论而空之”。鲁迅在1926年说，《天演论》是“新书，很新鲜，是写得很好的字”⑥。

---

① 《潘光旦文集》第2卷，北京大学出版社1994年版，第287、250、251页。

② 顾颉刚：《中国近来学术思想界的变迁观》，刘梦溪主编：《中国现代学术经典·顾颉刚卷》，河北教育出版社1996年版，第753、754页。

③ 孙应祥、皮后锋编：《〈严复集〉补编》，第134页注1。

④ 陈宝琛：《清故资政大夫海军协都统严君墓志铭》，闵尔昌纂录：《碑传集补》卷末《集外文》，燕京大学国学研究所印，第8—10页。

⑤ 《胡汉民先生文集》第2册，国民党党史委员会1978年编辑出版，第12、13页。

⑥ 鲁迅：《朝花夕拾·琐记》，《鲁迅全集》第2卷，第295、296页。

其四，《天演论》“似庄子，有先秦子书的风味”。贺麟在1925年11月《东方杂志》第22卷第21号上发表《严复的翻译》一文中说：“《天演论》中第一段最好，特别似庄子，我们读此段，俨有读先秦子书的风味。”

第二，否定《天演论》。

其一，《天演论》译得“最糟”。傅斯年在1919年《新潮》第1卷第3号上发表《译书感言》中认为，在“严复的译书中，《天演论》和《法意》最糟”。

其二，《天演论》是以旧观念译新思想。张君劢认为“严氏译文，好以中国旧观念，译西洋新思想，故失科学家字义明确之精神，其所以为学界后起者之所抨击，即以此焉”①。

其三，《天演论》贻患无穷。胡先骕在1925年有诗云：“独惜所译书，未尽西国宝，赫胥诠天演，贻患今未扫。”②

2. 对严复的评价。

第一，严复为“近世译才”之首。柳诒徵在1925年说，“近世译才，以侯官严复为称首”。严复所译《天演论》等书，使“华人始知西方哲学、计学、名学、群学、法学之深邃，非徒制造技术之轶于吾土，是为近世文化之大关键”。③

第二，严复为“学贯中西之哲”。胡汉民认为严复被“海内推为‘学贯中西’之哲”。④

第三，严复“的确与众不同”，是“感觉锐敏的人”。鲁迅在1918年说：“一面又佩服严又陵究竟是做过赫胥黎《天演论》的，的确与众不同：是一个十九世纪末年中国感觉锐敏的人。”⑤

第四，严复是介绍西洋近世思想的第一人。胡适在1923年《五十年来中国之文学》中说：“严复是介绍西洋近世思想的第一人，林纾是介绍西洋文学思想的第一人”。“自从《天演论》出版以后，中国学者方才渐渐知道西洋除了枪炮兵船之外，还有精到的哲学思想可以供我们的采用”。

第五，严复为介绍西洋哲学的第一人。蔡元培在1923年的《五十年来中国之哲学》中说：“五十年来，介绍西洋哲学的，要推侯官严复为第一”。“严（复）、李（煜瀛）两家所译的是英、法两国的哲学”，“同时有介绍德国哲学的，

① 张君劢：《严氏输入之四大哲学家学说及西洋哲学之变迁》，抱一编：《申报》五十周年纪念特刊《最近之五十年》第二编，1923年2月申报馆发行。

② 胡先骕：《楼居杂诗》，《胡先骕文存》上卷，第638页。

③ 柳诒徵：《中国文化史》下册，第798、799页。

④ 《胡汉民先生文集》第2册，第12、13页。

⑤ 鲁迅：《随感录二十五》，《鲁迅全集》第1卷，第295页。

是海宁王国维。王氏得力处，全在叔（本华）氏”。

（四）北洋军阀统治时期《天演论》研究的特点

1. 竞争进化意识仍占主导。

虽然在民初几年，思想界很多人倾向互助论，但在新文化运动兴起之时，竞争进化思想又进一步传播开来，天演或“演化论几成一种口头禅”①。“《天演论》以后，我们时常在报章杂志上看见一大堆‘物竞天择’、‘优胜劣败’的话”，“现在底进化论，已经有了左右思想底能力”，影响到各个学科，“无论什么哲学、伦理、教育以及社会之组织、宗教之精神、政治之设施，没有一种不受他的影响”。②

新文化运动的主要代表人物鲁迅、胡适、蔡元培等人，都写文章回忆青年时代受到天演论的影响，他们不但从《天演论》中读出了“物竞天择”（鲁迅语），而且认为“‘天演’、‘物竞’、‘淘汰’、‘天择’等等术语都渐渐成了报纸文章的熟语，渐渐成了一班爱国志士的口头禅，还有许多人爱用这种名词做自己或儿女的名字”（胡适语）。“‘物竞’、‘争存’、‘优胜劣败’等词，成为人人的口头禅”（蔡元培语）。陈独秀更是反复强调“生存竞争，势所不免”③。“优胜劣败，理无可逃”，“兼弱攻昧，弱肉强食，中外古今，举无异说”。④

2. 文化观念深化，并紧密结合五四新文化运动。

第一，天演进化成为新文化运动的理论基础。严译《天演论》对五四新文化运动的影响，不少学者曾经论及。如 1922 年梁启超在《五十年来中国进化概论》中认为“新（文化）运动的种子”是从“（《天演论》等）几部书”“播殖下来”。梁启超还认为这一时期，是国人“从政治上感觉不足之时期”转到“从文化上感觉不足之时期”。陈独秀则认为是由“政治的觉悟”转到“伦理的觉悟”之时期。⑤ 一些学者特别是新文化运动的一些主要代表人物，认为进化是直线上升前进的，总是新的代替旧的，如李大钊认为“青春之国民与白首之国民遇，白首者必败，此殆天演之公例，莫或能逃者也”⑥。他们从救国出发，运用天演

---

① 潘光旦：《二十年来世界之优生运动》，《潘光旦文集》第 2 卷，第 316—318 页。

② 陈兼善：《进化论发达史略》，《民铎杂志》1922 年第 3 卷第 5 号“进化论号特刊”。

③ 陈独秀：《敬告青年》（1915 年），《独秀文存》，安徽人民出版社 1987 年版，第 6 页。

④ 陈独秀：《抵抗力》（1915 年），《独秀文存》，第 22 页。

⑤ 陈独秀：《吾人最后之觉悟》（1916 年），《独秀文存》，第 37—41 页。

⑥ 李大钊：《青春》，《新青年》1916 年 9 月 1 日第 2 卷第 1 号。

进化思想，力图建立新文化、新伦理、新道德。

第二，把进化与革命联系起来，呼吁文学革命。胡适把进化与革命直接联系起来，说“革命潮流，即天演进化之迹”，并以此区分革命与进化，“自其异者言之，谓之革命，自其循序渐进之迹言之，即谓之进化”。这种对革命与进化概念的阐释，正是他主张文学革新的思想基础，他所说的文学革命，即是使“吾国之语言成为言文一致之语言”，在他看来，这种文学革命，在今日刻不容缓。①

第三，关于文白之争。在五四新文化运动中，北京大学发生了白话文与文言文之争。陈独秀、胡适、钱玄同等人，提倡白话文，反对文言文，林琴南等人则坚持文言文。当时发表的文章对此有三种观点：严复认为文言、白话“全属天演，优者自存，劣者自败。听其自鸣自止可耳”，没有必要进行争论，他的基本态度是倾向文言文。② 蔡元培则说，“白话与文言，形式不同而已，内容一也”，他的基本态度则是倾向白话文。③ 章士钊说，“粗释三事：一曰文化，二曰新，三曰运动”，“若升高而鸟瞰之，新新旧旧，盖诚不知往复几许”。他的基本态度是反对直线进化、一味求新的。④

第四，天演进化与学术自由、学科发展。在五四新文化运动中，如何对待不同学派，是一个十分重要的问题。蔡元培在 1919 年 3 月 21 日《答林君琴南函》中，根据天演进化思想，提出了对待不同学说和学派的基本原则，即“循思想自由原则，取兼容并包主义”，“无论为何种学派”，只要“言之成理，持之有故”，“虽彼此相反，而悉听其自由发展”。

如上所述，这一时期，天演进化思想影响到各个学科，特别是哲学、文学、生物学等学科。

在哲学方面，如胡适在 1923 年《五十年来中国之文学》中说，“自从《天演论》出版以后，中国学者方才渐渐知道西洋还有精到的哲学思想可供我们采用”。蔡元培在 1923 年《五十年来中国之哲学》中说，“介绍西洋哲学的，要推侯官严复为第一”。柳诒徵在 1925 年前后的《中国文化史》下册中说，严复所译《天演论》等书，使“华人始知西方哲学、计学、名学、群学、法学之深邃，是为近世文化之大关键”。

---

① 陈金淦编：《胡适研究资料》，第 394、395 页。

② 严复：《与熊纯如书》，《严复集》第 3 册，第 698—700 页。

③ 蔡元培：《答林君琴南函》，薛绥之、张俊才编：《林纾研究资料》，第 140、141 页。

④ 章士钊：《评新文化运动》，《章士钊文选》，第 380 页。

在文学方面，如胡适在1923年《五十年来中国之文学》中，认为“《天演论》等译书”，不仅“在原文本有文学的价值”，而且其“译本在古文学史也应占一个很高的地位”；贺麟在1925年的《严复的翻译》中，认为不仅“严复的译文有文学价值”，而且在“《天演论》里零星的译诗”，也是英国诗“最早”之“被译为中文者”。

在科学方面，如胡适在1931年《四十自述》中，认为达尔文的生物进化论虽然早已传入我国，物竞天择也早已成了人们的口头禅，但主要还是从社会政治的角度去理解、宣扬，“读这书的人，很少能了解赫胥黎在科学史和思想史上的贡献，他们能了解的只是那‘优胜劣败’的公式在国际政治上的意义”，真正从科学的角度去理解的人很少。① 潘光旦在1930年11月《读书问题》之一《科学研究与科学提倡》中，认为“科学研究与科学提倡是完全两件事，我们讲究科学，还在第一时期之内，还是始终在那里提倡”。“赫氏的通俗论文，演讲的底稿《天演论》”，均属于科学提倡性质；“赫氏生物科学研究的成绩，每一篇有一篇的特殊贡献，在科学史上有永久的价值”，则属于科学研究性质。② 于是他们根据天演进化思想对生物科学尤其是遗传学与优生学进行了深入的研究和探讨。

3.《天演论》的传播方式。

大众传播，主要是商务印书馆出版的《天演论》，《申报》发行的《最近五十年》特刊，《天铎》杂志“进化论专号”等。从时间来看，主要是三个契机：一是1919年五四运动前后，发表一些回忆性、时感性的文章；二是1921年严复去世，发表墓志铭、行状等；三是1922年《申报》纪念建馆五十周年，发表一批纪念性文章。从传播者来说，主要是新文化运动的一些代表人物，如鲁迅、胡适、蔡元培、陈独秀、李大钊、吴虞；其次是一些学者、文化人和翻译界人士，如章士钊、傅斯年、贺麟、胡先骕、陈西滢、顾颉刚、柳诒徵、潘光旦、陈兼善、张君劢；还有一些政治家兼思想家，如梁启超、康有为、孙中山、胡汉民；再就是严复的亲友、弟子，如陈宝琛、王允晳、蒋贞金；以及日本的稻叶君山，等等。

二、南京国民政府时期（1927—1949年）

这一时期论及《天演论》的文章有55篇。

① 曹伯言选编：《胡适自传》，第45—47页。

② 潘光旦：《读书问题》之《科学研究与科学提倡》，《潘光旦文集》第2卷，北京大学出版社1994年版，第24页。

（一）关于《天演论》的翻译问题

1. 译书时间。

王蘧常不同意严璩的1895年说，主张1896年说。"1896年（光绪二十二年丙申、先生44岁）夏初，译英人赫胥黎《天演论》（据《天演论》自序。案：严谱系在43岁，误也），以课学子"。"译《天演论》成，重九（1896年10月15日）自序"。①

2. 译书目的。

郭湛波说："自甲午中日之战，严氏深有鉴于我国之贫弱，由于学术不及西洋，乃专力从事于译述，先译成赫胥黎之《天演论》。"②

3. 译书态度。

姜书阁在1930年说："是故一名之立，旬月踟蹰；而其文又骎骎与晚周诸子相上下，一矫从前桐城之空疏，其成功也固宜。"③ 鲁迅在1935年说："严又陵说，'一名之立，旬月踌躕'，是他的经验之谈，的的确确的。"④

4. 译书方式。

第一，肯定直译，否定意译。

瞿秋白在1931年说："翻译应当把原文的本意，完全正确的介绍给中国读者，使中国读者所得到的概念等于俄英日德法……读者从原文得来的概念，这样的直译，应当用中国人口头上可以讲得出来的白话来写。"⑤

鲁迅在1931年说："严又陵知道这太达的译法是不对的，所以他不称为'翻译'，而写作'侯官严复达旨'。"⑥ 又在1935年《"题未定"草》中说，凡是翻译，先得解决一个问题，"竭力使它归化，还是尽量保存洋气呢？""凡是翻译，必须兼顾着两面，一当然力求其易解，一则保存着原作的丰姿"。在鲁迅看来，"保存洋气"就是信，就能使译作保存"异国的情调"，"保存着原作的丰姿"。反之，采取"归化"的译法，即意译，则有损于原作的内容，就是"貌合神离，从严辨别起来，它算不得翻译"。

---

① 王蘧常：《严几道年谱》，商务印书馆1936年版。

② 郭湛波：《近五十年中国思想史》，北平人文书店1936年再版，第55—63、347—368页。

③ 姜书阁：《桐城文派述评》，商务印书馆1930年11月初版，第77、79页。

④ 鲁迅：《"题未定"草》，《鲁迅全集》第6卷，第350页。

⑤ 瞿秋白：《论翻译（一）——给鲁迅的信》，《瞿秋白文集》（二），人民文学出版社1953年版，第918、919、923页。

⑥ 鲁迅：《关于翻译的通信》，《鲁迅全集》第4卷，第379页。

木曾在1941年说："完全的意译，严格说来即不能称为译，严几道故其译《天演论》，称为达旨而不曰译。"①

周越然在1945年说，严复的"译著，读起来好像是创作，总觉得容易懂些"②。

第二，肯定意译。

贺麟在1945年说，严复"每译一书，必有一番用意，并附加纠正或证明的案语，其文典雅，吴挚甫称其可与先秦诸子比美，其译书可以作为我国最早意译的代表"③。

第三，直译、意译，都有优劣。

艾伟在1929年《译学问题商榷》中，评论了陆志伟、董任坚两人的观点，认为按照他们的说法，"直译与意译似分为正当的与不正当的两种。是以机械的，呆板的，均为不正当的直译；穿凿附会，走出原意范围者，均为不正当之意译"。"严复的译作是原文－X＋Y＝译文"，是"拘执"的，"放恣"的，"穿凿附会，走出原意范围"的"不正当之意译"。④

李培恩在1935年说，《天演论》等书属意译，"用译文文字自由表达原文之意义"。"意译之佳处在于，不泥于原文，不拘于语法，独具文心，以与原文之美相辉映；意译之弊在于，脱去原文，不克忠实，其所述或竟非原文之所有"。⑤

第四，否定直译、意译，主张神似的翻译。

陈西滢在1929年主张神似，否定意译（意似）、直译（形似），甚至否定翻译。说："翻译就是翻译，本来无所谓什么译"。"所谓直译，它注重内容，忽略文笔及风格，连它的内容都不能真实地传达"。"所谓意译，便是要超过形似的直译，它的缺点却在得不到原文的神韵，译文终免不了多少的歪曲"。"神似的翻译，是指不斤斤于字字确切而自能得原著的神髓，但神似的译本寥寥难得"。⑥

5. 译书文体。

---

① 木曾：《翻译释义》，《翻译研究论文集》（1894—1948），第329—331、335页。

② 周越然：《追忆先师严几道》，《杂志》1945年8月10日第15卷第5期，第15—18页。

③ 贺麟：《康德、黑格尔哲学在中国的传播》，《贺麟选集》，吉林人民出版社2005年版，第427页。

④ 艾伟：《译学问题商榷》，《翻译研究论文集》（1894—1948），第162、165、168页。

⑤ 李培恩：《论翻译》，《翻译研究论文集》，第278、280、281页。

⑥ 陈西滢：《论翻译》，《翻译研究论文集》，第142、143页。

第一，肯定严复用古文译书。

姜书阁在1930年说："严复以古文译西哲书，颇投时好，风行一时，其成功也固宜，其影响可谓大矣。"① 艾思奇在《语文》1937年第1卷第1期上发表《论翻译》中说：用古文译书，"是只在汉魏译经或严复译'自由论'的时代才用得着的"，"现在我们的翻译，可不需要这样的精力滥费"。木曾在《北华月刊》1941年第2卷第2期上发表《翻译释义》中说："19世纪末期，中国的一般士大夫者尚妄自尊大，以为西欧仅有机械器用之学，至如关于文哲的学术思想当然无之。此时若译西洋哲学思想之书，必须采用周秦诸子的古文笔调以示精美典雅，俾得其赞赏，否则便将被弃而不屑一顾也。"

鲁迅在1932年说："严复用古文译书，正如前清官僚戴着红顶子演说，很能抬高译书的身价，故能使当日的古文大家认为骎骎与晚周诸子相上下。"② 佐禹在1947年12月16日《申报》上发表《严复与黑格尔》中说：对于严复的译书，文人志士"不独喜其思想之新颖，亦喜其文章之古雅谨严也"。冯友兰在1948年说，严复用古文译西书，"读起来就像是读《墨子》、《荀子》一样，中国人有个传统是敬重好文章，严复那时候的人更有这样的迷信，就是任何思想，只要能用古文表达出来，这个事实的本身就像中国经典的本身一样地有价值"③。陈子展在1929年说："严复当日要灌输一般老先生一点西洋思想，便不得不用古雅的文章来译，叫他们看得起译本，因而看得起西学。这也是他译书的一点苦心。"④

第二，否定严复用古文译书。

陈西滢在《新月》1929年第2卷第4号上发表《论翻译》中说，严复用古文译书，"艰深难解"。

瞿秋白在1931年《论翻译》中说，严复用古文译书，"是用一个'雅'字打消了'信'和'达'"⑤。

6. 翻译标准。

第一，同意信、达、雅说。

木曾在《北华月刊》1941年第2卷第2期上发表《翻译释义》一文中说，

① 姜书阁：《桐城文派述评》，上海商务印书馆1933年版，第77、79页。

② 鲁迅：《关于翻译的通信》，《鲁迅全集》第4卷，第379—388页。

③ 冯友兰：《中国哲学简史》，北京大学出版社1996年第2版，第279、280页。

④ 陈子展：《翻译文学》，牛仰山、孙鸿霓编：《严复研究资料》，海峡文艺出版社1990年版，第277—282页。

⑤ 瞿秋白：《论翻译（一）——给鲁迅的信》（1931年12月），《瞿秋白文集》（二），第918、919、923页。

信、达、雅为“一般翻译的标准”和“一切翻译工作的标准”。“译书之事，最紧要者是信、达”，“雅乃信、达二者之附庸，原不能单独存在”。

常乃慰在《文学杂志》1948 年第 3 卷第 4 期上发表《译文的风格》中说，信、达、雅“三事是作家或译家共同必需的修养”。“信达雅三事不仅是要兼顾并重，实有因果相生的关联：由信而求达，由达而至雅；雅是风格的完成，信是创作的基础，达是表现的过程，由信而至雅的桥梁”。

李培恩在《之江学报》1935 年第 4 期上发表《论翻译》一文中说，信、达、雅是“中外通人”共同的“翻译之要素”。“英人铁脱拉（Tytler）之《翻译原理》(*Ptrinciples of Translation*）一书其所论述，亦同于吾国严复‘信达雅’之说也”。信、达、雅三者，“未必尽人而能之，且未必一切译文得兼而有之也”，“译文最低限度亦必谨守一信字”。

周越然在《杂志》1945 年 8 月 10 日第 15 卷第 5 期上发表《追忆先师严几道》中说，“实行信达雅主义”是严复译著“所以盛行”，“所以取得当时读者无限钦佩”的原因。

第二，基本同意信、达、雅。

有的学者强调信、达、雅三者的不同地位以及信字的重要性。如艾思奇在《语文》1937 年第 1 卷第 1 期上发表《论翻译》一文中说，“信为最根本的基础”，“达、雅是第二义的存在”。“达和雅对于信，就像属性对于本质的关系一样，是分不开的”。朱光潜在《华声》（半月刊）1944 年第 1 卷第 4 期上发表《谈翻译》一文中说，信、达、雅中，“其实归根到底，信字最不容易办到。原文达而雅，译文不达不雅，那还是不信；如果原文不达不雅，译文达而雅，过犹不及，那也还是不信。所谓信是对原文忠实，不仅是对文字忠实，对情感、思想、风格、声音节奏等必同时忠实。绝对的信只是一个理想，事实上很不易做到”。陈康在 1942 年说：“‘信’可以说是天经地义；‘达’只是相对的，乃只相对于一部分人，即这篇翻译的理想读者；‘雅’可目为哲学著作翻译中的脂粉。”①

第三，提出新的翻译标准。

林语堂在 1933 年提出他的“翻译标准，依三方面的次序，第一是忠实标准，第二是通顺标准，第三是美的标准”。“与严几道的‘译事三难——信，达，雅’，大体上是正相比符的”。“忠实就是信，通顺就是达，至于翻译与艺术文

① 陈康：《论信达雅与哲学著作的翻译——柏拉图〈巴曼尼得斯篇〉序》，罗新璋编：《翻译论集》，商务印书馆 1984 年版，第 443 页。

（诗文戏曲）的关系，当然不是雅字所能包括，为叫起来方便起见，就以极典雅的‘信达雅’三字包括这三方面，也无不可”。“三样的责任全备，然后可以谓具有真正译家的资格”。①

杨镇华在1948年以前主张采用爱尔兰人泰脱拉在《翻译要论》中曾替翻译定下的三个原则：“1. 译文须是原作的意思完全复写。2. 译文的风格和作态须与原作同一性质。3. 译文须与原作同样的流利。”他认为“这三个原则粗看去和严复的信达雅相似，实则很不相同”。“泰氏说，如果不能完全做到这三点，在万不得已的情形之下，只好先牺牲第三条；次之，再牺牲第二条；如连第一条也非牺牲不可的话，则根本不能算翻译了。因为泰氏的标准有相当的伸缩性，在事实上很切用，所以我以为不妨采取的”。②

鲁迅在1931年《关于翻译的通信》中，主张“宁信而不顺”。他说：“我们的译书”若是给“很受了教育的”的人看的，那他“是主张译本‘宁信而不顺’”的。

曾虚白在《真美善》1930年第5卷第1期上发表《翻译中的神韵与达——西滢先生论翻译的补充》一文中说，“陈西滢对于翻译的主张，是独重一个信字，而以神似为标准”。曾虚白认为，“一个翻译家要完成表现感应的艺术，不独需要着信的条件，并且也不可缺少那达的手腕。信是对作者的，而达是对译者自己的。信的能力只能达到意似的境界，而达的能力却可以把我们所认识的神韵（或感应）表现出来”。

第四，对严复译书的评价。

其一，严译符合信、达、雅之标准。一则，《天演论》成其信、达、雅之标准。姜书阁在1930年《桐城文派述评》中说：“《天演论》等，其所选择既极得当，其执笔从事又能聚精会神，以成其信、达、雅之标准。”二则，“实行信、达、雅主义”是严复译著“所以盛行”、“所以取得当时读者无限钦佩”的原因。③

其二，严译不完全符合信、达、雅之标准。一则，严复译书，“前期重达雅”，“但他后来的译本，看得‘信’比‘达雅’都重一些”。④ 二则，严复译书，初期最重达字。咨实在1935年说，在严复“翻译的初期，他最看重达字，他说

---

① 林语堂：《论翻译》，罗新璋编：《翻译论集》，第418—432页。

② 杨镇华：《翻译研究》，《翻译研究论文集》（1894—1948），第287—293页。

③ 周越然：《追忆先师严几道》，《杂志》1945年8月10日第15卷第5期。

④ 鲁迅：《关于翻译的通信》，《鲁迅全集》第4卷，第379—388页。

'信矣不达，虽译不译，则达尚焉'；所以他译《天演论》，便不愿自居翻译的地位，仅仅是说个'达旨'而已。然而，他也知道：'题曰达旨，不云笔译，取便发挥，实非正法'。他初期的译品，也为了是如此，才受到许多后人的批评。……至于他中期翻译的《群己权界论》、《社会通诠》，纵使吹毛也找不出它有可訾的地方"①。三则，严复译书在重雅。"虽然提信达雅三大翻译标准，然而他主要的兴趣和着重点却在雅"。严复译书，"就内容言，少专门哲学的（他没有译述比较专门的哲学著作）；就目的言，是实用的（有救治当时偏弊的特殊作用的，不是纯学术的）；就方法言，是用文雅的古文以达旨的"。"他曾尽了他对时代的使命，但严译的时代已经过去了"。②

7. 翻译思想来源。

其一，严复译书主要是学习汉晋六朝翻译佛经的方法。鲁迅在 1931 年说："严又陵为要译书，曾经查过汉晋六朝翻译佛经的方法"。"他的翻译，实在是汉唐译经历史的缩图"。就是说，"中国之译佛经"可分汉末、六朝、唐三段与严复译书相对应："汉末质直，他没有取法；六朝真是'达'而'雅'了，他的《天演论》的模范就在此；唐则以'信'为主，粗粗一看，简直是不能懂的，这就仿佛他后来的译书。"③

其二，严复之"信达雅"说与英人铁脱拉之《翻译原理》所述基本相同。李培恩在 1935 年说："翻译之要素：中外通人，对于翻译之要素率有共同之列论。英人铁脱拉（Tytler）之《翻译原理》（*Ptrinciples of Translation*）一书其所论述，亦同于吾国严复'信达雅'之说也。"④ 这里，并未明确提出英人铁脱拉的《翻译原理》是严复"信达雅"说的理论来源。

8. 译书人物比较。

其一，严复与林纾之比较。一则，严、林两人之共同处。咨实在 1935 年《严几道与林琴南》一文中说，严、林两人都是"中国翻译史上的开山祖师，前无古人，后无来者"。"都是福建人"，"童年穷苦是相同的，早慧是相同的，得力于乡里老师的识拔与教益也是相同的"。姜书阁说，严、林译书"成绩之大，不相上下"。二人"皆受古文法于吴汝纶"，均属"桐城派嫡派"。⑤ 郭湛波说，

---

① 咨实：《严几道与林琴南》，薛绥之、张俊才编：《林纾研究资料》，第 228—231 页。
② 贺麟：《西方哲学的绍述与融会》，《贺麟选集》，第 346 页。
③ 鲁迅：《关于翻译的通信》，《鲁迅全集》第 4 卷，第 379—388 页。
④ 李培恩：《论翻译》，《翻译研究论文集》，第 278、280、281 页。
⑤ 姜书阁：《桐城文派述评》，商务印书馆 1930 年初版，第 77、79 页。

严、林两人“在翻译史上有同样之地位”，“严氏为介绍西洋哲学至中国之第一人，林氏为介绍西洋小说至中国之第一人”。① 木曾在《北华月刊》1941年第2卷第2期上发表《翻译释义》一文中说：“迨严氏出，始翻译西洋哲学思想之作，自林琴南氏起，始有西洋的文学小说等书之选译。”二则，严、林两人之不同处。咨实在1935年《严几道与林琴南》中说，“林始终未与政治发生什么关系，严在回国之后，即从事政治上的活动”。“在作品上，严所翻译的是哲理政法之书，林完全翻译小说”。“林琴南没有学习过外国文字，不能直接读作品原文，这是他不及严几道的地方”。“他们的翻译，严几道是有心的介绍，林琴南是偶然的尝试”。“在翻译态度方面，严是矜慎，林是草率”。“严复的翻译，就质的成就是值得后来的崇拜的，林琴南的翻译，在量的方面是远过于严氏的”。

其二，严复与林纾、辜鸿铭之比较。一则，三人之相同点。一是“三先生都是福建人，闽县林纾（1852—1924），侯官严复（1853—1921），厦门辜鸿铭（1857—1928）”；二是三人都“通中国古文”；三是“三人寿相若，生卒年代亦相若”。二则，三人之不同点。一是论语言文字，林纾“不懂外国文”，严复“通英文”，辜鸿铭“精通拉丁文、希腊文、英文、德文、法文、俄文”；二是论译书内容，“林纾以译泰西各国文学著”，严复“以译英国哲学社会科学著”，辜鸿铭“以译中国四书为英文著”；三是论成就，“辜偏于西方，林、严皆偏于东方”；四是“论在学术上影响之大，以严为最，林次之，辜又次之”，严复“为中外学者倾倒”，是“近代翻译界三先生之首”。②

（二）《天演论》主要内容研究

1. 天演与演化、天演与进化、竞争与互助。

第一，天演即演化。林耀华在1932年的《严复研究》之第四章《社会演化原理》中，同时使用“演化”与“天演”，“生物演化”与“人群进化”等词。“达尔文根据科学方法，发明生物演化之理；斯宾塞则本天演之术，而阐明‘人伦治化’之事，创‘任天而治’之说，以为人群进化之原则；赫胥黎起而反对斯氏，尽彼以‘人定胜天’为‘天行人治’之极则；严复之介绍天演学说，杂采三家之言，间变发挥己见”③。周振甫在1940年说：“演化论——即严复所译的《天演论》”，它“影响严复和学术界最大”。“演化论最重要的学者，自然要

① 郭湛波：《近五十年中国思想史》，第55—63、347—368页。

② 王世昭：《近代翻译界三先生》，《严复传记资料》（三），台北天一出版社1985年版，第58—61页。

③ 林耀华：《从书斋到田野》，中央民族大学出版社2000年版，第37—47页。

推达尔文、斯宾塞和赫胥黎一班人了”。①

第二，天演进化之始祖与西方天演学之沿革。林耀华在1932年《社会演化原理》中说，“天演之学，肇自古初，东有庄生（约前369—前286，战国时人），西有额拉（约前540—约前480之间，古希腊时人），皆此学之始祖”。“虽然，东学中止，而西学之后继有人”，“由希腊之世的额拉”起始到古希腊学派“斯多噶之徒”（前4世纪—前2世纪）中兴，再到“文艺复兴之后”（19世纪中叶）的“达尔文、斯宾塞辈”。萧公权在1940年说，英国“达尔文、斯宾塞、赫胥黎”之“天演思想，风靡一时”。②

第三，天演进化思想在中国之兴衰。

其一，天演进化学说由严复最早输入中国。鲁迅在1930年说：“进化学说之于中国，输入是颇早的，远在严复的译述赫胥黎《天演论》。”③ 林耀华在1932年《社会演化原理》中说：19世纪末叶，“严复介绍西方‘天演’之说于中土”，国人始“对于西学之兴趣于钦仰”。“严复之介绍天演学说，杂采三家（达尔文、斯宾塞、赫胥黎）之言，间变发挥已见”。

其二，天演进化思想在中国的兴盛。郭湛波在1935年说：“《天演论》介绍赫胥黎、达尔文、斯宾塞的思想学说到中国来，影响中国思想界甚大，进化论的思想，风行一时，《民铎》出进化论号二册，内有陈兼善的《进化之方法》、《进化论发达略史》、《达尔文年谱》……书籍有马君武译的《达尔文物种原始》，陈兼善著的《进化论纲要》，张资平著的《人类进化论》。”④

其三，天演进化思想在中国之衰落。鲁迅在1930年《〈进化和退化〉小引》中说，进化学说输入中国颇早，“但终于不过留下一个空泛的名词”，人们“知名不知义”。“欧洲大战时代，又大为论客所误解，到了现在，连名目也奄奄一息了”。严既登在1933年也说，自从严复译述《天演论》后，“‘进化论’的名词虽然早已喧腾于众口，然而进化论本身的根本意义，却不甚为学者们所注意”⑤。

第四，天演进化思想之代表人物。周振甫在中华书局1940年出版的《严复思想述评》中说，“天演思想”之“最重要代表人物”有“达尔文，1809—1882

---

① 周振甫：《严复思想述评》，中华书局1940年版，第11—19、251页。

② 萧公权：《中国政治思想史》，北京新星出版社2005年版，第535—550页。

③ 鲁迅：《〈进化和退化〉小引》，《鲁迅全集》第4卷，第250、251页。

④ 郭湛波：《近五十年中国思想史》，第55—63，347—368页。

⑤ （英）杰德约翰著、严既登译：《进化论发现史》，商务印书馆1933年版，卷首第4页。

年；斯宾塞，1820—1903年；赫胥黎，1825—1895年”。

第五，天演学说之基本观点及其运用。

其一，天演学说之基本观点。萧公权在1940年《中国政治思想史》一书中讲了三点：一是“严氏深信人类求存不可不适境自变，而一切改变又当循序渐进，不容躐等。此二者乃其学说之基本，殆始终未尝动摇”。二是“严氏尝自述其意曰：‘仆虽心知其危，《天演论》既出之后，即以《群学肄言》继之，意欲锋气者稍为持重”。三是“严氏维新主张之特点在办本末，明次第，而无取于支离鲁莽之躁。故严氏对时人之主张骤变或革命者深致不满，而加以驳斥纠正”。

其二，环境污染破坏。鲁迅在1930年《〈进化和退化〉小引》中，极度关注环境污染破坏。他说：“我们对于自然大法的研究未尝加意”，所以遭到惩罚，“沙漠之逐渐南迁，浸入华北，中国营养之已难支持，都是中国人极重要、极切身的问题，倘不解决，所得的将是一个灭亡的结局。……林木伐尽，水泽湮枯，将来的一滴水，将和血液等价……那给予的解答，也只是治水和造林。这是一看好像极简单，容易的事，其实却并不如此的。……接着这自然科学所论的事实之后，更进一步地来加以解决的，则有社会科学在”。

第六，竞争与进化。

其一，物竞天择。一则，何谓物竞天择？周振甫在1940年《严复思想述评》中说：“达尔文的物种繁变的原则，包括着五项公例：物竞（又译做生存竞争），滥费自然，变异，适者生存，遗传。这五点的精义其实已包括在严复所创立的‘物竞’、‘天择’两语中了。滥费自然和生存竞争就是物竞；变异、适者生存和遗传就是天择。”二则，物竞天择之说风行于中国，成了人人的口头禅。王世昭说：严复译述《天演论》后，“物竞天择之说遂风行于中国。因此中国人才懂得物竞天择的道理”①。郭湛波在1935年《近五十年中国思想史》中说：“自《天演论》出版后，物竞天择、‘天然淘汰’、‘优胜劣败’、‘适者生存’等名词，都成了人人的口头禅；进化论思想，风行一时；物竞天择、优胜劣败等思想深入于中国思想界。”佐禹在1947年12月16日《申报》上发表《严复与黑格尔》一文中说：“民初学子为文，辄有物竞天择、适者生存等语，其为受严氏影响，绝无疑义。”胡适在1931年说，《天演论》出版后，“数年之间，许多的进化名词，如生存竞争、适者生存等，在当时报章杂志的文字上，就成了口头禅。无数的人，都采来做自己的和儿辈的名号”，“由是提醒他们国家与个人在生存竞争中

① 王世昭：《近代翻译界三先生》，《严复传记资料》（三），第58—61页。

消灭的祸害”。[①] 郭湛波在1935年《近五十年中国思想史》一书中也说，自《天演论》出版后，“‘优胜劣败’、‘适者生存’等名词，都成了人人的口头禅”。三则，严复介绍西方演化论，补充赫胥黎的物竞天择说。周振甫在《严复思想述评》之“自序”中说：“严复不但介绍了西方的演化论，并且对赫胥黎的物竞天择说加以合理的补充，又融会赫胥黎、斯宾塞二家的议论而各采其所长。由此可知他并不是仅仅做介绍思想工作而自己没有思想的人。”四则，物竞天择的结果：适者生存、优胜劣败、弱肉强食。林耀华在1932年《社会演化原理》中说：“生物变化之事，尽出乎物竞、天择。其始也因物竞之烈，惟适者得以生存。适者为何？合于环境与夫出自良种者也……是故天演之道无他，特物竞天择相互循环之历程而已。”九一八事变后，有识之士谈“天演”，提到弱肉强食，说：“九一八事变后，日本侵略中国的行动，日渐急迫。我们中国的有识之士，经常告诫青少年们说：‘生存竞争，优胜劣败，自然淘汰，弱肉强食，这都是自然演化的法则。同种同类，其不能奋发图强、努力竞争者，便被同类灭亡。如古之巴比伦，今之阿比西尼亚。’”冯友兰也回忆说：“在抗日战争刚开始的时候，我听见有一种议论说，中国的地位好像人养的鸡。鸡能生蛋，供主人食用，所以主人不杀他。如果鸡不但不生蛋，并且还要反抗，那就非为主人所杀不可。有人说，中国抗日的结果，是幸而亡国，如果不幸，就要亡种。这种人的思想就肯定了‘弱肉强食’，认为弱者应该为强者所食。严复介绍赫胥黎的进化论，增加了中国人民反抗帝国主义的意志和斗争精神。”[②]

其二，进化论思想的性质作用。毛泽东在1940年《新民主主义论》中说，“严复输入的达尔文的进化论”等，“是资产阶级的自然科学与社会科学”，“是五四以前所谓新学的统治思想”，它“有同中国封建思想作斗争的革命作用，是替旧时期的中国资产阶级民主革命服务的”。[③]

其三，任天为治和与天争胜。周振甫在1940年《严复思想述评》中说，斯宾塞“一切的进步都循着天演，赫胥黎力持人定胜天的学说来反对斯宾塞”。

第七，竞争与互助。

郭湛波在1935年《近五十年中国思想史》一书中讲了三点：一是“进化思想，风行一时，引起‘有强权无公理’的思想”；同时纠正这‘强权论’的思想

---

① 胡适：《我的信仰》（五），曹伯言选编：《胡适自传》，第89、90页。

② 参见冯友兰：《从赫胥黎到严复》，1961年3月8、9日《光明日报》。

③ 毛泽东：《新民主主义论》（1940年1月），《毛泽东选集》第1卷，1944年版，第44页。

'互助论'，由李石曾氏从法国介绍到中国来”。二是“人类及动物因相互竞争而生存或相互扶助而生存，而其所以生存，则全赖于相互扶助的进行”。三是“互助论除李氏介绍外，还有周佛海氏译的克氏《互助论》，对于中国近代思想都有大的影响”。

（三）天演进化与中学、西学

1. 对待中学、西学的态度。

第一，严复拿中学傅会西学，但反对西学中源说。陈子展在1929年说，“严复讲学译书，想沟通古今中外，喜欢拿中学傅会西学”，但“他对于那些既不识西学又不识古的人，必谓‘彼之所明皆吾中土所前有’，甚者或谓‘其学皆得于东来’，还是痛骂了一顿”。①

第二，严复晚年对待中西文化态度的变化。萧公权在1940年说：“然而逮严氏晚年，其对中西文化之态度，则发生根本变化。向之鄙中尊西者一转而崇中贱西。”②

2. 介绍西方具体科学于中国。

第一，哲学。姜书阁在1930年提到《天演论》说，严复“以古文译西哲书，有《天演论》等，颇投时好，风行一时”③。蒋维乔在1931年提到《天演论》、《法意》说：“严氏介绍西哲学说，于我国有重大之影响者，首推《天演论》”。“又译孟德斯鸠《法意》，以介绍法律哲学，盖皆我国所需要之学说也”。④ 但冯友兰认为，“严复介绍西方的哲学很少，其中真正与哲学有关的只有耶方斯《名学浅说》与穆勒《名学》”。“严复推崇斯宾塞的《天人会通论》，说：‘欧洲自有生民以来无此作也。’可见他的西方哲学知识是很有限的”。⑤

第二，逻辑学。钱基博在1932年说：“中国言逻辑者，始于严复，而士钊逻辑古文之蹈前路于严复，故叙章士钊者宜先严复”。“若论逻辑文学之有开必先，则不得不推严复为前茅，叙章士钊而先严复，庶几先河后海之义云”。⑥

第三，文学。

---

① 陈子展：《翻译文学》，《严复研究资料》，海峡文艺出版社1990年版，第277—282页。

② 萧公权：《中国政治思想史》，第535—550页。

③ 姜书阁：《桐城文派述评》，上海商务印书馆1930年初版，第77、79页。

④ 蒋维乔：《近三百年中国哲学史》，上海中华书局1931年版，第137、142页。

⑤ 冯友兰：《中国哲学简史》第279、280页。

⑥ 钱基博：《中国现代文学史》，刘梦溪主编、傅道彬编校：《中国现代学术经典·钱基博卷》，第459—497页。

周作人在1934年《桐城派对新文学的影响》一文中说："新文学运动的开端，实际还是被桐城派中的人物引起来的"。"姚鼐是定鼎的皇帝"，"曾国藩是中兴的明主"，"其后，吴汝纶、严复、林纾诸人起来，一方面介绍西洋文学，一方面介绍科学思想，慢慢便与新文学接近起来了"。他们被称为老新党，"后来参加新文化运动的胡适之、陈独秀、梁任公诸人，都受过他们的影响很大"。"老新党的基本观念是载道，新文学的基本观念是言志，二者根本上是立于反对地位的。所以，虽则接近了一次，而终于不能调和"。①

第四，生物学——天演与遗传。潘光旦在1930年《读书问题》中说："遗传是天演的一种方法，所以演化论发达后，遗传学的发达自很自然的"。遗传学属于"生物科学"，它"把在社会生活里的人类做了对象。1869年戈尔登的《遗传的天才》，便指出遗传和社会治乱、国家兴衰、文物消长的密切关系"。② 他还说："《赫胥黎全集》有两大部分，第一部分是赫氏的通俗论文、演讲的底稿《天演论》，与在生物科学以外的研究录，第一部分只有提倡性质，而没有研究性质；第二部分是赫氏生物科学研究的成绩，每一篇有一篇的特殊贡献，在科学史上有永久的价值"。"我们中国人讲究了二三十年的科学，到如今似乎还在第一时期之内，还是始终在那里提倡"。③

（四）《天演论》与社会运动

1.《天演论》为维新变法的理论根据。

萧公权在1940年《中国政治思想史》一书中说："严复在戊戌前译赫胥黎《天演论》，欲以之为维新思想之科学根据，于开通风气有极大之影响"。"严氏……维新言论每以《天演论》为根据"。"严氏据《天演论》以言变法，其结果遂成为'一开明之保守主义者'"。

2.《天演论》传播革命说。

郭湛波在1935年《近五十年中国思想史》中说："严复译述《天演论》影响最大，蔡孑民先生称之谓'尊民叛君，尊今叛古'，当时目为'传播革命'。自此书出，物竞天择、优胜劣败等思想深入于中国思想界。"

3. 严复思想与新文化运动。

周振甫在《严复思想述评》之"自序"中，说明严复介绍的西方科学、民

---

① 周作人：《桐城派对新文学的影响》(1934年)，薛绥之、张俊才编：《林纾研究资料》，第189—190页。

② 潘光旦：《读书问题》，《潘光旦文集》第2卷，第24页。

③ 潘光旦：《读书问题》，《潘光旦文集》第2卷，第24页。

主思想对五四新文化运动的影响："在 1895 年，严复已在报章上发表文章，介绍西方文化。……他一方面努力介绍科学方法——逻辑，一方面提倡民主立宪的民治主义。但这些似乎除了少数人以外，得不到大多数人的拥护。一直要到了 1919 年陈独秀、胡适之两位先生起来提倡新文化运动，再请出塞（有的作赛）先生（科学）和德先生（民治）时，才被人家热烈的欢迎。"佐禹在 1947 年 12 月 16 日《申报》上发表《严复与黑格尔》一文中也说："居今日而论我国之新文化运动，严氏之功，不可没也。"

（五）对严复及其《天演论》的评价

1. 对《天演论》的评价。

第一，《天演论》之文足与周秦诸子相上下。姜书阁在 1930 年说，"《天演论》等，其所选择既极得当，其执笔从事又能聚精会神……而其文又骎骎与晚周诸子相上下，一矫从前桐城之空疏，其成功也固宜。"① 鲁迅在 1931 年《关于翻译的通信》中也说："严复翻译，最好懂的自然是《天演论》，桐城气息十足，连字的平仄也都留心。这一点竟感动了桐城派老头子吴汝纶，不禁说是'足与周秦诸子相上下'了。"

第二，《天演论》之译文"比原文为更美"。贺麟在 1940 年说："一般人大都认为译文绝对的不如原文之真善美，原文意味深厚，译文淡薄无味。所以译文都不值得有学术兴趣的人去读的"。"事实上比原文更美或同样美的译文，就异常之多。譬如严复译的《天演论》、《群已权界论》及《群学肄言》等书，据许多人公认均比原文为更美"。②

第三，《天演论》之不足。郭湛波在 1935 年《近五十年中国思想史》中说：在《天演论》等译著中，"严氏所介绍之思想虽为工业资本社会之思想，而其本身思想则仍为中国宗法封建之旧思想，故列在中国近五十年思想史之第一阶段，不过其介绍之西洋思想，则于中国近来新思想影响甚大"。

2. 对严复的评价。

第一，"严复是一位划时代的人物"，"是中西文化批判的前驱"。周振甫在《严复思想述评》之"自序"中说："严先生不但是第一个动摇中国的旧思想，介绍西方的新思想的人，并且也是中西文化批判的前驱者"。"就近百年来中国的思想界来看，严复不但是一位很重要的人物，并且也是一位划时代的人物"。严复介绍、补充"西方的演化论"，"他并不是仅仅做介绍思想工作而自己没有

① 姜书阁：《桐城文派述评》，第 77、79 页。

② 贺麟：《论翻译》，《翻译研究论文集》（1894—1948），第 129 页。

思想的人”。

第二，“严复为中国近代思想第一位的启蒙人——即第一位介绍西洋哲学思想于中国者”。①

第三，严复“是伟大精深的学者”（英国驻华公使朱尔典语），为“近代翻译界三先生之首”。②

第四，严复是“西方思想的最大权威”，“非常出名”。③

第五，“惟严复一人”“由英译汉能号召一时”。李培恩说：“清末，有志之士以灌输欧西学术为急务，各种书籍由日本译汉者，汗牛充栋；惟由欧美文字译汉者则寥寥无几。由英译汉能号召一时者惟严几道一人而已。”④

（六）南京国民政府时期《天演论》研究的特点

1. 翻译思想突显出来，重点是译书方式、文体、标准。

这一时期，对于严复译述《天演论》的时间、版本、目的、态度、方式、文体、标准，以及翻译思想的来源、翻译家的比较，都有所评述，尤其是对译书的方式、文体、标准和严、林、辜的翻译比较，更为突出。

2. 天演进化思想的研究全面深入发展。

这一时期，林耀华、周振甫、郭湛波、鲁迅、胡适、严既登、萧公权、王世昭、周越然、佐禹、姜书阁、蒋维乔、冯友兰、潘光旦、陈兼善、毛泽东等人，都曾论及或研究天演进化思想，使其得到全面深入的发展，它具体表现在纵横两个方面，纵的方面，涉及天演进化思想的起源、兴盛、衰落全过程；横的方面则涉及天演进化思想的代表人物、基本观点、性质作用、传播情况、主要问题等。

第三节　中华人民共和国建立后《天演论》研究概述（1949—2008年）

一、新中国成立至“文化大革命”结束（1949—1976年）

这27年中有33篇论及《天演论》的文章。

① 木曾：《翻译释义》，《翻译研究论文集》（1894—1948），第329—331、335页。

② 王世昭：《近代翻译界三先生》，《严复传记资料》（三），第58—61页。

③ 冯友兰：《中国哲学简史》，第279、280页。

④ 李培恩：《论翻译》，《翻译研究论文集》（1894—1948），第278—281页。

（一）严复译述《天演论》的诸问题

1. 严复译述《天演论》的时间。

第一，1895年说。这一时期，关于《天演论》的译述时间，学术界基本上持1895年说，其影响较大的有王栻1957年的《严复传》，传中说：他“确信《天演论》的底稿，至迟在光绪二十一年（1895年）译成，在光绪二十年（1894年）译成的可能性更大些。”他的根据有两个：先是根据严璩的《侯官严先生年谱》的1895年说，后来他“又看到1895年3月陕西味经售书处重刊的《天演论》本”。之后，国内出版的许多文史书籍，几乎都持1895年说。台湾郭正昭在1972年的《社会达尔文主义与晚清学会运动》①，美国史华兹在1964年的《严复与西方》②，也都持1895年说。

第二，1896年说。这一时期，认为《天演论》的译述时间为1896年的，主要有两人：一是汤志钧③，二是台湾连士升④。

2. 严复译述《天演论》的原因。

美国史华兹在1964年《寻求富强：严复与西方》一书中，讲了四个原因：一是它“简洁生动”，有“诗一般的语言”；二是它“广泛涉及了人类思想的全部历史”；三是它“给严复为斯宾塞辩护的观点进行辩护的极好机会”；四是它“反复讨论的问题与‘自强保种’直接有关”，这最后一点“起最终的决定作用”。

3. 严复译述《天演论》的目的。

第一，警钟说。王栻在1957年的《严复传》中说，《天演论》“向全国人士敲起祖国危亡的警钟”。

第二，“为了自强保种”⑤。

第三，启迪民智。吴德铎在1962年7月12日《文汇报》上发表《谈〈天演论〉》一文中说：“严复译述的《天演论》”，在“启迪民智方面”起了“积极作

① 郭正昭：《社会达尔文主义与晚清学会运动》，《严复传记资料》（五），第168—170页。

② （美）史华兹著、叶凤美译：《寻求富强：严复与西方》，江苏人民出版社1996年版，第88—101页。

③ 汤志钧：《戊戌变法人物传稿》（增订本）上册，中华书局1982年第2版，第172—186页。

④ 连士升：《严几道先生遗著·序》，《严复传记资料》（二），第116页。

⑤ 南京大学历史系等：《严复诗文选注》，江苏人民出版社1975年版，第166、167页。

用”，《天演论》值得重视的历史地位，“亦即在此”。

4.《天演论》的译书方式。

徐永焕在《外语教学与研究》1963 年第 1 期上发表《论翻译的矛盾统一》一文中说：“《天演论》是否必须就原文发挥引衬，而无法进行单纯的翻译，严复在这一方面的具体见解可以说是不正确的”。

5. 译书文体。

第一，肯定严复古文翻译。陈敬之说严复“译文之渊雅”，使其“译书受到当时的中国知识界的极端重视，且至风行一时”。① 连士升在 1959 年《严几道先生遗著·序》中说：“严复以标准古文翻译，‘其书乃骎骎与晚周诸子相上下’，才容易被学界接受。”

第二，否定严复古文翻译。严复译述《天演论》“把明明白白的原文弄得艰深难解，译得很糟”②。

6. 翻译标准。

第一，赞成信、达、雅说。

其一，“翻译标准”说。郭正昭在 1972 年的《社会达尔文主义与晚清学会运动》一文中说，信、达、雅是“崇高的翻译标准”。王森然说：“严复是发明翻译西籍必遵照信、达、雅三个标准之第一人”。“翻译标准之厘定”，是严复“在翻译史最大影响”之一。③

其二，“鉴别标准”说。信、达、雅“是鉴别译文好坏的标准”，“信和达、雅是矛盾的统一”，“译者应该力求做到信、达、雅三者兼顾”。④

其三，“最高鹄的”说。连士升在 1959 年《严几道先生遗著·序》中说：信、达、雅“是翻译界最高的鹄的，千年万代后谁也不敢有所异议”。

其四，“必备条件”说。信、达、雅对于翻译工作来说，“确实是必备的条件”。“如果是文学作品，三个条件不仅缺一不可，而且是在信达之外，愈雅愈好”。⑤

其五，“译书要义”说。信、达、雅是“译书之要义”，“观严氏之前后译

---

① 陈敬之：《严复》(1953 年)，《严复传记资料》(一)，第 18 页。

② 林汉达：《翻译的原则》，《翻译研究论文集》(1894—1948)，第 98、99、104—106 页。

③ 王森然：《近代二十家评传》，书目文献出版社 1987 年版，第 87、94—98 页。

④ 外文出版社编制：《关于翻译工作的几个问题》，转引自沈苏儒：《对外报导业务基础》(增订本)，中国出版社 1992 年版，第 224、225 页。

⑤ 郭沫若：《给俄文教学编辑部的回信》，《翻译研究论文集》(1894—1948)，第 20 页。

著，实不愧信达雅三字”。①

其六，“圭臬”说。陈敬之在1953年《严复》一文中说：信、达、雅“给翻译界指出了译书三昧，足够使举世译述者奉为圭臬”。

第二，基本赞成信、达、雅说。

其一，“翻译当以信、达、雅为翻译准则”，“除用汉以前字法句法则为达易这一项外，皆系千古不刊之论”。②

其二，“信达雅被人奉为圭臬”，“只要撇开一些具体办法，信、达两字仍可沿用”。③

第三，基本否定信、达、雅说。

其一，刻意求雅是错误的。王澍在《俄文教学》1957年第4期上发表《翻译标准观评议》一文中说：严复“对信达本身的解释是对的”，但“刻意求雅，用汉以前的字法句法，是错误的”，“沿用起来流弊很多”。

其二，混淆了翻译同创作。徐永焕在《外语教学与研究》1963年第1期上发表《论翻译的矛盾统一》一文中说：“信达雅是一般人公认的翻译标准”，但严复所引孔子原文中，“只有达字，并无信、雅二字”，“借用‘文章正轨’来当作‘译事楷模’，这就混淆了翻译同创作”。

第四，否定信达雅说。其一，翻译标准只有一个：正确。董秋斯在《翻译通报》1950年第1卷第4期上发表《翻译批评的标准和重点》一文中说：“翻译标准只有一个：译文必须正确。宁信而不顺，采用白话”。“所谓通顺、意似、美、雅等，那是中文的语法和修辞问题”。其二，把翻译的标准分裂为三不妥。林汉达在1953年说：“把翻译的标准分裂为三……这是不大妥当的。”④

第五，关于翻译标准的争论。王澍在《俄文教学》1957年第4期上发表的《翻译标准观评议》一文中，将翻译标准的争论分为两个时期：第一时期为五四运动后，1919年至1932年，主要有三种观点：一是“宁可错些，不要不顺”，如赵景深等；二是“宁可正确，而不通顺”，如《文艺新闻》、鲁迅等；三是信顺统一论，如瞿秋白等。第二个时期为新中国成立后，1954至1956年，也主要

① 谢庵：《严几道小觑天下人》，《严复传记资料》（一），第53页。

② 张振玉：《译学概论》，转引自沈苏儒：《论信达雅——严复翻译理论研究》，商务印书馆1998年版，第73页。

③ 刘重德：《翻译原则再议——在海峡两岸外国文学翻译研讨会上的发言》，杜承南、文军主编：《中国当代翻译百论》，重庆大学出版社出版1994年版，第24页。

④ 林汉达：《翻译的原则》，《翻译研究论文集》（1894—1948），第98—99、104—106页。

有三种观点：一是主张信达雅的辩证统一，如中央编译局文章、何匡等；二是认为信达雅不是准确性的翻译标准，如陈殿兴等；三是在新的解释下沿用信达雅或信达的翻译标准，如1956年夏座谈会上发言。

7. 翻译思想的来源。

第一，来自中国古代的孔子。林汉达在《翻译的原则》中说：严复的翻译标准信达雅，“是从孔老夫子那儿引申出来的。现在我们研究英文翻译，把孔子的话东抄一句，西摘一段，作为翻译的标准和模范，这是不大妥当的”。

第二，来自英国泰特勒的三原则。徐永焕在《外语教学与研究》1963年第1期上发表《论翻译的矛盾统一》一文中说：“严复的信达雅，无疑受到比他早一百年的泰勒特的翻译三原则的影响”。“严复侧重信达雅的一致，鲁迅侧重信顺的矛盾，而泰特勒三原则接近鲁迅的‘宁信而不顺’”。

8. 关于“译才并世数严林”的提法。

康有为在一首诗中有一句为“译才并世数严林”。[①] 钱锺书在1964年的《林纾的翻译》一文中说：“康有为一句话得罪两个人”。“严复一向瞧不起林纾，看见那首诗，就说康有为胡闹，天下哪有一个外国字也不认识的译才，自己真羞与为伍。至于林纾呢，他不快意的有两点。第一该讲自己的‘古文’，为什么倒去讲翻译小说？舍本逐末；在这首诗里，严复只是个陪客，难道不能来一句‘译才并世数林严’么？喧宾夺主”。“林纾不乐意人家称他为‘译才’，我们可以理解；他重视古文而轻视翻译，那也并不奇怪，因为‘古文’是他的一种创作，一个人总认为创作比翻译更亲切地是‘自家物事’”。[②]

9. 严复译书成功的原因。

连士升在1959年《严几道先生遗著·序》中说：其原因有三：一是“学问基础打得十分牢固，根柢既深且厚，枝叶自然繁茂”；二是“中文极高深，以标准古文来翻译，其书才容易被学界接受”；三是“译书态度的谨严，标榜三大信条：‘信、达、雅’”。

10. 严复翻译的特点。

“第一，不论在质和量上，都在中国翻译事业史上写下了新的一页。第二，在译作中，突出地反映着严复的思想倾向，强烈地表现着他的政治态度和主张。

---

① 康有为：《琴南先生写〈万木草堂图〉，题诗见赠，赋谢》，《庸言》1913年第1卷第7号。

② 钱锺书：《林纾的翻译》，《文学研究集刊》第1册，人民文学出版社1964年6月版。

第三，主要特点在于他的译作有着明确的目的性，具有着现实的政治意义，并在爱国运动中作为自己的特殊手段而出现”①。

（二）《天演论》主要内容研究

1. 天演与进化、进步。

第一，天演与进化、进步的关系。其一，王栻在上海人民出版社 1957 年出版的《严复传》中说：“天演论即进化论。”其二，史华兹在 1964 年的《寻求富强：严复与西方》中说：“进化论与不可逆转的进步论不是一回事。”

第二，天演进化思想的基本观点——物竞天择。

其一，物竞天择普遍适用，是规律、铁律，风行国内。谢庵在 1972 年《严几道小觑天下人》中说：“《天演论》即是物竞天择之意。”王汝丰在 1957 年《严复思想试探》中说：“‘物竞天择’则是任何动植物以及人类所不能抗拒的铁律。”汤志钧在 1961 年《戊戌变法人物传稿》中说：“‘物竞天择，适者生存’，遂得风行于国内。”冯友兰在 1961 年 3 月 8 日、9 日《光明日报》上发表《从赫胥黎到严复》中说：“物竞天择、适者生存、天演竞争、优胜劣败成为一般知识分子所常说的话。”连士升在 1959 年《严几道先生遗著·序》中说：有的人“连个人的私名也采用物竞天择、适者生存的字眼”。

其二，物竞天择与反帝爱国运动。

一则，警钟说。王栻在 1957 年《严复传》中说：“严复翻译《天演论》的目的，就是要运用进化论所谓物竞天择、适者生存的基本原理，向全国人士敲起祖国危亡的警钟。”汤志钧在 1961 年《戊戌变法人物传稿》中说：“‘物竞天择，适者生存’，频敲危亡之警钟。”

二则，民族意识说。王汝丰在 1957 年《严复思想试探》中说：“物竞天择、适者生存学说，也激发着人们的民族意识，加强了反瓜分斗争，客观上起着反帝国主义的作用。”

三则，与天争胜、自强保种说。连士升在 1959 年《严几道先生遗著·序》中说：物竞天择，适者生存激起青年“发奋为强，振作一番”。冯友兰在 1961 年《从赫胥黎到严复》中说：“物竞天择、适者生存、天演竞争、优胜劣败，当时中国人民听起来，真是‘惊心动魄’，认识到必须赶快发愤图强。”江苏人民出版社 1975 年出版的《严复诗文选注》中说：“赫胥黎的与天争胜的思想，是对斯宾塞尔任天为治思想的补救”，“最后阐明翻译《天演论》的目的，是为了自强

① 王汝丰：《严复思想试探——严复之翻译及其思想之初步试探》，中国人民大学编：《中国近代思想家研究论文选》，三联书店 1957 年版，第 99—133 页。

保种”。

其三，物竞天择与反封建运动。侯外庐在1952年3月号《新建设》上发表《严复思想批判》一文中说：“‘物竞天择，适者生存’的学说，无异于宣告腐败的满清封建王朝的死刑；暗示中国如不及时‘竞争’，走资本主义之路，则必至‘亡国灭种’。”王汝丰1957年《严复思想试探》中说：物竞天择、适者生存学说，“揭示封建专制统治是造成民族危机的原因所在”，“就给清王朝当头一棒”。《严复诗文选注》中说：“《天演论》的出版，有力地打击了孔孟之道，震撼了腐朽的封建统治，鼓舞了人民群众的反帝反封建斗争，影响了整整一代要求进步的知识分子。”①

第三，天演进化与哲学。

其一，进化论与唯物、唯心。科学出版社1971年7月翻译出版的《进化论与伦理学》之《出版说明》中，认为“总的来讲，书的前半部是唯物的，后半部是唯心的”。《严复诗文选注》中也说：“《天演论》，今译为《进化论与伦理学》，上半部主要讲生物界的进化发展，宣传科学的达尔文主义，是唯物的。下半部主要讲社会的进化发展，把达尔文的生物进化学说错误地运用到人类社会，论证人类社会的发展也是物竞天择，优胜劣败，是唯心的。”

其二，进化论与公羊三世说、进化三段论。王尔敏在1968年说：“西方的进化论，激起儒学中的公羊说复活；再由公羊学的‘据乱、升平、太平’的三世说，形成解释政治、社会、人类、知识的进化三段论说”，即“天演论（西方固有）——公羊三世说（中国固有）——进化三段论（当时新创）”。进化三段论“几为当时学者解释一切人文社会进化现象的管钥”，如“谈人类，梁启超分有：野蛮之人，半开之人，文明之人；谈历史，梁氏分有：上古，中国之中国，中古，亚洲之中国，近世，世界之中国；谈政治，麦孟华分有：代权之世，争权之世，平权之世；谈知识，孙文分有：不知而行，行而后知，知而后行；孙氏创说三民主义，也是本着进化三段论作解释；孙氏的传布最广的人类进化学说，所谓‘人与天争，人与兽争，人与人争’的三段进化论，更是显明的例证”。②

其三，进化论与不可知论。冯友兰在1961年《从赫胥黎到严复》中说：“赫胥黎在科学方面宣传生物进化论，在哲学方面宣传不可知论。《天演论》这部著作同时宣传了这两方面的观点”。它“在内容上和赫胥黎的原来的理论，并不是完全相同”，“就不可知论说，赫胥黎借不可知论‘偷运唯物主义’，严复是借不

① 南京大学历史系等：《严复诗文选注》，第166、167、210、211页。

② 王尔敏：《晚清政治思想史论》，广西师范大学出版社2005年版，第15—17页。

可知论‘偷运唯心主义’”。吴德铎在1962年7月12日《文汇报》上发表《谈〈天演论〉》中则说：“严复的《天演论》，本来是要介绍趋于复古的西方唯心主义的不可知论”，结果“竟不知不觉地‘偷运了唯物主义’”。

其四，天演进化与庸俗进化论。冯友兰在《从赫胥黎到严复》一文中说：“严复所介绍的‘天演’的理论也是一种庸俗进化论，注重渐进和外因，与唯物辩证法相违反。在19世纪末也起了一定的进步的作用，因为它毕竟是认为事物是变化的，这对于封建社会的‘天不变道亦不变’的思想，是一个很大的打击”。

其五，天演进化与社会达尔文主义。

一则，认为赫胥黎的进化论是社会达尔文主义，严复与赫胥黎进化论的作用不同。冯友兰在《从赫胥黎到严复》中说：“赫胥黎强调把达尔文学说应用于人类社会，这就是社会达尔文主义”。“赫胥黎的进化论实际上是社会达尔文主义，它可以麻醉殖民地的人民”。“社会达尔文主义在理论上是错误的，在实践上是反动的”。“严复介绍赫胥黎的进化论，增加了中国人民反抗帝国主义的意志和斗争精神”。

二则，认为赫胥黎抨击社会达尔文主义，严复信仰社会达尔文主义。史华兹说：“赫胥黎的《进化论与伦理学》，是在抨击社会达尔文主义”。“在《天演论》中，严复十分清楚地表达了自己对社会达尔文主义的深深信仰”。“构成《天演论》中心思想的，则显然是社会达尔文主义的口号”。“在当时的中国，占据着舞台中心的是振聋发聩的社会达尔文主义的口号”。①

其六，进化论、历史观与维新变法、旧民主主义革命。史全生在1975年《南京大学学报》第2期上发表《论严复的进化论历史观》中讲了四点：一是“《天演论》提出世变和力今以胜古的进化论历史观，为维新变法运动提供了思想武器”；二是“严复关于人类社会后来居上的进化论观点和时势造英雄的‘运会’论的思想，为资产阶级维新运动作了舆论准备”；三是“有力地批判了儒家‘不变论’和复古主义的历史观，批判了地理条件决定论和圣人创世说”；四是“这在当时具有很大的进步意义，对中国旧民主主义革命发生了深刻的影响，它影响了整整一代人，凡是主张革新的资产阶级人士，无不以严复的进化论历史观作为自己的思想武器”。

2. 中学与西学。

第一，中学与西学结合。

---

① （美）史华兹著、叶凤美译：《寻求富强：严复与西方》，第88—101页。

其一，以新学光复旧学、模拟晚周诸子风格。吴德铎在 1962 年 7 月 12 日《文汇报》上发表《谈〈天演论〉》中说："《天演论》虽然介绍的是'新学'，实际上，他对我国固有的文化是推崇备至的。可见严复是要以赫胥黎的'新'来光复我们的'旧'，这点无论是从《天演论》的译文或是严复毕生的政治主张都可以得到明证"。"严复最折服的是我国先秦的哲学思想，因而《天演论》译文的风格，步步都模拟晚周诸子，其中特别是《庄子》，'天演'二字或脱胎自'天运'，'赫胥黎'译名中的'赫胥'来自《马蹄》和《胠箧》，按语中引用的以《庄子》最多，庄子创始的以'悲夫'作结尾时的感叹也为严复一再袭用"。

其二，中西融会。如王尔敏在 1968 年《晚清政治思想史论》中说："西方新思想与中国传统的固有思想，两者渗合，融会，创新"。"天演论（西方固有）——公羊三世说（中国固有）——进化三段论（当时新创）"。

第二，《天演论》传播西学的性质。

其一，新学、改良说。侯外庐在 1952 年 3 月号《新建设》上发表《严复思想批判》中说：《天演论》是"五四以前所谓新学的统治思想"，是"严复改良主义的梦想"。

其二，集体能力、近代化说。《天演论》"抓住了欧洲著作中集体的能力这一主题，体现了欧洲向近代化的运动"①。

其三，学术根本、熟识路线说。《天演论》是"引导我们正确了解西方学术思想的根本所在"，使我们"对于西方学术思想已能熟识一个路线"。②

（三）对严复及其《天演论》的评价

1. 对《天演论》的评价。

第一，学术价值、警钟、图存说。王栻在 1957 年《严复传》中说：《天演论》"是中国近代史上第一部代表资产阶级文化而有学术价值的译著"，"天演论敲响祖国危亡的警钟"。吴玉章在人民出版社 1961 年出版的《辛亥革命》中说："《天演论》好似替我们敲起了警钟，使我们惊怵于亡国的危险，不得不奋起图存。"

第二，影响思想启蒙运动说。吴德铎在《历史教学》1962 年第 10 期上发表《〈天演论〉在〈国闻报〉上发表过吗?》中说：《天演论》"是对我国近代思想启蒙运动有过重大影响的书"。

---

① （美）史华兹著、叶凤美译：《寻求富强：严复与西方》序言。

② 李璜：《我所经历五四时代的人文演变》，1976 年 1 月香港《明报月刊》十周年纪念特大号。

第三，推动维新、革命说。冯友兰在《从赫胥黎到严复》中说：《天演论》“在戊戌维新运动时期和以后民主主义革命时期，都起了很大的推动作用”。

2. 对严复的评价。

第一，天演哲学家。侯外庐在《严复思想批判》中说：严复“别号自署‘天演哲学家’”。陈敬之称，“严复学博和识远”①。

第二，启蒙思想家。王栻在1976年《严复传》中说：严复在“维新运动中，成为资产阶级启蒙思想家”。

第三，寻找真理的先进人物。汤志钧在1961年《戊戌变法人物传稿》中说：“严复是中国近代史上向西方国家寻找真理的先进人物、启蒙思想家。”

第四，译界开山祖师、巨擘。谢庵说：严复为译界“开山祖师”，“翻译西籍高深学理”，又“富有中学根底”，并“具有海军专家名贵资格”。② 张振玉说，严复为我国近代译界之巨擘。③

第五，对严复思想分为三段的不同看法。

其一，赞同三段论——全盘西化，中西折中，趋于复古。侯外庐在《严复思想批判》中说：“有人认为，1895—1899年，是严复思想全盘西化时期，到清末民初，乃渐趋于中西折中，民国以后则更趋于复古。这本来是改良主义必然要走的道路，亦是中国自由资产阶级两面软弱性的必然表现。”

其二，不赞同三段论，认为严复的思想本质首尾一贯。美国学者史华哲在1966年说：“周振甫表示严复早期是一位‘全盘西化者’，以后渐渐成为‘保守之传统者’；笔者则认为严复一直维持其中心意旨，思想本质亦能首尾一贯。”④

（四）这一时期《天演论》研究的特点

主要表现在三个方面：对翻译思想论述比较全面，从哲学角度研究天演进化，政治色彩比较浓厚。

1. 对翻译思想论述比较全面。

涉及严复译书的时间、版本、原因、目的、态度、方式、文体、标准、来源、严林比较，以及译书的特点和成功的原因，重点是论述译书的时间和标准。

---

① 陈敬之：《严复》，《严复传记资料》（一），第18页。

② 谢庵：《严几道小觑天下人》《严复传记资料》（一），第53页。

③ 张振玉：《译学概论》，转引自沈苏儒：《论信达雅——严复翻译理论研究》，第73页。

④ （美）史华哲著、沈文隆译：《严复》，《严复传记资料》（二），第154页。

2. 从哲学角度研究天演进化等思想比较显著。

包括天演与进化、进步的关系，进化论的输入、传播、影响、性质、意义，进化三段论，本体论、认识论、历史观等。

3. 政治色彩比较浓厚。

这一特点，在建国初期已有体现，当时革命刚刚胜利，为了宣传革命道路的正确性、可行性，进而批判改良主义，1952 年侯外庐就写了《严复思想批判》，认为严复的进化论是"庸俗进化论"，批判严复的"改良主义"思想和道路。在"文化大革命"期间，一些学者又将严复视为反儒、反孔的代表人物，如《天演论和中国近代反孔思潮》(《学习与批判》1973 年第 3 期)，《严复的译述天演论及其法家观》(1974 年 7 月 2 日《文汇报》)等文，认为"《天演论》这部书的出版，有力地打击了孔孟之道"，从而使严复研究服务于当时的政治运动。

二、改革开放至今（1978—2008 年）

所查改革开放至 2008 年的 30 年间，约有 390 种以上论著谈到《天演论》的问题。

（一）关于《天演论》的翻译问题

1. 严复译述《天演论》的时间。

第一，1895 年说。王栻在《群众论丛》1980 年第 2 期上发表《严复的生平及其思想》和《严复集》第 5 册关于《天演论》之题解中，反复重申了 1895 年说。郑重也论证了《天演论》的译述过程及完成于 1895 年的意义，认为"1895 年陕西味经售书处重刊本是《天演论》石破天惊似的问世的第一声惊雷"，认识这一点，"有助于正确理解和深刻认识严复的爱国思想和《天演论》的现实意义"。① 还有一些人也都持 1895 年说，如罗耀九、② 王天根、朱从兵等。③

第二，1896 年说。邬国义在 1981 年说："严复翻译《天演论》的时间应在 1896 年。最可信的是严复自己的说法（即《译天演论自序》），而不是译于 1894

---

① 郑重：《从天演论译著初版看严复强烈的爱国主义精神》，《严复与中国近代化学术研讨会论文集》，海峡文艺出版社 1998 年版。

② 罗耀九：《严复》，《中华民国史资料丛稿》第 8 辑《人物传记》，中华书局 1980 年版。

③ 王天根、朱从兵：《严复译著时间考析三题》，《中国近代启蒙思想家——严复诞辰 150 周年纪念论文集》，方志出版社 2003 年版。

年或 1895 年"，并进行了具体的论证。[①] 二是苏中立、涂光久在《严复思想与近代社会》中认为，1896 年说理由更充分一些，并从四个方面进行了论证。另外如吴相湘、汪子春、张秉伦、郑永福、田海林、李珍等人也都持 1896 年说。[②]

第三，"1895 年或 1896 年说，存考"。如孙应祥[③]、汤志钧[④]等，罗耀九在 2004 年鹭江出版社出版的《严复年谱新编》中也持此论。

2. 严复译述《天演论》的原因。

第一，综述严复译述赫胥黎著作而不翻译达尔文、斯宾塞著作的原因。如郭正昭讲了三人论著的"内容繁简不同"和谁更适合"当时中国时代处境的特殊需要"。[⑤] 又如苏中立、涂光久综述了四点原因：一是三人文本的难易程度不同；二是内容是否适应现实的需要；三是是否具有发挥学术思想的空间；四是能否提倡新的社会伦理思想。[⑥]

第二，集中分析了严复译述赫胥黎著作的原因。皮后锋在福建人民出版社 2003 年出版的《严复大传》中讲了三个原因：一是它简介了达尔文的自然选择学说，且含有社会达尔文主义成分；二是它评述了众多学派及著名学者，为严复对原作进行改作提供了极大的空间；三是赫胥黎对斯宾塞自由放任主张的批驳，适合中国救亡运动的需要。马克锋在《福建论坛》1997 年第 1 期上发表《救亡图存与天演图说》一文中讲了两个原因："赫胥黎的思想见解，和中国所处时代的特殊需要相契合"，"也与中国传统的文化精神相切近"。谢天冰说，"严复选译赫胥黎的著作，与他崇尚理性思维有关。"[⑦] 俞政说，"严复翻译赫胥黎著作的用意就是为了引进其新型的伦理思想"，"提倡美德，调和人际关系"。[⑧]

---

① 邬国义：《关于严复翻译〈天演论〉的时间》，《华东师范大学学报》1981 年第 3 期。

② 吴相湘：《天演宗哲学家严复》，《民国百人传》第 1 册，台北传记文学出版社 1982 年版；汪子春、张秉伦：《达尔文学说在中国的传播与影响》，《进化论选集》，科学出版社 1983 年版；郑永福、田海林：《关于〈天演论〉的几个问题》，《史学月刊》1989 年第 2 期；李珍评注：《严复〈天演论〉》，华夏出版社 2002 年版。

③ 孙应祥：《严复年谱》，福建人民出版社 2003 年版。

④ 汤志钧：《再论康有为与今文经学》，《历史研究》2000 年第 6 期。

⑤ 郭正昭：《达尔文主义与中国》，《近代中国思想人物论——晚清思想》，台湾《时报》文化出版事业有限公司 1982 年第 3 版。

⑥ 苏中立：《严复和中西文化》，东北师范大学出版社 1992 年版；苏中立、涂光久：《严复思想与近代社会》，中国文史出版社 2006 年版。

⑦ 谢天冰：《崇尚和传播现代理性思维的第一人》，《93 年严复国际学术研讨会论文集》，海峡文艺出版社 1995 年版。

⑧ 俞政：《严复著译研究》，苏州大学出版社 2003 年版。

3. 严复译述《天演论》的目的。

严复译述《天演论》的目的，有许多不同的说法，主要有救亡图存说、保种说、救世说、救国说、与天争胜说、开民智说、指斥当权者说、多层目的说、两种动机说等等。

第一，救亡图存说。梁柱、蒋小燕、罗晓洪、任访秋、黄新宪、葛文光、习近平、来新夏等人，都认为严复译述《天演论》的目的之一是为了救亡图存。如梁柱认为，“严复引进西学的政治目的”，是为了“救亡图存”、“救亡自强”。① 蒋小燕、罗晓洪在《求索》2006 年第 5 期上发表《论严复天演论的文化观》中说：“《天演论》的目的”之一是“呼吁人们救亡图存”。黄新宪在《教育评论》1995 年第 4 期上发表《严译〈天演论〉的自强思想及其社会教育意义》中说：“严复在《天演论》中，倡导‘物竞天择，适者生存’，灌输危机意识，鼓动全民奋起救亡图存。”葛文光在《党史纵横》2000 年第 1 期上发表《〈天演论〉的译者——严复其人》中说：“《天演论》以物竞天择、适者生存的进化论，唤醒国人救亡图存，影响重大。”习近平说：“严复译注《天演论》，以‘物竞天择，适者生存’的进化论观点，唤起国人救亡图存，对当时的思想界影响极大。”②

第二，保种说。黄顺力、王亚玲、唐希、王有朋、郭廷以、罗耀九、李漫、江卫东等人，都认为严复译述《天演论》的目的之一是为了自强保种。如黄顺力在《福建论坛》1993 年第 6 期上发表《严复与章太炎进化论思想的比较》一文中，提出的“自强保种、挽救民族危亡”说。王有朋在 2001 年 11 月 19 日《文汇报》上发表《严复与〈天演论〉》中说：“《天演论》向国人发出了与天争胜、图强保种的呐喊，指出再不变法将循优胜劣败之公例而亡国亡种。”李漫、江卫东在《新闻记者》2006 年第 2 期上发表《精英与雅言——〈天演论〉的传播要素分析》中说：“《天演论》以物竞天择，适者生存的进化论思想来唤醒国人保种自强、救亡图存，影响至巨。”

第三，救世说。皮后锋在《严复大传》中说：“严复译述《进化与伦理》的根本意图在于救世，而不是纯出于为斯宾塞辩护的学术雅兴。”苏中立、涂光久在《严复思想与近代社会》中说：“严复选译《天演论》的主旨，是为了救世和保种。”

第四，救国说。如徐重庆在 1980 年说，《天演论》“向全国大众敲起国家危

---

① 梁柱：《先驱者的历史功绩与历史评价》，《严复逝世 80 周年纪念活动专辑》，福建省严复学术研究会 2001 年编印。

② 习近平：《序言》，《93 年严复国际学术研讨会论文集》。

在旦夕的警钟”和说明“中国可以得救”的条件——“发愤图强”。① 李强在《中国书评》1996 年 2 月总第 9 期上发表《严复与中国近代思想的转型》中，提出“自强保种、卫国卫种”说。梁真惠、陈卫国在《北京第二外国语学院学报》2007 年第 6 期上发表《严复译本〈天演论〉的变异现象》中，提出“救亡图存、警世救国”说。杨春花在《信阳师范学院学报》2007 年 10 月第 27 卷第 5 期上发表《功能派翻译理论视角下重释“信达雅”》中，提出“唤醒世人、文化救国”说。郑重说：“《天演论》中‘物竞天择，适者生存’，‘与天争胜’的天演哲理，在学生中有很大影响。我也是先受到严复的哲学思想的启象，抱着‘救国图强’的理想走上革命道路的。”②

第五，与天争胜说。钱宪民在《南京大学学报》1985 年增刊上发表《严复的“教育救国论”》中说：“《天演论》向中国人民敲响了祖国危亡的警钟，号召人们发愤图强，‘与天争胜’。”罗耀九、林平汉在 1997 年说，严复译述《天演论》的目的，是要说明“团结互助，人能胜天”③。

第六，开发民智说。如刘梦溪提出“开发民智、改变固陋”说。④ 韩国曹世铉在 1997 年提出“开民智、自立自强、挽救国家危亡”说。⑤

第七，多层目的说。杨春花在《功能派翻译理论视角下重释“信达雅”》中提出，一是“译者目的——唤醒世人，文化救国”；二是“译文交际目的——介绍西学，灌输新思想”；三是“使用某种特殊翻译手段所要达到的目的——用古雅的字法句法引起士大夫们的兴趣”；四是“严复作为发起者的目的与作为译者的目的具有重合性，都是为了文化救国，而非为了赚钱”。梁真惠、陈卫国在《严复译本〈天演论〉的变异现象》中说，“最终目的——救亡图存，警世救国”，“交际目的——即达到读者接受的目的”，而“交际目的是为其最终目的服务的”。

---

① 徐重庆：《鲁迅与严复》，牛仰山、孙鸿霓编：《严复研究资料》，海峡文艺出版社 1990 年版。

② 郑重：《在福建省纪念严叔夏先生大会上的讲话》（1994 年），陈端坤、姚林斌：《严复》，香港人民出版社 2005 年版。

③ 罗耀九、林平汉：《从严译天演论到孙中山的互助思想》，《严复与中国近代化学术研讨会论文集》。

④ 刘梦溪：《中国现代学术经典总序》，刘梦溪主编、欧阳哲生编校：《中国现代学术经典·严复卷》，河北教育出版社 1996 年版。

⑤ （韩）曹世铉：《论严复的天演论与李石曾的互助论——中国近代进化论的两种译著》，《严复与中国近代化学术研讨会论文集》。

第八，两种思想动机说。胡伟希在《严复天演论与中国近代伦理思想观念的变迁》一文中，提出了“严复翻译《天演论》的思想动机”问题，并从两方面作了具体说明：其一是为了“救亡图存、自强保种”，其二是“为一种新的道德哲学与伦理观念提供学理上的依据”。①

4. 严复译书的方式。

学术界一般都承认严复所译《天演论》，是达旨式的翻译，但对其评论，则历来存在着不同看法，这一时期更是众说纷纭，主要有达旨意译说、改做说和改造说、中西文化合璧说和中国文化范畴说、著译难辨说、著述说等。

第一，达旨意译说。

其一，肯定达旨意译说。陈越光、陈小雅在四川人民出版社 1985 年出版的《摇篮与墓地——严复的思想和道路》中说：“《天演论》采用‘达旨’即意译的办法，对于当时中国思想界确实开拓了眼界。”李泽厚在《历史研究》1977 年第 2 期上发表《论严复》中说：“《天演论》‘取便发挥’的‘达旨’，也是它能起巨大影响的原因所在。”林丽玲在《福建医科大学学报》2007 年第 1 期上发表《简论严复的“达旨”式翻译法》中说：“《天演论》是以他所谓的‘达旨’式译法来进行的，历史已经证明在近代中国启蒙运动中和文化交流史上，他的译著是获得成功的。”

其二，否定达旨意译说。范存忠在《南京大学学报》1978 年第 2 期上发表《漫谈翻译》中说：“直译是逐字翻译，意译是自由翻译”。“意译，有的较好，有的如严复达旨式的意译，实际上是编纂，完全超出了翻译的范围，不是翻译‘正法’”。刘重德说：“《天演论》不能算名副其实的翻译，只能叫编译或译述。这类现象，就严格的翻译来说，是不行的，它会失真。”②

第二，改做说和改造说。

其一，重提鲁迅的“做过”说。王民在《东南学术》2004 年第 3 期上发表《严复“天演”进化论对近代西学的选择与汇释》中说：“鲁迅先生认为严复的天演进化论是做出来的。”张瑛在《贵州社会科学》1985 年第 3 期上发表《严译天演论与中国近代文化》中说：“严复对中国近代文化的贡献，更重要的是他重新‘改做’了《天演论》。”苏中立在东北师范大学出版社 1992 年出版的《严复和中西文化》中说：“严复对《天演论》的改作表现在四方面”，“这正是严译

① 胡伟希：《严复天演论与中国近代伦理思想观念的变迁》，习近平主编：《科学与爱国——严复思想新探》，清华大学出版社 2001 年版。

② 刘重德：《翻译原则再议》，杜承南、文军主编：《中国当代翻译百论》。

《天演论》的独创性所在”。

其二，改造说。郑永福、田海林在《近代史研究》1985 年 5 月第 3 期上发表《〈天演论〉探微》中说：“严复对天演论的重要改造有二：一是把生物进化规律引向人类社会，二是将赫胥黎的有关论述加以曲解，成为‘与天争胜’而加以坚持和宣传。”

第三，中西文化合璧说和中国文化范畴说。冯君豪说：“《天演论》是晚清中西文化交流的合璧”。书中既“阐发了西方文化思想之精义，又包含着以儒家为主的中国文化精神”。“蔡尚思先生已将它列入中国文化范畴”。①

第四，著译难辨说。俞政在《苏州大学学报》2000 年 4 月第 2 期上发表《试析〈天演论〉的意译方式》中说：“《天演论》的翻译方式，自称为达旨，今人称为意译，但在实际操作过程中，严复综合运用了多种具体方法，造成了著译难辨的效果。”

第五，著述说。冯君豪在 1998 年《注解〈天演论〉》之《前言》中说：“《天演论》说是译，倒不如说是著。”李珍说：“严译《天演论》在很大程度上可以视为著述，其价值非其他新译本可替代。”② 顾农在《江苏大学学报》1985 年第 4 期上发表《鲁迅与〈天演论〉》中说：“《天演论》简直可以看作是严复自己的著作。赫胥黎的观点本来就不同于达尔文，严复的观点又不同于赫胥黎，鲁迅受了《天演论》很深的影响，但也很不同于严复。”

5. 译书文体：严复用古文译书。

第一，严复用古文译书的原因。王新、乔晓燕在《内蒙古工业大学学报》2005 年第 2 期上发表《“目的论”在严译〈天演论〉中的体现》中说：“其客观原因在于他想借古文来提高译文的价值；其主观因素是因为他擅长用古文写作。”

第二，严复用古文译书的目的。王佐良在 1984 年说，严复用古文译书的目的，一是“为达易”，二是“打动特定的读者——官僚和上层知识分子阶层”。③

第三，严复用古文译书之优点。欧阳哲生在南昌百花洲文艺出版社 1994 年出版的《严复评传》中说：“严复用古文翻译西书的方法，在白话文尚未盛行的时代，正好适合一般知识分子的口味，内容警世，译笔优美，《天演论》自然风行一时。”

---

① 冯君豪注解：《天演论》，中州古籍出版社 1998 年版。

② 李珍：《评注严复〈天演论〉》，华夏出版社 2002 年版。

③ 王佐良：《翻译中的文化比较》，《王佐良文集》，外语教学与研究出版社 1997 年版。

第四，严复用古文译书之弊端。刘重德说，“严复用古文译书”，一“有迎合清末士大夫之心”，二有“故弄玄虚之嫌”，三是“说明他在文字方面的保守思想”。作者认为，“近代繁复的事物与思想，只有用‘利俗文字’或‘白话文’才能较好地表达”。①

第五，严复用古文译书之心态。熊月之在上海人民出版社 1994 年出版的《西学东渐与晚清社会》中，分析了严复“以古文译西书——早期留学生心态”。在“在 19 世纪末，在士大夫心目中，留学生是与二毛子、崇洋媚外、品行卑劣、不学无术等恶名联系在一起的”。“严复因为学了洋文而受到士大夫冷眼，内心苦闷”。“严复为了证明自己不但精通西学，而且国学也不差”，乃用古文译书，以便“在中国士大夫中树立留学生的新形象”。“严复的努力取得了很大的成功，在西学东渐史上赢得了崇高的声誉”。

6. 信、达、雅。

这一时期，对信、达、雅的论述比较多，提法也比较多，诸如翻译标准说、翻译原则说、翻译要求说、翻译理论说、译事三难说、经验总结说等。

第一，信、达、雅为翻译标准。

其一，严复提出翻译标准说。陈应年认为，“信达雅三条标准的提出”，是“严复在翻译史上最重要的贡献”。② 贺显斌在《上海翻译》2005 年第 3 期上发表《严复的〈天演论·译例言〉》中说：“《天演论·译例言》中虽然没有提到翻译标准这几个字，严复的确是把信达雅当作翻译标准提出来的。”党元在《扬州大学学报》1987 年第 3 期上发表《翻译标准“信、达、雅”评析》中说：“翻译的性质与功能，决定了翻译必须遵循的客观标准是信、达、雅。”

其二，翻译标准信达雅，具有普遍意义。黄友义于 2004 年 10 月在《对外大传播》2004 年第 9 期上发表专文，再度重申“信达雅是所有翻译工作者都需要遵循的标准”。叶君健在《翻译通讯》1983 年第 2 期上发表《关于文学作品翻译的一点体会》中说，信达雅“可以适用于任何文字的翻译”，既为“我们从事翻译工作的标准”，也是“世界各国从事翻译工作者的一个准绳”，它“是最好的政治与最完美的艺术相结合的目标，中外翻译工作都应努力达到这个要求”。马谷城在《山东外语教学》1980 年第 1 期上发表《漫谈科技英语翻译》中说：“要

① 刘重德：《翻译原则再议——在海峡两岸外国文学翻译研讨会上的发言》，杜承南、文军主编：《中国当代翻译百论》。

② 陈应年：《严复与商务印书馆》，《商务印书馆九十年——我和商务印书馆》，商务印书馆 1987 年版。

从事科技英语翻译”，也要“懂得信、达、雅的辩证统一关系”。

其三，信、达、雅被奉为圭臬。严群说：“吾国学人致力译事来者方多，犹奉‘信’‘达’‘雅’为圭臬。”① 罗新璋在《翻译通讯》1983年第7、8期上发表《我国自成体系的翻译理论》中说：“信达雅成为译书者的唯一指南，评衡译文的唯一标准，奉为翻译界的金科玉律”，它至今“依然为人乐于引用作为衡量译文的准绳”。王森然说：“严复提出的信、达、雅的翻译标准，被译坛奉为圭臬。”② 张玲说：“严几道的‘信达雅’一直被奉为译学圭臬，谈翻译的人几乎没有不引用严复的这三字诀，张谷若对此也十分推崇。”③ 台湾学者侯捷在2004年12月14日《光明日报》上发表《谈计算机科技翻译》中说：“‘信、达、雅’一向被翻译界视为圭臬”，“在科技领域”也是如此。邢莲君在《聊城师范学院学报》1999年第5期上发表《严复及〈天演论〉》中说：“严复提出的信达雅三字翻译标准，更是一言盖世，在译坛奉为圭臬，独领风骚百多年，至今没有哪一种翻译标准可取代”。“信达雅还要长期沿用下去，只要中国还有翻译，就会有人信奉三字翻译准则”。沈苏儒说：“百余年来，我国翻译界将信达雅奉为圭臬，至今它仍然是最为人知、也最有影响力的翻译原则和标准，没有任何一种其他原则和标准能够取代它。”④

第二，信、达、雅为翻译原则。

其一，不可移译说。范存忠在《南京大学学报》1978年第2期上发表《漫谈翻译》中说：“一般谈翻译原则，首先想到的是严氏的信达雅三原则，因为严氏提的三原则，比较简要而又有层次。”欧阳哲生说：“在近代翻译史上，信、达、雅几乎成为一个不可移译的翻译原则。”⑤ 崔永禄在《天津外国语学院学报》1998年第1期上发表《发扬传统，兼收并蓄——纪念严复天演论译例言刊行一百周年》中说：“严复提出‘信、达、雅’的翻译原则”，“备受赞誉”。杨平在2003年11月3日《中国电视报》上发表《电视往事》中说：“我上大学以后……最推崇严复提出的‘信、达、雅’三条翻译原则。”

其二，译论精髓说。王绍祥说：“严复不仅是一位翻译实践的行家里手，而

① 严群：《严译名著丛刊序》，《天演论》，商务印书馆1981年版。

② 王森然：《严复先生评传》，《近代二十家评传》。

③ 郭著章等编：《翻译名家研究》，湖北教育出版社1999年版。

④ 沈苏儒：《翻译的最高境界——信达雅漫谈》前言，中国对外翻译出版公司2006年版。

⑤ 欧阳哲生：《严复评传》，百花洲文艺出版社1994年版。

且他总结出的‘信、达、雅’三原则，是译论精髓。”①

其三，理论基础说。陈明义说：“严复首倡‘信、达、雅’的翻译原则，成为近百年来翻译理论的基础。”②

第三，信、达、雅为“翻译要求”。

茅盾在1980年说：“严复翻译哲学、社会科学方面的著作，提出‘信、达、雅’三个要求”。“五四运动以后，多数人开始认真注意信、达、雅了”。“我在二三十年代翻译的作品……是否做到信、达、雅，请读者批评指正”。③

第四，信达雅为翻译理论。

牛仰山在1985年说：“严复首创‘信、达、雅’标准，在翻译的理论上创造了一套体系，时至今日，仍有参考的价值。”④ 王佐良说，严复提出的“译事三难：信、达、雅……这一段名文，是近代中国最有名的翻译理论，后来讨论翻译的人很少不引它的。”⑤

第五，信、达、雅为译事三难。

马谷城在《山东外语教学》1980年第1期上发表《漫谈科技英语翻译》中说：“‘译事三难：信、达、雅’是严复提出来的真灼见解，其所以说难，恐怕主要在于三者必须兼顾”；戈宝权在《译林》1983年第2期上发表《漫谈译事难》中说：“首先，翻译是一件严谨的工作；其次，在翻译过程中会遇到种种困难和艰苦，如学识和文学修养的有限，语言和文字的贫乏和不足；此外，还常会碰到许多细节和技术上的困难，如避免误译难，翻译出典难，翻译人名难，翻译书名难，翻译事物名称难。”袁锦翔说：“厘定译名的艰难——‘一名之立，旬月踟蹰’。”⑥

第六，信、达、雅是经验总结。

崔永禄在《发扬传统，兼收并蓄——纪念严复天演论译例言刊行一百周年》

① 王绍祥：《严复的“换例译法”对中国当代对外翻译传播事业的启示》，李建平主编：《严复与中国近代社会》，海风出版社2006年版。

② 陈明义：《在福建省纪念严复诞辰一百五十周年大会暨学术研讨会开幕式上的讲话》，《“纪念严复诞辰一百五十周年”特刊》（内刊），2005年7月福建省政协委员会编印。

③ 茅盾：《茅盾译文选集》上册，上海译文出版社1981年版。

④ 牛仰山：《严复评传》，牛仰山、孙鸿霓编：《严复研究资料》，海峡文艺出版社1990年版。

⑤ 王佐良：《严复的用心》，《论严复与严译名著》，商务印书馆1982年版。

⑥ 袁锦翔：《名家翻译研究与赏析》，湖北教育出版社1990年版。

中说："严复的译论是总结了前人和自己的经验，自成一体，另辟蹊径，显示出了理论上的智慧和创新的勇气，具有继往开来的作用"，"推动了中国翻译理论和实践的发展"。王佐良在1987年说："严复提出的信、达、雅，是很好的经验总结，说法精练之至，所以能持久地吸引人。"①

第七，信、达、雅学说的重大意义。

其一，"具有奠基意义"。信、达、雅为"三字经"，"天下法"，"开创了近代意义上的'译学'"。② 端木霆、张宏全在《安徽广播电视大学学报》2006年第2期上发表《严复"信、达、雅"翻译标准之多元分析》中说："信、达、雅作为一种翻译理论，独步中国翻译界达100年之久，却是在世界上绝无先例的。"

其二，"具有巨大的理论价值"。罗新璋在《论信达雅——严复翻译理论研究》序言中说，信、达、雅学说"在20世纪我国翻译理论中一直据有主流地位"，是"严复在翻译史上最重要的贡献"。崔永禄在《发扬传统，兼收并蓄—纪念严复天演论译例言刊行一百周年》中认为："它是中国翻译理论的一条主线。"罗新璋在《翻译通讯》1983年第7、8期上发表的《我国自成体系的翻译理论》中说，它成为"翻译理论的核心"。

其三，具有划时代的意义。牛仰山说："严复首次明确提出信达雅的翻译理论，开创了中国翻译史上的新纪元。"③ 孙鸿霓在《北京外国语学院分院学报》1984年第1期上发表《严复在近代翻译上的贡献》中说："'信、达、雅'译事三准则的提出，是翻译史上的一个转折点，在我国的翻译史上开创了一个新纪元。"黄忠廉在《福建外语》1998年第3期上发表《严复翻译思想研究百年回眸》，认为"严复提出的信达雅翻译标准"，是"译界"的"世界性和世纪性奇迹"。"在翻译思想界，严复也拥有思想领袖的显赫地位"。沈苏儒在《编译参考》1982年第2期上发表的《论信、达、雅》中说："如果说严复的《天演论》标志着我国近代翻译事业开始一个新的时代，他的'信、达、雅'理论把我国近代翻译工作推进到一个新的水平。"罗新璋在《我国自成体系的翻译理论》中说："严复用信达雅的概念来概括翻译工作的几个方面，在世界翻译史上也是别具一格的，或许也应记上一笔，占有尊荣的一席。"

其四，具有现实意义。陈全明在《中国翻译》1997年第3期上发表的《严复——我国译界倡导系统而完整翻译标准的先驱》中说："严复在翻译理论研究

① 王佐良：《新时期的翻译观》，《王佐良文集》。

② 沈苏儒：《论信达雅——严复翻译理论研究》序言。

③ 牛仰山：《严复文选》前言，百花文艺出版社2006年版。

上的成就与功绩”之一，是他“率先提出了系统而完整的翻译标准——信、达、雅，它不但一直被我国翻译界所公认，而且至今也不失具有重要的现实指导意义”。林本椿在《福建论坛》2003年第3期上发表《严复翻译思想述评》中说：“信达雅三字翻译理论，一百多年来一直指导着中国的翻译工作者和翻译学研究者，至今还没有失去它的生命力。”崔永禄在《发扬传统，兼收并蓄——纪念严复天演论译例言刊行一百周年》中说：“严复的译论”，“一经发表，就显示出了强大的生命力，在中国的翻译界产生了重大的影响，推动了中国翻译理论和实践的发展”。

第八，否定信达雅说。

其一，神似、化境说。刘靖之说：“在过去80年里，我国的翻译理论始终是朝着同一个方向，那就是‘重神似不重形似’，以便达到翻译上的‘化境’”。“傅雷的神似和钱锺书的化境就是信达雅的种子经过80年来的孕育所开出来的花朵”。①

其二，感受说。范仲英在《中国翻译》1994年第6期上发表《一种翻译标准：大致相同的感受》中说：“笔者提出译文读者和原文读者的感受大致相同或近似，就是好的或比较好的译文；相去甚远或完全不同，则是质量低劣甚至是不合格的译文。这里所谓的感受，是指信息接受人看了或听了信息后在自己头脑中的反映，包括对信息概念的认识、理解以及通过信息的思想感情所受到的感染、影响等，这是指大部分读者的共同感受。”

其三，信、达、切说。刘重德在《湖南师范大学社会科学学报》1979年第1期上发表《试论翻译的原则》中说：“本文着重从译者的立场出发，在原则方面提出‘信、达、切’三字，以供参考。”

其四，忠实原文说。钱歌川在湖南科学技术出版社1981年出版的《翻译的基本知识》中说：“严复提出‘信、达、雅’，其实单只一个‘信’字也就够了，如果我们能从狭义和广义双方来看这信字的解释的话”。“所谓对原文忠实，不只是对表面的文字忠实，必须对原文的思想、感情、风格、声调、节奏等等，都要忠实才行”。姚红说：“可以说，钱歌川提出一个信字作为翻译标准是十分科学的。这样一个信字标准既简单明了又可依照而行，与西方翻译家提出的‘对等’与‘等值’的概念有异曲同工之妙。”②

其五，信达雅“是一个提法上混乱、实践上有害的原则”。“严复对信达雅

① 刘靖之：《重神似不重形似》，《翻译论集》，香港三联书店1981年版。

② 姚红：《钱歌川》，郭著章等：《翻译名家研究》，湖北教育出版社1999年版。

的解释是不科学的，信达雅标准是没有科学根据的”。①

第九，严复译书是否做到了信、达、雅。

其一，严复译书做到了信、达、雅。“较早有学衡派诸君如胡先骕、柳诒徵，认为严译信雅达三善兼备，在信方面完全没有问题；较近的如汪荣祖，认为严译以意译的方式传达作者的意旨，是忠实于原著的”②。

其二，严复译书没有做到信、达、雅。黎建球、邬昆如说：严复译书，“以信达来迁就雅”，“使原意被曲解”，“使得原意尽失”。③ 黄药眠在《中国翻译》1985 年第 2 期上发表的《翻译漫谈》中说，严译《天演论》，“未必见得信”，“未必达”，“也未必雅”。

第三，严复没有完全做到信和达。方汉奇在山西人民出版社 1981 年出版的《中国近代报刊史》上册中说：“所谓‘信、达、雅’，严复自己就没有完全做到。他的译文‘雅’是没有问题的，‘信’和‘达’，就很难说了。”

8. 翻译思想的来源。

第一，“信达雅是我国传统译论的代表”④。

其一，来自《周易》和孔子。杨晓荣说：“据严复本人解释，信、达、雅这三字源自儒家经典中‘修辞立诚’、‘辞达而已’、‘言之无文，行之不远’这三条。‘文章正轨，亦即为译事楷模’。”⑤ 方梦之说：“信达雅是我国传统译论的代表。严复提倡修辞的真诚和文辞的达意，实在已把翻译对文体的要求包含了。”⑥ 刘靖之说：“所谓三难，大概是从《周易》和孔子的话得到启发”。“严复根据《易经》和孔子有关辞令的原则所悟出来的翻译理论一直在影响着中国的译坛”。⑦ 罗新璋在《翻译通讯》1983 年第 7、8 期上发表《我国自成体系的翻译理论》中说：“严复举出《周易》和孔子的话（原话略），唯求信达雅；他从文章作法，悟出翻译的道理。”徐守平、徐守勤在《中国翻译》1994 年第 5 期上发表《‘雅’义小论——重读〈天演论译例言〉》中说：严复是“以‘修辞立诚’、

---

① 岳峰：《试论信达雅研究的误区》，张广敏主编：《严复与中国近代文化》，海风出版社 2003 年版。

② 黄克武：《自由的所以然——严复对约翰弥尔自由思想的认识与批判》，上海书店出版社 2000 年版。

③ 黎建球、邬昆如：《中西两百位哲学家·严复》，《严复传记资料》（三）。

④ 方梦之：《翻译的文体观》，杜承南、文军主编：《中国当代翻译百论》。

⑤ 杨晓荣：《翻译批评导论》，中国对外翻译出版公司 2005 年 1 月版。

⑥ 方梦之：《翻译的文体观》，杜承南、文军主编：《中国当代翻译百论》。

⑦ 刘靖之：《重神似不重形似》，刘靖之：《翻译论集》。

‘辞达而已’、‘言之无文，行之不远’”，作为信、达、雅的“具体内容”。

其二，来自古代译佛经者。钱锺书说：“严复译《天演论》所标信、达、雅’三字，皆已见三国时支谦的《法句经序》。”① 罗新璋在《我国自成体系的翻译理论》中说：“严复为要译书，曾经查过汉晋六朝翻译佛经的方法(鲁迅语)，《译例言》里就引有六朝时鸠摩罗什（344—413）的‘学我者病’一语，可资佐证。”陈应年说：“严复提出的‘信达雅’的翻译标准，继承了我国古代翻译家玄奘（602—664）的信（‘求真’）和鸠摩罗什（344—413）的达（‘质而不野，简而必诣’），雅则是他自己的发挥。”② 王绍祥说：“‘信、达、雅’三原则是严复遍览汉晋六朝佛经翻译方法之后，并根据自己的翻译实践，体会其中甘苦而总结出来的译论精髓。”③ 沈苏儒在《论信达雅——严复翻译理论研究》中说：“严复的独到和可贵之处，在于他从我国古代丰厚的翻译经验中抓住了原文和译文在语言和文化之间这个翻译的基本矛盾，提炼出‘信、达、雅’三字而创立了他的‘三难’说。”

其三，来自近代马建忠的“译之为事难”、“善译”说。范存忠在《南京大学学报》1978年第2期上发表《漫谈翻译》中说：“马建忠在1894年说：‘夫译之为事难矣……夫而后能使阅者所得之益与观原文无异，是则为善译也已。’④ 严复在1896—1898年的《天演论·译例言》里提出译事三难：信、达、雅。这里，严氏的所谓信，就是马氏所谓‘译成之文适如其所译’；严氏的所谓达，就是马氏所谓‘行文可免壅滞艰涩之弊’；严氏的所谓雅，也就是马氏所谓‘雅驯’，所谓‘不戾于今而有征于古’。”

第二，是否来自西方？

其一，来自西方说。罗新璋说，伍蠡甫在《伍建光的翻译》中认为，“严复的信达雅这个标准，来自西方，并非严复所创（所指西方，是英人，当为著 *Essay on the Principles of Translation*〔1791〕的 Alexander Tytler〔1747—1814〕)”。罗新璋认为，“伍蠡甫称来自西方，虽系单文孤证，但不容不信”。⑤

其二，来自西方说缺乏佐证。沈苏儒说：“严复的‘信、达、雅’说与泰特勒的三原则有相通之处，所以有些研究严复的学者认为严复在英国可能读过泰

---

① 钱锺书：《译事三难》，《管锥编》第3册，中华书局1979年版。

② 陈应年：《严复与商务印书馆》，《商务印书馆九十年——我和商务印书馆》。

③ 王绍祥：《严复的“换例译法”对中国当代对外翻译传播事业的启示》，李建平主编：《严复与中国近代社会》。

④ 马建忠：《拟设翻译书院议》，马建忠：《适可斋记言》，中华书局1960年版。

⑤ 罗新璋：《钱锺书的译艺谈》，杜承南、文军主编：《中国当代翻译百论》。

书，受到影响。当然这只是一种推想，因为还没有发现很有力的材料作为佐证。”①

其三，来自西方说是错误的。邹振环说：“伍光建说严复信达雅三原则，来自西方，显然是指英国泰勒。断言信达雅翻译标准是‘来自西方’，这显然是错误的，严复在创造性地提出这一标准时，可能受到过泰勒的启发，但这一标准的根还是扎植在中国传统的翻译理论的土壤中。”②

9. 运用西方翻译理论评论严译《天演论》及信、达、雅说。

这一时期，主要是2005—2007年期间，一些硕士和博士研究生撰写论文，运用西方某些翻译理论，主要是目的论、功能派翻译理论、翻译规范论、翻译操控派理论、翻译适应选择论、翻译的政治论、解构主义等，来评论严复译述的《天演论》及其信、达、雅学说，其结论多持肯定或基本肯定的态度。

第一，翻译学的不同流派。翻译学有着不同的流派，如西方语言学派，东欧文艺学派，中国古典文论学派，辨证逻辑学派等。信、达、雅学说“属于翻译学的标准论之列”，属于中国流派之一，即古典文论学派，是辨证逻辑学派的六大“基础理论”之一。③

第二，从目的论看《天演论》。

王新、乔晓燕说：“目的论的首倡者汉斯·弗美尔指出，翻译是一种行动，而行动皆有目的。所以翻译要受到目的的制约。因此，译文好不好，要看它是否能够达到预期的目的”。“翻译并非一定要忠实地模仿原文，更不应一味地以追求二者相同为目标”。“以《天演论》为例，这本书是严复在特殊的历史条件下本着特殊的目的、按照特殊的方法移译出来的”。“严复译书的目的就是为了介绍西学的精髓，宣传自己的政治主张，启迪民众共赴救亡图存大业，为中国的民族资本主义的发展开辟道路。正因为如此，他选译的书都是反映资本主义国家社会经济和政治制度的社会科学著作”。④

管妮说：“当代德国翻译目的理论认为，译者在进行翻译之前，翻译的发起者（同样可能是译者本身）通常会根据译文的接受者、译文使用的环境及译文应具有的功能等提出相应的翻译要求和翻译目的”。“本文从严复翻译的目的出

---

① 沈苏儒：《论信达雅——严复翻译理论研究》。

② 邹振环：《中国近代翻译史上的严复与伍光建》，邹振环：《影响中国近代社会的一百种译作》，中国对外翻译出版公司1996年版。

③ 田菱：《翻译学的辩证逻辑学派》，杜承南、文军主编：《中国当代翻译百论》。

④ 王新、乔晓燕：《“目的论”在严译〈天演论〉中的体现》，《内蒙古工业大学学报》（社会科学版）2005年第2期。

发，重新评价严复的翻译，认为他的翻译虽然不是十分完美，但是它达到了严复的翻译目的，从思想内容到语言形式都有可取之处，是充分性的翻译”。①

吴蓉说，从目的论的角度看《天演论》，它“是信于原文本的”，“信的精义就是意义则不悖本文”。②

第三，从功能翻译理论看《天演论》。

梁真惠、陈卫国说：“德国翻译理论家赖斯、费米尔及曼塔丽都强调译文在译入语文化里的交际功能”。“传统翻译理论是以忠实为核心的原文中心论，功能翻译理论则把目光转向目标文本以及其社会环境因素”。“《天演论》虽然在诸多方面背离了原文（变异现象），却取得了巨大成功。功能翻译理论为翻译批评提供了一个新视角，让我们能够客观地评价历史上那些尘封的译作”。③

杨春花说：“根据以目的论为代表的功能派翻译理论，翻译所要遵循的原则，首为目的法则，次为连贯性法则，后为忠实性法则。翻译目的决定了充分翻译所需要的对等形式，这就跳出了传统译论对等忠实观的框架，有利于我们更公正、全面的评价译文”。“就‘充分’这一标准而言，严复的《天演论》充分完成了翻译要求，在目的语中充分胜任，达到了翻译目的”。④

第四，从翻译规范论看严译《天演论》。

长林洋说：“以色列学者图里在70年代末期提出了他的翻译规范论。他认为‘翻译在其社会文化维度上可以描述为受到不同类型不同等级的制约’”。“翻译是行为，所以受规范管辖，但同时也具有目的性”，“严复译《天演论》，一开始就有鲜明的功利性和目的性”。“严复清楚自己的翻译对策和方法与翻译的规范冲突，应该是不得已而为之。但是他愿意付出这样的代价，以换取翻译目的的实现”。“他的翻译目的实现了”。⑤

第五，从翻译操控派的理论看《天演论》。

赵艳说：“以安德烈·勒弗维尔关于翻译是改写的理论以及其对制约翻译过

---

① 管妮：《以德国目的论解析严译〈天演论〉的“不忠”》，上海海事大学2006年硕士学位论文。

② 吴蓉：《从目的论的角度看〈天演论〉》，四川师范大学2006年硕士学位论文。

③ 梁真惠、陈卫国：《严复译本〈天演论〉的变异现象——以功能翻译理论为视角的研究》，《北京第二外国语学院学报》（外语版）2007年第6期。

④ 杨春花：《功能派翻译理论视角下重释“信达雅”——以严复〈天演论〉的翻译为例》，《信阳师范学院学报》2007年10月第27卷第5期。

⑤ 长林洋：《翻译中的目的、规范、冲突和选择——从翻译规范论看严译〈天演论〉》，《萍乡高等专科学校学报》2005年第3期。

程的两大因素，即意识形态和诗学的论述，作为研究意识形态对文学翻译实践的影响和操纵作用的理论基础”，从而“全面深刻地理解严复《天演论》译本中对赫胥黎原作进行改写的深层动因”。① 王琳说：“从意识形态与诗学的角度出发研究《天演论》，研究结果表明《天演论》是译者政治议程的产物。正是在其通过翻译实现救亡启蒙的政治议程的驱动下，严复在翻译策略、文本、读者群以及文体等方面做出了一系列选择，对赫胥黎的《进化论与伦理学》进行改写，从而使进化论思想得以广泛传播。”②

王玲英在《中山大学学报论丛》2005 年第 25 卷第 4 期上发表的《严复翻译之“信”与意识形态操控》中说：“翻译操控派以列弗维尔为理论先锋，认为翻译同时也可以被视做一种重写，翻译过程受到目标文化的意识形态和诗学模式两重操纵”。“信的转化——达旨引进西学。因为发现西方思想理念是富强的秘诀，所以将西方思想理论照实译出便是必然的了，就是严复提出的信的标准，他也做到了，只不过又加入了他本身追求国家富强的关系罢了”。他的译书，“事实上是成功的，本质上是信的翻译”。

罗欢说：“自从信、达、雅的翻译标准提出以来，很多人对严复的翻译理论提出了质疑。而严复的翻译标准也被用来检验他自己的译作，《天演论》则因为其对原文的不忠实而长期成为众矢之的”。“作为翻译研究学派的代表人物之一，勒菲弗尔提出了在文学翻译中存在的操控因素：赞助人，意识形态以及诗学”。“随着翻译理论和实践的发展，当今的翻译研究重心正在向语言外部（如社会文化背景等）研究转移”，这有利于对《天演论》及信、达、雅的公正评论。③

王燕在《牡丹江教育学院学报》2006 年第 4 期上发表的《论社会历史语境下的严译〈天演论〉》中说：“美国学者勒弗菲尔，认为文学系统具备双重操控因素：一个为文学系统内部的因素，包括由评论家、教师、译者在内的各类专业人士；另一个则在系统外部起作用，即赞助人”。“翻译研究的范畴，不是仅仅只关注原文与译本间的文字转换这一狭隘层面”。“严译《天演论》，我们不应该仅以狭隘的技术角度来批评译者的信，而更应首先承认这是一种在近代中国特定的社会历史条件下形成的既定文本”。它使“中外两种不同思想文化交融互

① 赵艳：《从意识形态对严复〈天演论〉翻译过程的操纵看翻译是改写》，华中科技大学 2004 年硕士学位论文。

② 王琳：《〈天演论〉中严复政治议程的体现》，华南师范大学 2005 年硕士学位论文。

③ 罗欢：《从操控论角度研究严复〈天演论〉的翻译》，四川大学 2006 年硕士学位论文。

释”，“最终形成一种中外二种文化混杂融汇于一体的文化”。

焦飏在《成都教育学院学报》2006 年第 12 期上发表的《从翻译适应选择论看严复〈天演论〉的翻译》中说：“翻译适应选择论的核心内容是以译者为中心的翻译观，翻译就是译者适应翻译生态环境和选择翻译生态环境适应程度及最终译文的结果”。“虽然严译《天演论》在有的方面没有很好地忠实于原作，但严复译《天演论》很好地适应了当时的翻译生态环境（社会历史背景），对中国社会产生了深远的影响，后人对其不应过于苛求，应有更公正的评价”。

第六，从翻译的政治看《天演论》。

张昆说：“翻译的政治是 20 世纪 60 年代以来西方后现代语境下出现的一种问题意识。主要研究在不同文化交流与重构过程中或隐或现的权力关系如何操控和影响翻译实践”。“传统翻译理论偏重研究语言转换过程中意义的精确传达，而翻译的政治理论则关注影响翻译活动的外部因素”。“研究结果表明，《天演论》并不是胡译更不是乱译，而是社会、政治、文化等特定语境综合影响制约的产物”，严复“积极主动地对原文进行创造性的、操控性的调整，从而使进化论思想得以广泛传播，鼓舞了无数中国人民”。①

张建英在《政治理论研究·文教资料》2007 年 3 月号旬刊上发表的《严复译〈天演论〉与翻译的政治性》中说：“翻译并不是单纯的文字与文字之间的转换，翻译是一种政治行为。2005 年费小平推出的《翻译的政治》，包括以下层面：赞助人、译者的专业能力、出版市场、操控、改写、挪用、修辞、逻辑、官方意识形态、主流诗学、作注、文化政治等”。“《天演论》的特点在于它是根据现实取便发挥的达旨，力求服务于当时中国的需要，《天演论》之‘译例言’所以能起巨大影响，原因也在这里”。

第七，从解构主义看《天演论》。

荣利颖说：“解构主义是 20 世纪 60 年代末自法国兴盛起来的一股颇引人注目的后现代主义思潮”。“解构主义对传统翻译理论的忠实、准确、原文至上等重要原则都提出质疑和挑战。解构学派否定原文文本终极意义的存在，废除作者与译者，原文与译文之分，宣称译者是创造主体，译文语言是新生的语言”。②

① 张昆：《从翻译的政治视角看严复的译作〈天演论〉》，合肥工业大学 2006 年硕士学位论文。

② 荣利颖：《解构主义视野下看严复的〈天演论〉》，天津理工大学 2006 年硕士学位论文。

蒋小燕说："翻译研究领域出现了'文化转向'：译者不再满足于传统的代码转换。翻译是一种非常复杂的交际行为，译者作为翻译的主体得到广泛的认同。本文以《天演论》为例，认为正确的翻译意向、精心的选材和恰当的翻译策略等是严复获得成功的主要因素。"①

（二）《天演论》研究的主要内容

1. 综述《天演论》的内容。

皮后锋说："为了'粗备学者知人论世之资'，严复几乎把《天演论》做成一本小型百科全书。"《天演论》通行本的主要内容有六：一是物竞天择，适者生存。二是天行人治，同归天演。三是合群保种，与天争胜。四是世道必进，不可躐等。五是旁征博引，黜旧扬新。六是以进化论为武器，批判中国传统文化中的某些陈腐观念。② 苏中立、涂光久在中国文史出版社 2006 年出版的《严复思想与近代社会》中说："严复将一部赫胥黎论述进化与伦理的著作改造成了一部百科全书式的著作。"苏中立、陈建林在中国工人出版社 1992 年出版的《大变局中的涵化与转型——中国近代文化觅踪》中说："《天演论》内容主要有五个方面：天道常变，天人会通，与天争胜，合群保种，为变盖渐。"

冯君豪说："《天演论》以世界变动开端、社会进化终结，凡天事、人道、宗教、野蛮、文明、政理、动植等之演变均有所论列。如万物恒变，物竞天择，民权主张，人口问题，世运之见，迷信斥妄，兴教重学，功利学说，推重逻辑，西学渊源，为学探本，循律前行等十二项。"③

李珍说："《天演论》的按语所涉及到的古今中外人物有：毕达哥拉斯、苏格拉底、柏拉图、亚里士多德、亚当斯密、马尔萨斯、达尔文、斯宾塞、赫胥黎；申不害、商鞅、墨子、老子、庄子、荀子、孟子、班固等。这些思想家分布于英国、荷兰、美国、法国、普鲁士、奥地利、俄罗斯、西班牙、菲律宾、瑞典等。其思想流派涉及面之广，所涵盖的历史范围之大，都是少见的。这充分体现了严复纵论中西，横贯古今，广泛联系社会思想发展进程来阐释进化论的鲜明特点。"④

陈俱说，"《天演论》介绍的新学"，有"自然科学、哲学、经济学、社会

① 蒋小燕：《从严复翻译〈天演论〉谈翻译中译者主体性的发挥》，中南大学 2006 年硕士学位论文。

② 皮后锋：《严复大传》，福建人民出版社 2003 年版。

③ 冯君豪注解：《天演论》。

④ 李珍评注：《严复〈天演论〉》，华夏出版社 2002 年版。

学”等。《天演论》的精粹“有三：1. 怀着爱国主义激情，寻求自强之路；2. 倡导启发民智以治国；3. 主张依靠科学技术以发展经济”。①

邹振环说，“《天演论》按语中介绍了达尔文、斯宾塞”二家进化说，以及“希腊哲学家”，近代哲学、科学家，“古典经济学”，“马尔萨斯人口论”等。②

林京榕说：“《天演论》的主要精神是宣传达尔文的进化唯物论，并通过进化论去解释社会现实。具体有五个方面：一是‘天道变化，不主故常’。二是物质的变化是且演且进咸其自已。三是物质的变化是由环境所制约。四是物质发展变化的原因应归结于‘物竞天择、适者生存’。五是以人持天，与天争胜。”③

2. 进化思想。

第一，进化论的输入。

其一，“严复是把进化论引进中国的第一个人”。“严译《天演论》(《进化论与伦理学》)就是赫胥黎把进化论运用到哲学社会科学领域的论文集”。④“《天演论》是在中国传播达尔文进化论的开始”。“达尔文进化论代表了时代的思潮，人心所向”⑤。“可以说，进化论之输入中国，是从严复翻译该书《天演论》开始”⑥。

其二，进化观念和达尔文的进化论不是一回事。叶晓青在《湘潭大学社会科学学报》1982 年第 1 期上发表的《早于天演论的进化观念》中说：在严译《天演论》之前，“清末思想家的哲学体系中却已分明包含了进化思想，1873 年《地学浅释》是进化理论首次被介绍到中国来，《地学浅释》的进化观念几乎是毫无例外地影响了每个维新思想家（如康有为、梁启超、谭嗣同、唐才常等)”。“但进化观念和达尔文的进化论不是一回事，进化论引进中国，是在 1898 年严复出版了《天演论》后，《天演论》以进化的无情原则——弱肉强食，适者生存，强烈地刺激了处于民族危机中的国人。进化论一时风靡全国”。汪子春、张秉伦说：“早在 19 世纪 70 和 80 年代，传教士就已经将进化论的某些观点介绍到中国来，但是他们的那些介绍都是非常简单和不得要领的。更重要的他们回避了达尔文进化论的核心——自然选择理论。所以传教士的那些介绍，并没有在中国

① 陈俱：《读〈天演论〉札记》，《严复与中国近代化学术研讨会论文集》。

② 邹振环：《影响中国近代社会的一百种译作》，中国对外翻译出版公司 1996 年版。

③ 林京榕：《浅谈严复的译著〈天演论〉》，《福建论坛》1997 年第 4 期。

④ 高捷：《鲁迅与进化论及赫胥黎、严复与进化论》，《山西大学学报》1979 年第 1 期。

⑤ 卢继传编著：《达尔文进化论在中国的传播》，《进化论的过去与现在》，科学出版社 1980 年版。

⑥ 欧阳哲生：《严复评传》。

产生多大影响”。“与传教士传播的进化论不同，严复抓住了达尔文学说的最基本精神（物竞天择二义）”，“对中国人来说，这些道理都是头一次听说的，只是从《天演论》开始，中国人才真正知道自然界里还存在有物竞天择、进化不已这样的客观规律”。所以说，“真正将达尔文学说传到中国来，是从严复翻译《天演论》开始的”。①

其三，《天演论》是近代进化思潮的浪头。杨正典在中国社会科学出版社1997年出版的《严复评传》中说：“《天演论》的问世，为达尔文学说在中国广泛传播打开了局面，造成了声势，并且在20世纪初期推动了进化论思潮的兴起，从而为中国近代思想发展史谱写了新的篇章。”

第二，天演、演化、进化、进步。

其一，天演与进化关系。一则，“天演即进化”。如侯外庐在人民出版社1978年出版的《中国近代哲学史》中说：“天演即进化。”海峡文艺出版社1990年出版的《严复研究资料》中所载徐重庆撰《鲁迅与严复》一文中说：“天演论即进化论。”李华兴在浙江人民出版社1988年出版的《中国近代思想史》中说：“所谓‘天演’，即进化的意思，天演论者，进化论也。”王刚、邢志华在《泰安教育学院学报》1999年第3期上发表《“天人之辩”与严复的“天演”》中说：“严复将进化（evolution）译为天演，用以指称自然界的运动变化。”二则，天演兼包进化和退化之义。汪毅夫在《东南学术》1999年第1期上发表《天演论札记（三则）》中说：“evolution有‘发展’（development）和‘改变’（change）等义项。赫胥黎在《天演论》的原著《进化论与伦理学》一书里，是在兼包‘前进的发展’与‘倒退蜕变’的意义上使用evolution一语的。严复在译述时密切注意到这一点，故而创译‘天演’一语来兼包进化之义和退化之义（‘进化’也是严复创译的术语）。同时交替使用‘天演’与‘进化’二语。‘天演’之于evolution之本义，得其旨，明其义。”三则，天演兼及宇宙过程和进化的意义。陈俱说：“《天演论》一书中的‘天演’二字，在原著《进化论与伦理学》中是‘宇宙过程’。严复有时也将evolution（进化）直接译作天演。古汉语习惯，以‘天’指宇宙或自然界；‘演’的古义是长流（见《说文解字》），引申为进展、变化。因此，用‘演’字可以兼及‘过程’和‘进化’的意义，这也许是严氏选用‘天演’一词的理由。”② 四则，天演即自然进化。魏义霞在《求是学刊》1991年第4期上发表《浅论严复对“天演”原因的分析》说：“达尔文就把生物

① 汪子春、张秉伦：《达尔文学说在中国的传播与影响》，《进化论选集》。

② 陈俱：《读〈天演论〉札记》，《严复与中国近代化学术研讨会论文集》。

的进化说成是大自然的杰作，是一个自然而然的过程。严复把进化翻译为天演即自然进化，是十分准确而且符合达尔文的原意的。”五则，天演是一个具有严密思维的体系。李中平在《周末文汇·学术导刊》2006年第2期上发表《严复之困顿——试析严复的译著及其思想》中说：“天演这一概念是以易学逻辑为框架，以动静相续的循环论为特征，以天地人的统合为内含，以归纳和演绎逻辑为知识形式，以现代物理学的质力观念为科学依据，来构建成的一个具有严密思维的体系。”

其二，演化即天演，它有进有退。郭正昭说：“‘演化’是中性名词，它可以是‘进化’，也可以是‘退化’。‘evolution’一词，应相当于‘变迁’(change)，而非‘发展’(development)或‘成长’(growth)。演化论（进化论）的生物学术语，一时成为传诵的口头禅。”① 潘光旦说：“‘天演论’一名词原是很好的。天字固然把演化的范围限于自然一方面，有不合用的地方；但演字是不错的。后来，我们偏要拾取日本人的牙慧，通用起‘进化论’的名词来。就从这译名里，我们就可以知道我们并没有懂演化的现象。赫胥黎在《天演论》原书的注脚里说，演化是无所谓进退的，一定要加以进退的判断的话，也是有进有退的。”②

其三，进化与进步。刘春勇在《周口师范学院学报》2007年1月第24卷第1期上发表《辨进化论与历史进步观》中说：“在西方，体现现代本质的观念是历史进步观，而非晚起的进化论。但是中国现代之初接受西方的历史进步观却是通过进化论来完成的，这直接导致了进化和进步两个词在中国现代的混淆”。“进化是中性词，而进步的观念是一种历史哲学，但在本质上却是政治哲学，因此，它是伦理的，是一种价值观”。“进步总体上是单线性的，进化则是复杂的，可能是双线性，即进化有可能是进步的，也可能不是进步的”。“《天演论》最终要传播的还是一种进步的信仰，但它却是披着进化的外衣进行的。进化在中国实际上成了进步的代名词”。“严复翻译赫胥黎《进化论与伦理学》时，有意无意地从进化即进步的角度去解读进化论。留日时期的鲁迅对进化论的理解实际上也是循着‘进化即进步’的思路进行的”。耿传明在《天津社会科学》2007年第5期上发表《〈天演论〉的回声》中说：“进化是中国人所普遍持有的进步主义信念的思想基础。”黄康显说：“赫胥黎撰写《天演论》的目的，主要是说明人

① 郭正昭：《达尔文主义与中国》，姜义华等编：《港台及海外学者论近代中国文化》，重庆出版社1987年版。

② 潘光旦：《演化论与几个当代的问题》，《潘光旦选集》，光明日报出版社1999年版。

类进化是‘进步的发展’，是多方面向前推进的，而这种发展可以解释为一种不断地变的过程，变也就成为近代历史的一个定理。”①

其四，天演、进化、进步的关系。林基成在《读书》1991 年第 12 期上发表《天演＝进化？＝进步？》中说：“宇宙过程（天演）并不就表现为进化，人类进化也不就意味着进步，时间顺序不能简单等同于价值判断的标准。我们不必以弃旧来图新。”苏中立在 2006 年《安徽史学》第 4 期上发表《天演、进化、进步的内涵及其关系研究述评》中说：“天演、进化、进步三者之间，不是正方形关系，而是宝塔形关系，内涵依次递减，前者包含后者。”

第三，竞争进化——物竞天择。

其一，何谓物竞天择？李华兴在浙江人民出版社 1988 年出版的《中国近代思想史》中说：“达尔文进化论的全部精义，严复用‘物竞’和‘天择’四个字作了确切的概括：物竞，包括生存竞争和自然浪费；天择，包涵变异、适者生存和遗传。”皮后锋在《严复大传》中说：“严复较为完整地译介了原著中介绍的自然选择学说，将关键性的术语译为物竞（struggle for existence）、天择（natural selection）、趋异（variation）、存其最宜（即适者生存，survival of the fittest）、种性（inheritance）。在上述这些概念中，严复在《天演论》中反复强调的是物竞、天择、最宜者存，目的是彰显生存斗争的残酷性”。李强在《中国书评》1996 年 2 月总第 9 期上发表《严复与中国近代思想的转型——兼评史华兹〈寻求富强：严复与西方〉》中说：“严复的‘竞’或‘争’的观念至少两方面的涵义。一是争意味着物与物、种与种之间的竞争与斗争。另一层含义，争较少意味着物与物、种与种之间的彼此相争，而更多地意味着物或种争取成为‘天之所厚’者，成为天之所择（《原强》）。在后一种意义上的‘争’与‘天择’密不可分。物可以‘竞’，可以‘争’，但孰存孰亡，物自身不能决定，而是由‘天择’决定”。“所谓‘天择’，‘是物特为天之所厚而择焉以存也者’，‘是存其最宜者也’。‘物既争存矣，而天又从其争之后而择之，一争一择，而变化之事出矣’”。李强又说：“严复的‘天择’与达尔文的自然选择既同、又别”。“二者区别在于，严复的‘天’与达尔文的‘自然’有所差异。严复在《群学肄言》按语中虽然区分了‘天’的不同涵义，但未遵守各种涵义不可混的原则。如‘天择’中的‘天’，显然包含两方面的含义。一是相当于达尔文学说中的‘自然’，指一种普遍的、无意志的、有规律的存在；二是指某种至高无上的、有意志的、人格化的存在。如把天择描述为‘物特为天之所厚而择焉以存也者’，这

① 黄康显：《严复所承受赫胥黎的变的观念》，《严复传记资料》（六）。

里‘天之所厚’却是一种有意志的天的行为”。韩连武在《南都学坛》2001年7月第21卷第4期上发表《东方“天演论”——世界上第一部不用文字的哲学著作》中说：“《周易》是古代东方的天演论，集中体现了天人合一的思想，讲究整体谐调运动或发展”。“严复翻译英人赫胥黎的《进化论与伦理学》，即《天演论》，此后物竞天择，适者生存的思想在中国思想界几乎无人不知。西方人在此思想指导下拼命掠夺地球上的财富，出现了所谓三P危机（资源枯竭、环境污染、人口爆炸）”。“世界上的有识之士觉悟到人类是大自然的组成部分，人类应当与大自然共存，保护大自然就是护保人类自已，其实这样的认识正是东方古老文化的精髓——天人合一。天人合一讲究整体谐调运动或发展，这是与物竞天择的根本区别”。

其二，物竞天择的地位。“物竞天择是达尔文学说的核心、达尔文学说的最基本精神、达尔文用以说明生物界进化的最基本原理”①。方汉奇在山西人民出版社1981年出版的《中国近代报刊史》上册中说：“介绍达尔文关于生物界‘物竞天择，适者生存’的进化论思想”，是“赫胥黎原著《进化论与伦理学》的宗旨”。徐重庆说：“宣扬物竞天择，适者生存的原理”，是“《天演论》最基本的内容”。② 马勇在北京图书馆出版社2001年出版的《严复学术思想评传》中说：“‘物竞天择，优胜劣败’的生存斗争学说，是达尔文学说的根本要义，是《天演论》的主要理论基石，也是严复译介达尔文进化论的根本目的。《天演论》等译著，真正奠定了严复‘第一译手’的地位，也就奠定了严复在近代中国历史上不朽的地位。”

其三，物竞天择的适用性。牛仰山在山东教育出版社1985年出版的《严复评传》中说：“‘物竞天择’是自然和人类社会的共同规律。”严以振说：“严复翻译的《天演论》中阐明的物竞天择、优胜劣败、适者生存的思想至今还在激励着人们，成为人类社会发展的永恒真理。”③

其四，物竞天择传播的广泛性。侯外庐在人民出版社1978年出版的《中国近代哲学史》中说：“《天演论》出版后，‘物竞天择、适者生存’成为风靡于世的口头禅。”马勇在华夏出版社1993年出版的《严复语萃》一书中说：“《天演论》的传播，物竞、天择、适者等等名词成为人们的口头禅。”郭正昭说：

---

① 汪子春、张秉伦：《达尔文学说在中国的传播与影响》，《进化论选集》。

② 徐重庆：《鲁迅与严复》，牛仰山、孙鸿霓编：《严复研究资料》。

③ 严以振：《前言》，王亚玲、唐希编著：《严复与严复故居——中国福州严复故居纪念馆》。

"1895至1927年的30余年，是近代科学冲击与中国社会变迁的第二时期，是达尔文征服了中国的时代，因为达尔文主义形成了当时思想界的一个主流。……到了五四时代，国内外中文报刊，几触目即见'物竞天择，优胜劣败'的论调。演化论（进化论）的生物学术语，一时成为传诵的口头禅，而各种介绍进化论的书刊广告，更是层出不穷。"① 王有朋在2001年11月19日《文汇报》上发表《严复与〈天演论〉》中说："自《天演论》出版后，物竞天择、优胜劣败等词，成为人们的口头禅。"欧阳哲生说："严复传出赫胥黎'物竞天择，适者生存'的强音，维新志士争相传阅该书，'风行海内，名噪一时'。"② 叶晓青在《湘潭大学社会科学学报》1982年第1期上发表《早于天演论的进化观念》中说："《天演论》以进化的无情原则——弱肉强食，适者生存，强烈地刺激了处于民族危机中的国人。进化论一时风靡全国。"

其五，物竞天择的影响。熊月之在上海人民出版社1994年出版的《西学东渐与晚清社会》中说："物竞天择、适者生存的影响至为深远。"景林在《历史教学》1998年第9期上发表《严复与天津——纪念〈天演论〉正式出版100周年学术研讨会》中说："《天演论》宣传了物竞天择、适者生存的进化论，对中国近代社会影响至为深远，培养和影响了一代知识分子。"冯契在上海人民出版社1989年出版的《中国近代哲学史》上册中说："'天演竞争，优胜劣败'，'物竞天择，适者生存'成为时新之谈，蔚成一种强大的思想潮流，影响遍及各个思想学术领域。"

其六，物竞天择的意义。一则，警钟说。李中平在《严复之困顿——试析严复的译著及其思想》中说："严复发出物竞天择、适者生存、不适者淘汰的时代强音，这无疑是严复发出的振聋发聩的启蒙警钟，并通过其来宣扬严复自己的政治主张。"严停云说："严复翻译《天演论》的目的是介绍'物竞天择、适者生存'的道理，向国人敲起祖国危亡的警钟。"③ 陈越光、陈小雅在四川人民出版社1985年出版的《摇篮与墓地——严复的思想和道路》中说："严复以'物竞天择'、'适者生存'的生物进化理论，警醒国人，对于当时中国思想界确实开拓了眼界。"牛仰山在《严复评传》中说："'物竞天择、适者生存'的思想，

① 郭正昭：《达尔文主义与中国》，《近代中国思想人物论——晚清思想》，台湾《时报》文化出版事业有限公司1982年第3版。

② 欧阳哲生：《严复先生小传》，刘梦溪主编、欧阳哲生编校：《中国现代学术经典·严复卷》。

③ 严停云：《吾祖严复的一生》，《93年严复国际学术研讨会论文集》。

像一声春雷，震动了知识界，唤起了人们的觉醒。”二则，启蒙思潮运动的理论基石。王民在《东南学术》2004 年第 3 期上发表《严复天演进化论对近代西学的选择与汇释》中说：“物竞天择、适者生存、物各争存、宜者自立，是震惊于整个思想界的新观点，产生了振聋发聩的影响，被学界共誉为是中国近代社会启蒙思潮运动中最重要的理论基石之一。”李泽厚在《历史研究》1977 年第 2 期上发表《论严复》中说：“严复要人们重视的是：自强、自力、自立、自主，这才是严复宣传‘物竞天择，适者生存’的‘天演’思想的真正动机和核心。”三则，呼唤人们变法、维新。冯君豪在中州古籍出版社 1998 年出版的《天演论》中说：“《天演论》反复阐发的‘物竞天择，适者生存’的进化论原理，给清末的中国人敲响了救亡图存的警钟。它呼唤人们必须变法，必须维新，必须融西学为我用，必须按时移世易的对策办事，中国方能振兴，国人方能生存，我们的民族方能以强者的姿态自立于世界。”李建平在海风出版社 2006 年出版的《严复与中国近代社会》中说：“《天演论》宣传‘物竞天择，适者生存’的自然进化规律，号召国人团结互助、‘与天争胜’、奋起抗争，成为当时救亡图存、维新变法的重要理论根据。”戴学稷在香港国际学术文化资讯出版公司 2005 年出版的《奋斗与希望》之《严复的时代和他的爱国主义精神》中说：“《天演论》宣扬‘物竞天择，适者生存’的学说”，“只要发奋变法自强，中国仍旧可以得救，因而起着振聋发聩的作用”。费孝通在《中央盟讯》1982 年第 3 期上发表《英伦杂感》中说：“赫胥黎《天演论》里讲的‘优胜劣败，物竞天择’，用现在的话来说，就是我们不能落后，落后了就要被淘汰。这个很简单的道理，鼓动了我们上一辈的知识分子，如梁启超等，发扬民族意识，探索强国之道，从而引起了中国的维新运动。”胡松云在《铜仁师范高等专科学校学报》2001 年第 2 期上发表《简论严复翻译天演论的政治意义》中说：“《天演论》宣传了物竞天择、适者生存、优胜劣汰的观点，它给中国人民敲响了警钟，对于促进‘百日维新’改良运动，起了巨大的推动作用。”四则，物竞天择之消极作用。黎建球、邬昆如说：“在严复所介绍的译作中，有弱肉强食，物竞天择的思想”，它虽有“警惕国人”的“兴奋剂”作用，“但这样一个竞争残暴的思想……再者他介绍英国的功利主义……导致国人短视，唯利是图，只讲手段，不计利害的后果是很大的”。① 赵文龙在《中学历史教学参考》2000 年第 4 期上发表《浅谈中学历史教学对严复〈天演论〉的误解》中说：“严复所宣扬的竞争论，尤其是弱肉强食、优胜劣败思想，绝不是什么先进的理论”，在当时虽然“起了思想启蒙

① 黎建球、邬昆如：《中西两百位哲学家》之《严复》，《严复传记资料》（三）。

作用”，但“其负面作用也是显而易见的，到如今仍有恶劣的影响”。

第四，进化思想的其他诸问题。

其一，任天为治和与天争胜。阮青在《齐鲁学刊》1999 年 7 月 15 日第 4 期上发表《解放个性与强化整体的双重变奏——严复人生哲学论纲》中说：“达尔文轻视人在生物进化过程中的作用”，“斯宾塞任天为治”，“赫胥黎任人为治”，“严复认为天行人治，同归天演，这是严复《天演论》的要义”。曹世铉说：“斯宾塞言治之大旨存于任天，赫胥黎的思想核心是人定胜天，严复译《天演论》的宗旨是纠正斯宾塞任天为治的理论错误，强调人类自强保种，以人治天的观点。”① 李强在《严复与中国近代思想的转型——兼评史华兹〈寻求富强：严复与西方〉》中说：“儒家忽视‘天道’、‘运会’的独立存在；道家类似斯宾塞学说，承认天道独立于人道，人道须顺乎天道，忽视人为努力的重要性；法家与赫胥黎都承认‘天道’之独立存在，又都主张‘以人持天’，‘与天争胜’”。“严复认为人道既不能‘法天’，即‘任天而治’，也不能‘避天’，而应该‘与天争胜’。‘与天争胜’并不意味着违背天的法则，而在于遵循天的法则，‘尽物之性’，‘转害而为功’，以造福于人”。张士欢、王宏斌在《河北师范大学学报》2007 年 1 月第 30 卷第 1 期上发表《究竟是赫胥黎还是斯宾塞——论斯宾塞竞争进化论在中国的影响》中说：“赫胥黎主张‘以人持天’，而斯宾塞则强调‘任天为治’。严复认为斯宾塞的‘任天为治’，是强调以自然规律为主，而以人事为辅，绝不是无所事事。他说赫胥黎刻意求胜，‘遂未尝深考斯宾塞氏之所据耳。夫斯宾塞所谓民群任天演之自然，则必日进善，不日趋恶，而郅治必有时而臻者。其竖义极坚，殆难破也’。”高瑞泉在《江苏社会科学》2007 年第 1 期上发表《严复：在决定论与自由意志论之间——对史华慈严复研究的一个检讨》中说：“严复处在决定论与意志论之间，对斯宾塞的任天为治说，基本赞成（决定论倾向），又要救其末流（发挥人的能动性）。严复在宇宙论上持决定论的立场”，“他的宏观世界是严格服从决定论法则的世界，这一点与斯宾塞并无矛盾”。“按照传统思维的基本路径，推天理以明人事，严复应该赞成斯宾塞的任天为治的社会学；然而在《天演论》自序的结尾，严复笔锋一转，称赫胥黎氏此书之旨，本以救斯宾塞任天为治之末流，就是说，严复并未因为在宇宙论上持决定论的立场，就完全否定人类在社会生活中的自主性，相反，他的所有著作都着意于开民智、鼓民力、新民德，鼓励人们积极地有所作为，改变中国的

① （韩）曹世铉：《论严复的天演论与李石曾的互助论——中国近代进化论的两种译著》，《严复与中国近代化学术研讨会论文集》。

贫弱状态”。“斯宾塞任天为治之论总体上是真理，但是其末流却不可不救。用他……的说法，就是故曰任天演自然，则郅治自至也。虽然，曰任自然者，非无所事事之谓也。在天演的必然性之中，不是取消了而是包含了人力的巨大作用。他所理解的自由主义伦理法则——群道——就是救其末流的办法，而放弃人的能动性的观点，只能回复到传统的宿命论”。

其二，赫胥黎、斯宾塞、严复的进化思想。汪毅夫在《东南学术》1999 年第 1 期上发表《〈天演论〉札记（三则）》中论及赫胥黎关于世界进化的三种模式：宇宙过程、园艺过程和伦理过程。宇宙过程指“在自然状态中引起物种进化的过程”；园艺过程指“在人为状态中引起变种进化的过程”；伦理过程则是一个“情感的进化”与“社会结合的逐步强化”同步的过程。这“物种进化”和“变种进化”都属于生物进化论的范畴。严复称赫胥黎的伦理过程之说为“赫胥黎保群之论”，赫胥黎主张借助“情感”来实行“自我约束”、来强化社会结合。李中平在《严复之困顿——试析严复的译著及其思想》中，论及赫胥黎进化范畴的三重领域和与之相应的三重规则：三重领域——自然的领域、人为的领域和社会组织的领域；三重规则——自然选择的规则、科学的规则和伦理的规则。“前两个领域是符合自然进化论的规则的，而最后一个领域是建立在‘自我约束’的人类伦理架构上的。赫胥黎严厉抵制斯宾塞等人将达尔文主义引入并作为人类社会进步的潜在规则”。耿传明在华东师大《文艺理论研究》1997 年第 6 期上发表《严复的〈天演论〉与赫胥黎的〈进化论与伦理学〉》，论及《天演论》中阐发斯宾塞社会进化论的三个层面：“一是阐明天演之公例，即‘以天演为体，物竞天择为用’的宇宙之道”。“二是由天之道推延到人之道，人应该适应于这种物竞天择的天演公例，因此他强调异、择、争、变，认为‘无异、无择、无争，有一然者，非吾人今者所居世界也’，‘最宜者’也就是‘最好者’、‘最强有力者’，由此表现出一种‘力本论’的倾向，其动机还是在于寻找一种民族富强之道”。“三是严复接受了斯宾塞为进化设置的预设目的，使进化成了由简入繁，由微生著，直线向前，日趋完善的单向发展过程。这使他的进化论成为了一种人类完善可期论和人类永恒进步论。这种合目的乐观进化论的信仰与宗教上对千年王国的预言有暗合之处”。李承贵在《福建论坛》1997 年第 3 期上发表《严复进化思想探微》中，认为“严复进化思想在内容上呈现出三个层次：‘本文态’、‘转述态’、‘再生态’。‘本文态’贮藏了严复进化思想所有信息；‘转述态’则是经由严复个性与社会因素过滤了的信息；‘再生态’则是接受主体对转述态的严复进化思想的自我选择。严复进化思想的价值、影响与局限应从这三态中去寻找”。李承贵在江西人民出版社 1997 年出版的《中西文化之会通》一书中，还论及严复进化思想的来源、特征、内容、地位和影响。一是严复进化思想来源。“来源应是达尔文、赫胥黎、斯宾塞与中国传统思想。‘自然进化’的内容，与《老子》有关；‘万物竞争而自动自变’的内容，在《庄子》中有反映；‘与天争胜’的内容，则主要来自中国唐代刘禹锡、柳宗元诸家天论之言；‘能群善群’说，来自斯宾塞和《荀子》、《大学》；‘渐进’说，来自斯宾塞和孔子（《原强修订稿》）”。二是严复进化思想特征、基本内容。“其外在特征：综合性改造”。“其进化思想的具体特征有六：‘宇宙公例’的进化性质，‘质力相推’的进化动力，‘物竞天择’的进化原则，‘能群善群’的进化条件，‘有渐无顿’的进化模式，‘由浑之画’的进化方向。这些也构成了严复进化思想的基本内容”。三是严复进化思想的地位和影响，有四个方面：对传统思想变革之意义；作为改革中国近代社会导言之意义；学术研究方法之意义；对社会实践与风气变革之意义。皮后锋在《严复大传》中讲了严译《天演论》的理论来源，包括近代西方的进化论和《周易》、老子、庄子、荀子、刘禹锡等诸家学说。魏义霞在《浅论严复对“天演”原因的分析》中说：一是“达尔文创始的进化论，它主要是一种生物的进化论，分为过度繁殖、生存竞争、遗传和变异、适者生存等四个方面。其理论基础和中心内容是自然选择学说。据此，动、植物能否幸存完全依赖于外界条件的恩赐，是自然的外界条件在选择生物，而并非相反。这样，达尔文就把生物的进化说成是一个自然而然的过程”。二是“赫胥黎虽然是达尔文及其学说的狂热崇拜者和积极宣传家，但他与达尔文的具体观点并不完全相同，这突出表现在进化的动因上：达尔文强调自然选择，赫胥黎强调人在生物进化中的地位和作用，突出了人工选择”。三是“严复所宣传和介绍的进化论，除了达尔文本人的观点外（如‘严复把进化翻译为天演即自然进化是十分准确而且符合达尔文的原意的’），更多的是达尔文主义者赫胥黎的观点（如人工选择）”。

其三，竞争与互助。王宪明说：“赫胥黎认为，自然界没有什么道德准则，只有优胜劣败，弱肉强食；人类社会则不同，具有高于动物的先天的‘本性’，能够相亲相爱，互助互教”。“严复不同意赫胥黎的观点，认为人类社会跟达尔文所描述的自然界有着惊人的相似之处，人与人争，群与群争，族与族争，国与国争，弱肉强食，优胜劣败，竞争进化，适者生存；人与人之间必须竞争才能生存，国际社会中民族与民族之间也必须竞争生存，只有最适宜者才能生存”。[①] 曹世铉在《论严复的天演论与李石曾的互助论——中国近代进化论的两种译著》中说：“构成《天演论》中心思想的，则显然是社会达尔文主义的内

① 王宪明编：《严复学术文化随笔》，中国青年出版社 1999 年版。

容。这种以竞争为主的民族主义热潮就成为《天演论》对中国社会的实际影响。”罗耀九、林平汉说：“《天演论》中虽然没有明显的互助言论，然而在字里行间，或隐或现的可看出含有互助的思想（如合群、体合、内和外竞）。赫胥黎反对斯宾塞‘任天为治’的观点为后人宣扬互助思想铺平了道路。”①

其四，骤变与渐变。张灏说：“斯宾塞的思想认为，进化必然是缓慢的和累积的，不能飞跃地前进，这使严复不相信任何激烈变化的奇迹”。“严复在政治上的渐进主义和在思想上的激进主义二者都产生于他的社会达尔文主义的基本观点，而这主要是他研究斯宾塞哲学的成绩”。② 郑永福、田海林在《近代史研究》1985 年 5 月第 3 期上发表《〈天演论〉探微》中说：“在生物进化论的各种流派中，赫胥黎是属于骤变论这一派的，而严复并没有把赫氏的骤变论引申到人类社会中，严复主张渐变。”黄康显说：“赫胥黎的变，亦同时具有缓进性；这种变的缓进性的观念，局限了严复的思想。使他的思想不能全面开明化。”③皮后锋在《严复大传》中说，严复在介绍斯宾塞乐观主义社会史观的同时，也引进了斯宾塞的渐进改良思想，强调中国的救亡运动不仅要治标，更要重视治本。严复在《天演论》导言十六中曲解了原著意旨。赫胥黎原文主要是辨别社会进化过程与生物进化过程的区别，以英国为例说明生存斗争及人工选择方法对民智、民德、民力的进化没有起到推动作用，因而不能用于人类社会。严复却以原文例子证明社会进化的缓慢与艰难，本节标题“进微”即是此意。卢继传在《中国科技史料》1982 年第 1 期上发表《进化论在中国的传播和影响》中说：“严复在《天演论》中只承认渐变而否认飞跃，宣传了庸俗进化论的观点。”林志浩在《北京社会科学》1986 年第 3 期上发表《论鲁迅与严复的中外文化观》中说：“严复认为‘自皇古迄今，为变盖渐’，“鲁迅则承认人类社会变化，既有渐变，也有骤变”。

3. 中学和西学。

第一，中学和西学的关系。

其一，中西文化之比较。黄克剑在《读书》1986 年第 11 期上发表《作为启蒙思想家的睿智与卓识——严复关于中西文化比较研究的论著读后》中说：

---

① 罗耀九、林平汉：《从严译天演论到孙中山的互助思想》，《严复与中国近代化学术研讨会论文集》。

② （美）费正清编、中国社会科学院译：《剑桥中国晚清史》下卷，中国社会科学出版社 1985 年版。

③ 黄康显：《严复所承受赫胥黎的变的观念——维新运动的原动力》，《严复传记资料》（六）。

“《天演论》等是中国真正开始近代科学意义上的中西文化比较研究——中西社会发展观的比较、中西价值观的比较、中西社会治制的比较、中西治学精神的比较。”徐中约在香港中文大学出版社 2001 年出版的《中国近代史》上册中说：“严复第一次对中西两种不同的文化进行了深刻的对比研究”，“他是中西方文化交流史上的里程碑”。“严复论译著中的核心观点，是中国和近代西方的根本区别，在于两者对人的能量的不同态度。西方高度赞扬人的行动、自信、斗争和人的活动；中国圣贤之道，则抑制人的重要活动力的自由施展”。蒋小燕、罗晓洪在《求索》2006 年第 5 期上发表《论严复天演论的文化观》中说：“进化论的文化选择理论企图以时间为参照系把中西两种文化纳入历史演化先后顺序的框架之中”。“中西两种文化处于不同历史阶段，两者的差别归根到底是时代的差别”。“严复对中西方文化进行了深入的比较研究，认为中国必须吸收西方文化中一切有益于中国的东西，要究其理极，以找到中国的出路”。

其二，中西文化之融通。张君劢说：“今日为东西会通之日，非东西隔离之日。吾人处于今日，唯有鼓励之扩张之，合之于一炉之中，以促成相通而不失其本色而已。东西思想之相交，如海潮之接触，如光线之远来，无复有能阻之者，如《天演论》等之风行海内。吾以为居今日东西关系之密迩，与其求彼此之殊特，不如求彼此之会通。而其法有二：知己、知彼。知己所长、择善而守之，取人之长、补己之短，弃人之短，以期不陷于人之覆辙。”① 习近平说：“严复在译注《天演论》中，将斯宾塞的‘普遍进化论’与中国古代《易经》中所包含的丰富的进化论思想因素融会贯通，从而勾勒出自然、社会不断进化的新宇宙观。”② 王天根在《史学史研究》2006 年第 3 期上发表《易学与社会兴衰论——以严复译〈天演论〉文本解读为中心》中说：“《天演论》是将斯宾塞等倡导的社会进化论所蕴含的历史兴亡盛衰论与易学的通变思想相会通。《天演论》是严复利用易学建构关于历史兴衰论的崭新知识谱系，其中蕴含的生存斗争的理念折射了被殖民者救亡图存的文化心态。”蒋小燕、罗晓洪在《求索》2006 年第 5 期上发表《论严复〈天演论〉的文化观》中说：“对《天演论》的诠释，反映严复追求一套融通各家学理、一以贯之的思想体系”。“严复之所以特别喜爱斯宾塞，正是因为他提出了一套通乎宇宙人生而一以贯之的最高道理，而此道理又与《易》、老庄的世界观大体相通”。“《易经》与老庄思想之精义，都在于

① 张君劢：《东西文化：与其求彼此之特殊，不如求彼此之会通》，《张君劢集》，群言出版社 1993 年版。

② 习近平：《序言》，《93 年严复国际学术研讨会论文集》。

其中贯乎天地人之大道”。

其三，严复对待中西文化的态度。习近平说：“中国近现代文化史表明，‘国粹主义’和‘全盘西化论’都是有害的。从严复到鲁迅并直到今天，中国新文化的发展创造都是在不断探索、实践类似严复这条‘阔视远想，统新旧而视其通，苞中外而计其全，而后得之’的道路的。”马勇在华夏出版社 1993 年出版的《严复语萃》中说：“《天演论》中的观念只是证明了我中华古老思想传统的正确性”。“以西学的刺激来发扬光大我中华学术精粹”。陈敬木在《福建论坛》1997 年第 6 期上发表《论严复对传统文化的态度》中说，严复对待传统文化，是“去其旧染，择其善而存之”。郭正昭说：“严复始终守住中庸之道的儒家观念”，“他的思想非由激进而保守”。①

第二，《天演论》标志着近代中国学术思想的开始。

其一，肇始、指导思想。如戴逸在北京图书馆出版社 2001 年出版的《严复学术思想评传》之《代序言：二十世纪中国学术概论》中说：“中国近现代学术肇始于严复翻译西方的学术名著，《天演论》介绍了进化学说，使中国学术界的观念发生了革命性的变化”。“进化学说和唯物史观成为 20 世纪中国学术文化的指导思想”。

其二，发端标志、首倡之功。刘梦溪在河北教育出版社 1996 年出版的《中国现代学术经典》总序中说：“严复的翻译，是中国现代学术发端的一个重要标志。”尤其是“方法学的变革”，“严复实有首倡之功”。

其三，先驱、奠定基础。黄宣民在中国社会科学出版社 1997 年出版的《严复评传》序中说：“严复是促进中国学术近代化的先驱者”，“为我国近代建立人文科学社会科学奠定了基础”。

第三，《天演论》与哲学。

除了前述进化思想外，学者们还论及其他一些内容。

其一，综合论述哲学宇宙观、世界观、人生观。谢俊美认为“《天演论》从根本上改变了中国人的世界观，带来了中国传统哲学思想的一场革命”②。李泽厚说：“《天演论》是新的资产阶级世界观和人生态度”，是“一种观察一切事物和指导自己如何生活、行动和斗争的观点、方法和态度”。③ 汪晖认为“严复的三个世界——易的世界、群的世界、名的世界，包含了严复对整个世界的理解，

---

① 郭正昭：《达尔文主义与中国》，姜义华等编：《港台及海外学者论近代中国文化》。

② 冯君豪注解：《天演论》。

③ 李泽厚：《论严复》，《历史研究》1977 年第 2 期。

从而构成一个完整的世界观"①。阮青分析"严复人生哲学论纲：解放个性与强化整体的双重变奏"，"强调'民'是个体与整体的统一，这是其人生哲学的核心内容"，还论及严复人生哲学的体系、理论基础、理论目的、意义等内容。②皮后锋在《严复大传》中说："严复在《天演论》中摒弃了赫胥黎的悲观主义情绪，代之以斯宾塞的乐观主义社会史观，同时对斯宾塞这种过于绝对的乐观主义有所保留。"

其二，《天演论》与唯物和唯心，达尔文主义和社会达尔文主义。有的学者认为"《天演论》的前半部是唯物的，后半部是唯心的"。③ 任访秋在《河南师大学报》1979 年第 5 期上发表《严复论》中说："《天演论》的上半部宣传科学的达尔文主义，下半部是反动的社会达尔文主义"。卢继传在《中国科技史料》1982 年第 1 期上发表《进化论在中国的传播和影响》中说："如果说，《进化论与伦理学》前半部是唯物的，后半部是唯心的，那么，《天演论》前半部也掺进了一些社会达尔文主义的观点，增加了唯心主义的成分。那种认为《天演论》前半部也是唯物的，后半部才是唯心的，显然是欠妥的。"商聚德在《河北学刊》1984 年 7 月 20 日第 4 期上发表《〈天演论〉的基本思想辨析》中说："近年有个很流行的说法，即《天演论》上半部是唯物论，下半部是唯心论；上半部是讲达尔文的生物进化论，下半部讲反动的社会达尔文主义，笔者认为，这个对该书基本思想的总论断是不符合事实的。"实际上，"赫胥黎没有宣扬社会达尔文主义"，"严复也没有接受社会达尔文主义观点"，"《天演论》上半部唯心主义并不少，下半部唯物主义的论述倒很多，该书上下两部分的基本内容是大体一致的"。卢继传在《中国科技史料》1982 年第 1 期上发表《进化论在中国的传播和影响》中说："赫胥黎的《进化论与伦理学》带有社会达尔文主义的色彩。"马勇在华夏出版社 1993 年出版的《严复语萃》一书中说："赫胥黎的著作具有明显社会达尔文主义倾向。"皮后锋在《严复大传》中说："赫胥黎原著中含有社会达尔文主义成分。"商聚德在《〈天演论〉的基本思想辨析》中则说："赫胥黎在《进化论与伦理学》原书中没有宣扬社会达尔文主义观点。"欧阳哲生也说：

① 汪晖：《严复的三个世界》，《现代中国思想的兴起》下卷，三联书店 2004 年版。

② 阮青：《解放个性与强化整体的双重变奏——严复人生哲学论纲》，《齐鲁学刊》1999 年 7 月 15 日第 4 期。

③ 如侯外庐主编：《中国近代哲学史》，人民出版社 1978 年版；方汉奇：《中国近代报刊史》上册，山西人民出版社 1981 年版；范启龙：《天演论的译著及其伟大影响》，《严复与中国近代化学术研讨会论文集》；南京大学历史系：《天演论·察变复案》，《语文教学通讯》1984 年第 5 期。

“赫胥黎著述《进化论与伦理学》的本意是表达他对斯宾塞的社会达尔文主义的不满……《进化论与伦理学》本身是一部批判社会达尔文主义的代表作。”① 冯友兰说，赫胥黎“把达尔文主义和社会联系起来，因此有人称赫胥黎所讲的是社会达尔文主义，认为是把达尔文主义应用到人类社会，为帝国主义侵略殖民地的人民提供理论的根据。其实把达尔文主义和人类社会联系起来是一回事，而把达尔文主义应用到人类社会又是一回事。赫胥黎并不是要把达尔文主义应用到人类社会，而是认为达尔文主义不能应用到人类社会”②。卢继传在《进化论在中国的传播和影响》中说：“严复肯定了社会达尔文主义的某些观点。”侯外庐主编《中国近代哲学史》中说：“严复也蹈袭了社会达尔文主义的错误。”皮后锋在《严复大传》中说：“浓厚的社会达尔文主义气息是《天演论》的一大特色。”李中平在《周末文汇学术导刊》2006年第2期上发表《严复之困顿——试析严复的译著及其思想》中说：“严复吸收了斯宾塞的社会达尔文主义。”商聚德在《〈天演论〉的基本思想辨析》中则说：“严复虽然接受了斯宾塞的某些错误理论，但却没有接受（更不要说‘宣扬’）社会达尔文主义。”

其三，严复哲学的性质。有人在《哲学研究》1978年第4期上刊登《严复和近代实证主义哲学》一文，认为“严复是中国第一代实证主义者”。李维武编著的《中国哲学史纲》中说，严复的哲学是“‘质力相推’的机械自然观，表现了机械唯物主义的特点，对于中国近代哲学启蒙具有重要意义”。杨正典认为，“《天演论》是严复进化唯物论哲学的思想基础”，“是进化唯物论哲学理论的奠基石”，“是思想发展史上一种新的理论形态”。③ 杨宪邦认为，“严复的天演论哲学具有唯物主义和唯心主义、科学和宗教、西学和中学、新学和旧学的性质”。“天演论奠定了中国近代进化唯物主义哲学路线的基础”。“严复的哲学虽有实证论、机械论的因素，但基本上不是实证论，也不是机械论，而是天演论”。④ 李承贵在《学术月刊》1995年第10期上发表《建国以来严复思想研究综述》中说：“我们认为，严复哲学是以西方近代哲学流派（实证主义哲学、经验论哲学、进化论）等为主要内容、并依据中国近代社会状况对上述内容有所取舍而综合形成的具有中国特色的近代哲学”。

其四，严复哲学的特点。钟兴锦在《武汉大学学报》1999年第4期上发表

---

① 欧阳哲生：《导读〈天演论〉》，第3、4页。

② 冯友兰：《中国哲学史新编》第6册，人民出版社1989年1月版。

③ 杨正典：《严复评传》，中国社会科学出版社1997年1版。

④ 杨宪邦：《论严复的天演论哲学》，《社会科学辑刊》1984年辽宁第1期。

《严复的中西文化观及其“天演哲学”》中说：“天演哲学具有与其他哲学不同的特点。一是知识结构方面——天演哲学是以西方现代自然科学和社会科学作为其科学基础。二是思维方式方面——天演哲学，方法新颖，重视逻辑推论。三是概念界定方面——天演哲学，概念清晰，体系完整”。“严复的天演哲学是以一个崭新面貌出现，它为中国从传统哲学向现代转型开辟了前进的航道”。

其五，严复哲学的内容。冯契主编、上海人民出版社 1989 年出版的《中国近代哲学史》上册中说：“严复的天演哲学，包括宇宙的进化、生物的进化和人类社会的进化。”李维武在《中国哲学史纲》中说：严复哲学的内容有三：“‘质力相推’的自然观”，“‘心体为白甘’的认识论”，“‘物竞天择’的历史进化论”。皮后锋在《严复大传》中说：“严复在《天演论》中确信：‘吾党生于今日，所可知者，世道必进，后胜于今而已’。这种后胜于今的进化史观，既批判了中国传统的循环复古史观，也向人们展示了中国救亡运动的光明前景”。

第四，《天演论》与伦理道德。

其一，关于《天演论》与伦理道德问题。田薇、胡伟希在《教学与研究》2005 年第 7 期上发表《略论严复的天演论道德观及其对中国传统伦理思想的突破》一文中，讲了三点：一是新的天演论道德观的提出。“严复试图融合中西思想提出一种新的道德哲学。在进化论观念的影响下，他从人类生活行为的实然引申出道德生活的应然。作为一个承前启后的关键人物，他的思想成为中国伦理学史上的转折点，塑造了中国近现代伦理思想的基本品格”。“严复进化论道德观的建立，既是对中国传统伦理思想的突破，也是现代伦理思想诞生的标志”。二是新的天演论道德观的内容。“从心学到群学、从人性论到进化论、从修已论到功利论、从善恶论到苦乐论”。三是新的天演论道德观的影响。《天演论》一书的影响有两种，一强，一弱。一强是指“从社会政治史的角度出发研究严复进化论思想，比较多”；一弱是指“从学术思想史的角度研究严复进化论思想，比较少。我们还应更加深刻地看到进化论的观念及其在思想史上的意义，严复阐发的天演论道德观所产生的更加根本而久远的历史影响是更值得关注和探讨”。“五四新文化运动提倡的伦理革命，从口号到内容都承受了严复思想的真正影响”。

其二，群已关系。张灏说：“达尔文主义的基本的价值观和世界观使严复向往西方的自由理想。在严复看来，现代西方奇迹般的成就在于，在西方，个人的力量不但得到解放，而且还能被熔合而产生集体的活力。”① 梁柱说：“严复十

① （美）费正清编、中国社会科学院译：《剑桥中国晚清史》下卷。

分强调群体的作用，认为‘人之所以为人者，以其能群也’，这是‘人贵于禽兽’的表现。严复更强调‘能群、善群’的重要性，认为它关系群体之存、灭。启蒙思想家鼓吹合群、与天争胜、人定胜天的精神，是有重要意义的。”① 皮后锋在《严复大传》中说：严复强调“合群是保种进化的关键，合群是贫弱的中华民族自存保种的决定性力量”。“合群保种，与天争胜，是《天演论》的核心内容与最终目的”。

第五，《天演论》与文学。

其一，《天演论》的文学价值。冯君豪说：“《天演论》的文学价值在于：中国故实，主客问答，骈俪文句，形象语言。统而言之，严译《天演论》缘其译章高雅，已被公认为我国近代文言散文之典范。”② 高惠群、乌传衮在上海外语教育出版社 1992 年出版的《翻译家严复传论》中说：“严复把译书看成是一种艺术创造，他的译品也是一种语言形式与思想内容完美结合的统一体，具有独立于原作的文学和学术价值。”

其二，严复的文艺理论批评。陈永标在《广东社会科学》1993 年第 5 期上发表《严复的文化观和文学批评论》一文中说，严复的文艺理论批评有四个特点：一是“注重创作的真情实感，强调作家的卓识和独特的艺术风格”；二是“强调创作的理想和情感的统一，对艺术的愉悦性和移情作用也有过较好论述”；三是“大力提倡通俗文学，强调文艺的社会功能”；四是“严复等人接受了西方美学思想的影响，较系统地传递了西方伦理文艺信息，有助于扩展作家评论家的文学视野，深化文学观念的改革”。又说：“严复的文学理论批评还明显地表现在他的翻译理论批评上：一是怀着爱国情怀，态度认真，严于精审；二是译书目的明确，意欲熔中西二学以及选择、评论、改造为一体；三是通过译作实践，总结出‘信、达、雅’的译事原则；四是严复译著，文笔流畅，风格独特，深美可诵。”

第六，《天演论》与史学。

其一，《天演论》对史学理论的贡献。王也扬在《社会科学研究》1993 年第 5 期上发表《严复对中国近代史学理论的贡献》一文中说：“严复以《天演论》为代表的译著，给中国近代史学理论的发展划出了一个时代”。“新史学的每一块基石都包含着严复译著所做出的贡献”。一则，“就历史观念而言，进化史观

---

① 梁柱：《先驱者的历史功绩与历史评价——纪念严复逝世 80 周年》，福建省严复学术研究会 2001 年 11 月编印：《严复逝世 80 周年纪念活动专辑》。

② 冯君豪注解：《天演论》。

无可辩驳地被人们所接受”。二则，“就史学自身理论而言，其研究的对象从帝王将相、个别人物转向整个社会、民族和全体国民；其研究的任务从材料的简单罗列变为力图发现历史表象背后的因果关系；其研究的方法从史料搜集、整理发展到科学的归纳与演绎”。三则，“严复的历史理论的三个方面：一是关于历史必然性与人的主观能动性的关系；二是关于历史发展的潮流（即方向）；三是关于社会历史进步的基本要素（民力、民智、民德）”。四则，严复的具体论著、译著与史学关系。“《原强》和《天演论》介绍、阐发了斯宾塞的社会学理论；《群学肄言》是专门讲社会学及其方法的著作，知群学，读史乃能据往事知来者；《社会通诠》是一部以社会学方法考察人类社会发展史的书，他把人类社会的历史进化分为图腾、宗法、军国三大阶段；《法意》也是一部重要的社会历史理论书籍，他的学说后来衍化成了西方史学的一个流派，即地理学派”。

其二，《天演论》与易学之历史兴衰论。王天根在《史学史研究》2006 年第 3 期上发表《易学与社会兴衰论——以严复译〈天演论〉文本解读为中心》中说：“《天演论》是将斯宾塞等倡导的社会进化论所蕴含的历史兴亡盛衰论与易学的通变思想相会通。《天演论》是严复利用易学建构关于历史兴衰论的崭新知识谱系，就方法而言，严复将易学中逻辑思想与西学中归纳、演绎法结合起来，开启近代中国实证主义之先河；就文化精神而言，将易学忧患意识与生存斗争学说交融互释，以阐述历史兴衰”。

第七，《天演论》与宗教。

卫胡清在《世界宗教研究》2001 年第 3 期上发表《近代来华传教士与进化论》一文中，讲了《天演论》与宗教的关系问题。一是“《天演论》有反基督教内容”。“达尔文生物进化论对基督教的挑战性；赫胥黎更是以科学自由的名义对基督教发起了猛烈攻击；严译《天演论》有明确反基督教内容，这对基督教的在华传播是很不利的，特别是不少青年学子相信‘天演为宗教之敌’的说法，这不能不引起传教士们的严重关切”。二是“传教士们对严译《天演论》的批评”。认为“《天演论》不相信上帝的存在”，“生存竞争思想违背了基督教伦理”。他们批评《天演论》的“理论”，“是自然神学和启示神学的基本理念”。他们批评《天演论》的“目的”，“在于维护基督教信仰，维护启示神学的神圣性。虽然其中某些意见不乏合理性，但从总体上说它们都是为了消解改造进化论”。三是科学与宗教、《天演论》与基督教的关系。“传教士们曾经把科学传播视为宗教传播的先导与辅助”；“《天演论》出版之后，传教士们的视野集中在如何应对科学的挑战”；“基督教与进化论的关系本身是很复杂的，传教士中确有部分人对进化论持肯定和欢迎态度，即使持批判态度的人，他们的意见大多也很冷静、客观，并努力寻求基督教与进化论结合的可能性；对多数近代来华传教士而言，在宗教与科学的天平上，理性逐渐成为最重要的砝码”。

（三）《天演论》与社会运动

1.《天演论》与反帝爱国思想。

第一，西学救国论或教育救国论。王栻说：“严复是教育救国论的理论家”。“严复的思想——无论在翻译方面或在著作文字方面所发挥的，都可以概括为西学救国论或教育救国论”。① 钱宪民在《南京大学学报》1985 年增刊上发表《严复的“教育救国论”》中讲了四点：一是“教育救国论就是认为救国不应从政治运动着手，而应从教育工作着手，即‘鼓民力、开民智、新民德’，特别强调讲西学以开民智，认为这是‘富强之原’”。二是“教育救国论属于历史唯心论的范畴”。三是“教育救国论的影响也是极为深远的”。四是对于教育救国论，“既要肯定它所包含的合理因素，又要指出它的根本弱点”。张红在《天津师范大学学报》1995 年第 6 期上发表《试评严复的教育救国思想》一文中，说明“严复主张教育救国的内容有三方面：对封建教育的猛烈抨击，对西学教育的系统阐述和大力提倡，关心并提倡普及教育”。“严复之介绍倡导西方资产阶级的世界观和方法论，既是他作为启蒙思想家的最突出的理论贡献，也是他的教育救国思想的精髓所在”。

第二，爱国思想和爱国主张。陈明义说：“严复的译著（《天演论》等）凝聚着他深厚的爱国感情。他借重译著，并通过序言和大量按语，表达自己的爱国思想和爱国主张，从而希望达到救亡图存的目的。”② 习近平说：“严复的一生是爱国者的一生。他的一切寻求、一切进取、一切成功都是与其爱国之心、报国之志分不开的。……从‘严译名著丛刊’的八部著名译著看，都有明显的爱国倾向，其中《天演论》、《原富》、《法意》以及《名学》所表现的爱国思想尤为突出。他是借重译著，表达自己的爱国思想和爱国主张，从而希望达到救亡图存的目的。”③

第三，救亡图存。任继愈在 1996 年 10 月 13 日《光明日报》上发表《重读〈天演论〉》一文中说：“《天演论》给千千万万爱国者敲响了警钟。《天演论》出版后，举国上下掀起救亡图存的浪潮。严复通过《天演论》向全国人民大声疾

① 王栻：《论严复与严译名著》，商务印书馆 1982 年版。

② 陈明义：《在福建省纪念严复诞辰一百五十周年大会暨学术研讨会开幕式上的讲话》，《“纪念严复诞辰一百五十周年”特刊》（内刊）。

③ 习近平：《序言》，《93 年严复国际学术研讨会论文集》。

呼，中华民族要奋发图强，才可以免遭亡国灭种的厄运。”皮后锋在《严复大传》中说：“《天演论》从根本上改变了人们的世界观，它为其后的救亡运动注入了强大的内源性动力。”孙鸿霓在《北京外国语学院分院学报》1984 年第 1 期上发表《严复在近代翻译上的贡献》一文中说，严复在近代翻译上的贡献之一，是“因为他以敏锐的感觉，抓住了时代的症结，通过翻译，敲起了挽救祖国危亡的警钟，启发人们振作起来，救亡图存”。

2.《天演论》与变法维新。

第一，变是维新运动的原动力。王森然说：“严复颇主张变法，宗旨同康、梁。”① 黄康显说：“变的观念，贯注了《天演论》的全书。天演实在是一种变的天演，变也就成为近代历史的一个定理”。“变的观念是维新运动的原动力”。②

第二，《天演论》促进维新运动的展开。张海鹏说：“《天演论》对促成戊戌维新运动的展开做出了不可磨灭的贡献。”③ 朱苏南在苏州《铁道师范学院学报》1998 年第 5 期上发表《严译〈天演论〉与戊戌时期的思想解放》一文中说：“《天演论》唤起了国人救亡图存、保种保国的意识，成为鼓吹维新变法的有力思想武器，对晚清思想解放产生了多方面的影响。”

第三，维新救国说。马勇在《严复学术思想评传》中说：“严复给国人带来了新思想和新观点，使国人觉悟到，要救国，只有维新，要维新，只有学习外国。”范启龙说：“严复得出：要救国，只有维新；要维新，只有学习西方，从西学入手。这个方案概括了维新派的全部思想观点，并集中反映了那个历史阶段的时代精神。”④ 来新夏说：“严复为了维新救国，译述了西方的八大思想名著，其中《天演论》是严复最著名的译作，对中国思想界的影响甚大。”⑤

第四，变法转强说。方汉奇在《中国近代报刊史》上册中说：“严复通过《天演论》等，呼吁只有顺应‘天演’的规律，厉行变法，才能由弱转强，获得生存。”

3.《天演论》与民主革命思想。

第一，《天演论》“实宣传革命”说。王森然说：“1897—1898 年间，严复颇

① 王森然：《严复先生评传》，《近代二十家评传》。

② 黄康显：《严复所承受赫胥黎的变的观念——维新运动的原动力》，《严复传记资料》（六）。

③ 张广敏主编：《严复与中国近代文化》。

④ 范启龙：《〈天演论〉的译著及其伟大影响》，《严复与中国近代化学术研讨会论文集》。

⑤ 来新夏：《在纪念严复诞辰一百五十周年大会上的讲话》，《“纪念严复诞辰一百五十周年”特刊》（内刊）。

主张变法。戊戌政变后，所为诗歌，多讽吊时事之作。有告刚毅者，谓《天演论》实宣传革命，宜拿办。赖荣禄、王文韶救，得免。”①

第二，《天演论》与辛亥思想的发展。苏中立说：“《天演论》成为辛亥时期社会思想发展的渊源之一，《天演论》在我国近代社会思想的发展历程中，在某些方面具有开先河的重要地位和导航的巨大作用。”如“《天演论》的哲学底蕴与辛亥时期哲学思想的分化；《天演论》中的保种呼唤与辛亥时期民族思想的不同模式；《天演论》的怵焉知变与辛亥时期变革思想的分野”等。②

4.《天演论》与五四新文化运动。

田薇、胡伟希在《教学与研究》2005年第7期上发表《略论严复的天演论道德观及其对中国传统伦理思想的突破》中说：“五四新文化运动提倡的伦理革命，从口号到内容都承受了严复思想的真正影响。李大钊、陈独秀等人以进化观念为基础，以苦乐为善恶标准的功利主义道德观与严复的思想是一脉相承的。所以，严复进化论道德观的建立既是对中国传统伦理思想的突破，也是现代伦理思想诞生的标志。”

5.《天演论》与现代化。

任继愈在《重读〈天演论〉》一文中，谈到《天演论》与奋发图强，竞争与生态平衡，社会规范等问题。一则，奋发图强，同心合力。“今天的中国已不同严复译《天演论》时期的旧中国，不存在被列强瓜分的危险”，但“安不忘危，才可以免遭危殆。《天演论》敲起的警钟，如果能经常在耳边回荡，上下一致，不忘奋发图强，同心合力促进社会主义祖国的现代化，我们的宏伟目标一定能达到”。二则，索取要有限度。“人向自然索取要有一个限度，无限索取，必遭自然界的报复。比如滥伐林木，滥垦荒地，滥捕鸟兽，破坏生态平衡，会造成洪水、沙漠化，自然界和人类都受到损害”。三则，竞争要合理合法。“社会生活的竞争，只有在一定的社会规范内开展，竞争要合法。……提倡什么，反对什么；什么行为受鼓舞，什么行为受限制，要由社会群体作出规范。前者，古人谓之教化；后者，古人谓之刑罚。这是人类群体，不分古今中外，都应遵循的通则。缺了社会规范制约的竞争，必然出现强凌弱，大欺小，劣等品排斥优等品的现象，造成社会混乱以至危机”。吴相湘说：“严复译刊《天演论》诸名著，介绍西方哲学、政治、社会、经济思想，以开阔国人心胸，改变保守观念，

---

① 王森然：《严复先生评传》，《近代二十家评传》。

② 苏中立：《天演惊雷与辛亥思想的多元趋向》，《辛亥革命史丛刊》第13辑，湖北人民出版社2007年版。

对于中国近代化运动发生巨大影响”。①

（四）对《天演论》和严复的评价

1. 对《天演论》的评价。

罗耀九在《厦门大学学报》1997 年第 1 期上发表《严复的天演思想对社会转型的催酶作用》中说：“《天演论》成为中国理论界的一颗明星。”

陈越光、陈小雅在四川人民出版社 1985 年出版的《摇篮与墓地——严复的思想和道路》中说：“《天演论》是严复思想家历史地位的奠基译著。”马勇在《严复学术思想评传》中说：“《天演论》真正奠定了严复在近代中国‘第一译手’的地位”和“在近代中国历史上不朽的地位”。梁真惠、陈卫国在《北京第二外国语学院学报》（外语版）2007 年第 6 期上发表《严复译本〈天演论〉的变异现象——以功能翻译理论为视角的研究》中说：“《天演论》奠定了严复在翻译史上的杰出地位——著名翻译家和翻译理论家”和“在中国近代历史上的重要地位——启蒙思想家”。“《天演论》在中国翻译文学史上享有一席之地”。

王民、王亚华在《福建论坛》1996 年第 3 期上发表《〈天演论〉与近代中国社会》中说：“《天演论》是西学东渐的一块界碑。”俞政在苏州大学出版社 2003 年出版的《严复著译研究》中说：“《天演论》成为中国近现代思想史上一块闪光的丰碑。”庞广仪《安徽史学》2007 年第 4 期上发表《另辟蹊径，匠心独运——〈天演论传播与清末民初的社会动员〉评介》中说：“《天演论》是中国近代思想史、翻译史上的丰碑。”罗欢在 2006 年《从操控论角度研究严复〈天演论〉的翻译》一文中说：“《天演论》是我国翻译思想史上的丰碑。”李漫、江卫东在《北京第二外国语学院学报》2007 年第 6 期上发表《精英与雅言——天演论的传播要素分析》中说：“《天演论》成为中国西方思想传播史上的一座里程碑。”

王民在《东南学术》2004 年第 3 期上发表《严复〈天演论〉对中国近代社会的影响》中说：“《天演论》是一部划时代的著作。”皮后锋在福建人民出版社 2003 年出版的《严复大传》中说：“《天演论》为中国近代史上一部划时代的著作。”欧阳哲生在《广东社会科学》2006 年第 2 期上发表《中国近代思想史上的〈天演论〉》一文中说：“《天演论》在近代中国的诸多方面有着划时代的意义。”

高惠群、乌传衮在上海外语教育出版社 1992 年出版的《翻译家严复传论》中说：“《天演论》是救亡图存的号召书，启蒙运动的重要代表作品。”

---

① 吴相湘：《译述名著求信达雅》，《民国百人传》第 1 册，台北传记文学出版社 1982 年版。

2. 对严复的评价。

第一，翻译方面：第一译手、大翻译家、翻译宗匠、译学之父、翻译家、翻译理论家。马勇在2001年出版的《严复学术思想评传》中说："严复是近代中国'第一译手'。"欧阳哲生在1994年出版的《严复评传》中说：严复是"辛苦移译近世西学第一人"。高惠群、乌传衮在1992年出版的《翻译家严复传论》中说："严复为一代翻译宗匠。"许钧在《中国翻译》1998年第2期上发表《在继承中发展——纪念严复天演论译例言刊行一百周年》中说："严复为我国近代译学之父。"陈越光、陈小雅在1985年出版的《摇篮与墓地——严复的思想和道路》中说："严复是大翻译家。"梁真惠、陈卫国在《北京第二外国语学院学报》（外语版）2007年第6期上发表《严复译本〈天演论〉的变异现象——以功能翻译理论为视角的研究》中说："严复是著名翻译家和翻译理论家。"

第二，思想方面——启蒙者、启蒙思想家、先进人物、思想家、思想先行者、思想巨擘、思想巨人。卢云昆在上海远东出版社1996年出版的《严复文选》序中说："严复是启蒙者（胡适语）"，"严复是向西方国家寻找真理的先进人物（毛泽东语）"，"严复是思想家（孙中山语）、中国近代史上一个思想先行者"。李泽厚在《历史研究》1977年第2期上发表《论严复》中说："严复在中国近代史上的地位不是甚么法家，也不在于代表了资产阶级改良派，而在于他是中国资产阶级主要的启蒙思想家"，"是'在中国共产党出世以前向西方寻找真理的一派人物'的四大代表之一"。习近平在海峡文艺出版社1995年出版的《93年严复国际学术研讨会论文集》中说："严复成为中国近代思想文化史上里程碑式的巨人。"马勇在《严复学术思想评传》中说："严复是一个划时代的思想巨擘。"陈越光、陈小雅、魏义霞、苏中立、涂光久、皮后锋、张海鹏等诸多人士也都提到严复是主要的或杰出的或最著名的启蒙思想家。

第三，文化方面——文化巨人、文化巨匠、西学圣人、普罗米修斯、先师和主帅。王耀华在2005年7月编印的《"纪念严复诞辰一百五十周年"特刊》中说："严复是划时代的文化巨人，是世界的文化巨匠。"苏中立、涂光久在中国文史出版社2006年出版的《严复思想与近代社会》中说："严复是划时代的世界文化巨人。"卢云昆在《严复文选》序中说："严复是西学圣人（梁启超语）。"严以振在王亚玲、唐希编著的《严复与严复故居》前言中说："严复是中国的普罗米修斯，将西方先进思想文化的火种带到中国来。"魏义霞在哈尔滨《求是学刊》1991年第4期上发表的《浅论严复对"天演"原因的分析》中说："严复是中国近代传播'西学'的先师和主帅。"刘梦溪在1996年出版的《中国现代学术经典·严复卷》之《总序》中说："严复是第一个系统介绍西方学术思想的人。"

第四，哲学家、功臣。苏中立、涂光久在中国文史出版社 2006 年出版的《严复思想与近代社会》中说："严复是中国近代著名的哲学家。"台湾黎建球、邬昆如将严复收录进 1978 年 4 月台北东大图书有限公司出版的《中西两百位哲学家》中。台北天一出版社 1985 年出版的《严复传记资料》（二）所载杏坛归客于 1985 年撰写的《严复与林纾》一文中说："严复是首先把西洋哲学介绍到国人的功臣。"陈越光、陈小雅在《摇篮与墓地——严复的思想和道路》中说："严复是完整地将西方的哲学和科学方法论介绍到中国来的第一人"，"开创了中国近代思想革命的新纪元"。

第五，政治家、改良派代表人物。魏义霞在哈尔滨《求是学刊》1991 年第 4 期上发表的《浅论严复对"天演"原因的分析》中说："严复是著名的政治家。"马勇在《严复学术思想评传》中说："严复不是一个成功的政治家，他的贡献仅限于思想学术方面。"科学出版社 1980 年出版的《进化论的过去与现在》中所载《达尔文进化论在中国的传播》一文中说："严复是资产阶级改良主义代表人物之一。"

第六，教育家。张海鹏在《严复与中国近代文化》之《序二：开展严复研究，促进中国近代史学科的学术进步》中说："严复是中国近代史上杰出的教育家。"苏中立、涂光久在《严复思想与近代社会》中说："严复是中国近代著名的教育家。"

第七，文学家。《93 年严复国际学术研讨会论文集》中所载严停云撰写的《吾祖严复的一生》中说：严复是"大文豪"，"兼备第一流的洞察力和大文豪的手笔"。黄瑞霖认为严复"是一位才华横溢、文采出众的文学家兼诗人"①。卢美松说，严复是"诗人和书法家。虽小诗短札，亦皆精美，为世宝贵。他的书法儒雅劲秀，尤为世人所珍爱"②。

第八，爱国者。张海鹏在《严复与中国近代文化》之《序二：开展严复研究，促进中国近代史学科的学术进步》中说："严复是中国近代史上杰出的爱国主义者。"苏中立、涂光久在《严复思想与近代社会》中说："严复是中国近代伟大的爱国主义者。"

（五）改革开放以后《天演论》研究的特点

1. 思想活跃，各抒己见。

随着改革开放的进展，人们的思想也日渐活跃，各种观点都得以展现，严

① 卢美松主编：《严复翰墨》，福建美术出版社 2005 年 1 月版。

② 卢美松主编：《严复墨迹》，福建美术出版社 2004 年 1 月版。

复研究的许多问题，几乎都有两种或三种看法。如译书时间有1895年、1896年、1895或1896年存考三说；译书标准——信达雅，有赞成、基本赞成、否定三说；译书文体——古文，有肯定、批评、分段评说三种情况；译书方式有赞成直译、赞成意译、直译与意译各有优点与缺陷三种意见；“译才并世数严林”这种提法，有认为评价恰当和认为严林不能并列两种意见；《天演论》是否宣传了社会达尔文主义，严复是否接受了斯宾塞的任天为治说，严复是否宣传了庸俗进化论，天演是否等于进化、进化是否等于进步，《天演论》是否前半部唯物主义、后半部唯心主义，严复哲学是机械唯物主义、还是进化唯物主义，严复对待中西思想文化的态度是否前后一致，《天演论》对鲁迅有无重大影响，体现康有为社会进化思想的“大同三世”说是否受到《天演论》的影响等等，都有截然不同的观点。

2. 运用西方的翻译理论进行分析。

2005—2007年期间，主要是一些硕士生、博士生在其毕业论文中，运用西方的翻译理论来分析研究《天演论》。如王新、乔晓燕、管妮、吴蓉等人运用德国汉斯·弗美尔首倡的目的论翻译理论解析《天演论》；梁真惠、陈卫国、杨春花等人运用德国赖斯·费米尔及曼塔丽功能派翻译理论重释《天演论》；长林洋等人运用以色列学者图里提出的翻译规范论看《天演论》，赵艳、王玲英、罗欢、王燕根等人运用翻译操控派理论研究《天演论》；焦飏等人运用翻译适应选择理论看《天演论》的翻译；张昆、张建英等人运用翻译的政治性理论看《天演论》翻译；荣利颖等人运用解构主义理论看《天演论》；蒋小燕等人运用译者主体性理论谈《天演论》的翻译。他们运用这些翻译理论，分析《天演论》的翻译目的、背景、效果，进而论证《天演论》的特色和价值，给予《天演论》以高度的评价。

3. 运用比较方法较多。

这一时期，一些作者在分析各种问题时，多把该问题的人和事与其他相关的人和事进行比较，使该问题的本身特色更加鲜明，从而使比较分析的方法也成为一个重要特色。在翻译方面，如译著和原著之比较，文言译本《天演论》和白话译本《进化论与伦理学》之比较，严复与林纾之比较等；在内容方面，如中西文化比较，达尔文、赫胥黎、斯宾塞进化思想之比较，康有为进化论与严复进化论之比较，《天演论》的物竞天择与《周易》的天人合一比较等；在传播方面，如《天演论》的传播与《物种起源》的传播比较，严复与鲁迅的启蒙思想比较，等等。

4. 内容全面并逐步深入。这一时期，研究《天演论》的各类文书，超过此前的总量。内容既全面又深入。

从全面来说，包括翻译思想，学术思想，对《天演论》和严复的评价，《天演论》的传播、影响和地位。在翻译思想方面又包括严复译述《天演论》的背景、时间、版本、原因、目的、态度、文体、标准及其来源、地位和缺陷、严林比较、西方翻译理论。在学术思想方面又包括主要精神，内容概述，达尔文、斯宾塞、赫胥黎三家进化学说和严复的取舍，天演与进化等相关概念的内涵及其关系等等。

从深入来说，许多问题可以说是由表及里，由现象到本质。如论及哲学思想时，首先是世界观与人生观，认为《天演论》从根本上改变了中国人的世界观，是一种崭新的资产阶级世界观和人生态度；严复人生哲学是解放个性与强化整体的双重变奏，严复的三个世界——易的世界、群的世界、名的世界，构成一个完整的世界观；在社会历史观方面，严复认为人类进化是“进步的发展”，“变”成为近代历史的一个定理，有人认为，严复坚持唯物史观，有人则认为，严复的社会历史观，是唯心史观，但他把发展、进化的观点引入历史领域，作为他的历史观的特点。此后，学者们又分别讨论了严复哲学思想的性质、特点、内容以及意义，使严复哲学思想的研究日益深入。

5. 和社会运动联系比较紧密。

在分析《天演论》时，不仅和历史上的历次社会运动环环相扣，而且和现实的社会文化运动紧密相连，最突出的是将《天演论》和历史上的戊戌维新运动、中西文化关系以及现实的改革开放与现代化建设、中西文化观联系起来进行分析。黄康显、方汉奇、王芸生、范启龙、陈明义、朱苏南、来新夏等人，都谈到《天演论》对戊戌维新变法运动的影响。郭廷以、胡伟希、王民、王亚华、林基成、马克锋等人深入探讨了《天演论》对五四新文化运动的影响。习近平、杨正典、冯君豪、胡松云、高时良、林京榕、郑重、陈端坤、冯潮华、李敬泽、姜奇平、王亚玲、唐希等人，都谈到《天演论》在改革开放、实现现代化的今天，仍具有现实意义。

第二章　《天演论》之版本类型及其比较

第一节　《天演论》的版本类型

《天演论》的版本，大致可分为五种类型：《天演论》手稿本，《天演论》节录本，《天演论》正式本，《天演论》商务本，《天演论》白话本。

严复译述的《天演论》，由于译者为了达到特殊的目的，采用特殊的译书方式，使译著和原著有很大的差异。译著初稿出来后，又经过译者的反复修改，在修改过程中便开始传播，到正式版本出版后，和原来的初稿又有了很大区别。在《天演论》的长期流传过程中，出版者和读者又演绎出和原译者不同的风格，或概述原译著的内容，或增加一些原译著没有的注释性内容，或将原译著的文言译成白话，使其和原译著又有所不同，因此，其版本就显得格外纷繁复杂。不同的读者，读的版本不一样，书的名称以及卷、篇名称也都不完全一样：如书名就有"赫胥黎治功天演论"、"天演论悬疏"、"天演论手稿"、"天演论"、"吴汝纶节本天演论"、"注解本天演论"等；又如上卷的卷名，开始叫"卮言"，后来叫"悬疏"，最后叫"导言"；如孙宝瑄、吴汝纶、梁启超等人，开始读的是手稿本《赫胥黎治功天演论》，后来读的是正式版本《天演论》，胡适等人读的则是《吴汝纶节本天演论》，版本不同，内容、结构也有所不同，其心得体会就不完全相同。所以，弄清《天演论》的版本类型，对于准确了解《天演论》的内容、影响、意义，都非常重要。以下是从广义的角度介绍各类版本，除了重点介绍严复译述《天演论》古文译本的各种版本外，还简要地介绍赫胥黎原著的白话译本，并对各类版本进行一般性的比较。

一、《天演论》手稿本

《天演论》手稿本，包括《赫胥黎治功天演论》、《天演论悬疏》、《天演论》味经本。

1.《天演论》手稿(1896 年，又名《赫胥黎治功天演论》)。

(1) 来源。手稿原由严复第五子严玷带往印尼，后严玷病逝于英国，在印尼代为保管的友人将《天演论》手稿等严复的书稿、书信全部交给中华人民共和国驻印尼大使馆。现存北京中国革命博物馆。今已收入王栻主编的《严复集》第 5 册和王庆成主编的《严复合集》第 7 册中。

(2) 时间。严复在《译天演论自序》后面所标时间为“光绪丙申重九”，即 1896 年 10 月 15 日。此即《天演论》手稿的完稿时间。

(3) 概况。没有吴序（正式版本有吴序），自序名为“赫胥黎治功天演论序”（正式版本改为“自序”）；《译例》只有 4 条（正式版本改为“译例言”，共 7 条，增加信达雅等内容）；卷上名曰“卮言”（正式版本改为“导言”），卷下名曰“论”，卷上、卷下均无篇名（正式版本均有篇名），卷上均无严复按语（正式版本有严复按语），卷下有严复按语（比正式版本少），全书最后一段按语在正式版本中移至《导言一》的后面；正文中有中国之人和事（正式版本删去或移入按语中），如《卮言二》的正文中有“日星天地，思虑智识，国政民风之沿革，言其要道，皆可一言蔽之，(此其道在中国谓之易，在西学）谓之天演”一句，修改时把括号中的话勾去了；有的篇后有说明，如《卮言十》后有“以上于丁酉四月望日删节，复自记”，又如《论八》后面有“丁酉六月初三日删节讫”字样，正式版本均无。

2.《天演论悬疏》(1897—1898 年《国闻汇编》)。

1897 年 12 月 18 日至 1898 年 2 月 15 日《国闻汇编》(旬刊）第二、四、五、六册公开发表《天演论》手稿的部分内容——《天演论自序》和《天演论悬疏》前九篇。署名为“英赫胥黎造论，侯官严复达旨”。出于夏曾佑的建议，初稿中的“卮言”改为“悬疏”，除《悬疏一》案语将 1896 年手稿最后一段案语移入外，每节都增加了案语，译文也作了修订、增删。此外，初稿中的《赫胥黎治功天演论序》改为《天演论自序》，序末没有“光绪丙申重九严复自序”字样。没有《译例》或《译例言》，没有吴汝纶的序言。《天演论悬疏》是根据 1896 年《天演论》手稿的修改稿连载的（未完），既不同于 1896 年的《天演论》手稿，也不同于 1898 年的《天演论》正式版本。《国闻汇编》所载《天演论悬疏》是《天演论》的首次公开发表，其传播范围和影响要比手抄本的小范围传播大得多。

3.《天演论》味经本。

陕西味经售书处重刊《天演论》，版权页上署有“光绪乙未春三月陕西味经售书处重刊”，但其下卷有“今光绪二十二丙申复案”字样，故该书当刊于1896年或之后，而不是1895年。该书没有吴汝纶的序言，也没有严复的自序，还没有《译例言》。“导言”仍译作“卮言”，卷上为《天演论》《卮言一》至《卮言十八》，卷下为《天演论》《论一》至《论十七》。书中无篇名，上卷无案语，还没有《天演论》手稿最后所补写的那条案语。书中译文与后来的定本也不尽相同，保留了《天演论》稿本修改前的原貌，如大量中国古书文字仍羼入赫胥黎原著中，又如《卮言一》最后“达尔文曰”，而非“斯宾塞曰”。有“赫胥黎天演论卷上”、“侯官严复学”等字样。这个非定本，可能是在《天演论》手稿还未完成前，由当时人擅自将稿子拿去刊印的。现存陕西省图书馆。现已收入王庆成主编的《严复合集》第七册中。

二、《天演论》节录本

将节录本单列一类，是因为它体现了吴汝纶的思想。节录本不仅比手稿本在内容上缩短了五分之三，而且增加了某些原来没有的内容。比如，自序中增加的内容有“此诸说，皆与易理相通”，《卮言六》中增加的内容有“易曰一阴一阳之谓道”，等等。删去的内容，则包括理论论述方面、政治观点方面、具体事实方面、同类性质方面的问题。

《天演论》节录本也有两个版本。

1.《严幼陵观察所译天演论》(1897—1903年，根据手稿摘记)。

这是吴汝纶在1897年得到《天演论》手稿之后，边读边摘录在日记中的内容，原名为《严幼陵观察所译天演论》，载于吴闿生编的《桐城吴先生（汝纶）日记》第17—44页上。它无吴汝纶序，无目录，无《译例言》，严复的自序为概述，“导言”仍谓之“卮言”，等等。

2.《吴京卿节本天演论》(1903年，文明书局)。

1903年吴汝纶去世后，在该年6月，由吴汝纶侄女吴芝瑛之夫廉泉经营的上海文明书局，将日记本《严幼陵观察所译天演论》负责整理出版，书名为《吴京卿节本天演论》。

第一，全书不分上下卷，依次分为35篇，前18篇后面有“右十八首严氏谓之卮言”字样，后17篇后面有“右十七首谓之论”字样，可见“导言”仍谓之“卮言”，是根据《天演论》手稿摘录的。

第二，在每篇的最后署有篇名（手稿原无篇名），其篇名是吴汝纶自己拟定增加的，和《天演论》正式版本略有出入，如《导言十六》为“种同”（正式版本为“进微”），《论一》为“反虚”（正式版本为“能实”），《论三》为“哀乐”（正式版本为“教源”），《论四》为“公约”（正式版本为“严意”），《论六》为“因果”（正式版本为“佛释”），《论九》为“空幻”（正式版本为“真幻”），《论十七》即最后一篇为“进治”（正式版本为“进化”）。

第三，书中有吴汝纶序，日记中无吴序，可能是出版时加进去的，《天演论自序》是概述，不到手稿自序原文的三分之一。

第四，无《译例》或《译例言》。《天演论》手稿有《译例》，《天演论》正式版本有《译例言》。

第五，和《天演论》手稿一样，前 18 篇中均无案语（正式版本有案语），《导言一察变》最后为“达尔文曰”（手稿为“达尔文曰”，正式版本改为“斯宾塞曰”）。

第六，译文也有删节乃至更定，《导言一察变》为例，字数只有原文的三分之一，文字更加简洁、紧凑，没有翻译痕迹。吴汝纶之子吴闿生在吴汝纶日记的“谨案”中说：“此编，较之原本删节过半，亦颇有更定，非仅录副也。”苏州大学图书馆藏有《吴京卿节本天演论》手抄本，无抄写年月和抄写人姓名，可能直接从吴汝纶日记中抄录，书末附有吴序片断以及吴汝纶给严复的信函摘要。

吴汝纶节本《天演论》，虽然只节录了《天演论》手稿的五分之二的文字，但是，手稿的基本内容，不但没有遗漏，而且观点更加明确，层次更加清晰，文字也更加精炼、更显连贯，似像一气呵成。

三、《天演论》正式本

1. 沔阳慎始基斋本《天演论》（1898 年）。

（1）1897—1898 年慎始基斋校样本《天演论》。1897 年底—1898 年初，由湖北沔阳卢氏慎始基斋刻校样本《天演论》。此本《天演论》并非定本，它与《国闻汇编》刊登的《天演论悬疏》完全一致，“导言”还刻作“悬疏”，无《译例言》，无吴汝纶序。现藏南开大学图书馆。

（2）1898 年夏慎始基斋正式版本《天演论》。

第一，出版时间。1898 年夏刻印。严复改写的《译例言》，最后标明时间为“光绪二十四年岁在戊戌四月二十二日”（即 1898 年 6 月 10 日）；吴汝纶撰写的《天演论序》，序末标明时间为“光绪戊戌孟夏”（即 1898 年初夏）；张元济说：

“《天演论》刊成后几道先生以此一册赠余，时距戊戌政变之期已不远”（上海图书馆藏慎始基斋本《天演论》，张元济亲笔题签），这些说明湖北沔阳卢氏慎始基斋本《天演论》的正式版本应刻于戊戌政变之前，约6月10日至9月21日之间。

第二，出版者是卢靖（木斋）、卢弼（慎之）兄弟。卢靖是湖北沔阳人，字木斋，室名慎始基斋，曾任天津武备学堂算学总教习。他在天津结识严复，较早借抄《天演论》，“劝早日付梓”。他还将《天演论》初稿修改本“邮示介弟慎之于鄂”，其弟“亦谓宜公海内”（严复:《天演论·译例言》）。卢氏兄弟约于1897年冬或1898年初，刻了《天演论》的校样本，后寄至天津覆校；约在1898年夏季，刻了《天演论》的正式版本。《天演论》成为卢氏慎始基斋丛书之一，现已收入王栻主编的《严复集》第5册中。

第三，本版概况。正式本和手稿本比较有十点改变：一是序言由“赫胥黎治功天演论序”改为“译《天演论》自序”，除了自序外，增加了吴汝纶序。二是“译例”改为“译例言”，并由4条增至7条，新增信达雅等翻译理论。三是卷上由“卮言”、“悬疏”改为“导言”。四是每篇都增写了篇名。五是增加、修订案语。卷上导言部分新写了案语，卷下论部分也增加了案语，案语增添了不少斯宾塞的观点和思想，更突出了优胜劣败、保群进化的内容，这与当时中国岌岌可危的形势是密切相关的。六是将原译稿掺杂引用的古书古事作了删削或列为小注。七是每篇最后如有“附识”、“复识”、“复自记”等说明之词，均删去。八是最后一篇按语移自《导言一》的正文后面。九是增加了一些译者注。十是正文内容也有很大变化。如《导言一》最后的“达尔文曰”改为“斯宾塞曰”，又如《导言十六》中的“赫胥黎曰”四字删去了。

第四，本版地位。沔阳卢氏慎始基斋木刻的正式版本《天演论》，是经过严复审定、内容最为完整、译文又较成熟的正式刻本，也是《天演论》中最好的本子，以后出版的《天演论》的各种版本，基本上都是以沔阳卢氏慎始基斋本为依据刊印的。

2. 天津侯官嗜奇精舍本《天演论》(1898年)。

1898年严复自己将沔阳卢氏慎始基斋正式版本《天演论》，在天津石印行世，是为侯官嗜奇精舍本《天演论》。和沔阳卢氏慎始基斋正式版本《天演论》不同之处，是在《译例言》最后一段中删去了“新会梁任父”五个字，因为是在戊戌政变之后，约于1898年10月和12月两次印行的。

3. 上海富文书局本《天演论》(1901年)。

上海富文书局本《天演论》，封面署有：“侯官严几道先生述，赫胥黎天演论，吕增祥署检”。扉页印有“光绪辛丑仲春富文书局石印”。上下卷的后面均署有“英国赫胥黎造论，侯官严复达旨”。

1901 年上海富文书局石印本《天演论》，和沔阳卢氏慎始基斋正式版本《天演论》基本相同，也是较好的本子。现已收入王庆成等编的《严复合集》第七册中。富文书局本《天演论》自序在吴汝纶序前，慎始基斋本吴汝纶序在自序前。另外，该版本将《译例言》中最后一段全部删除。同年富文书局又推出石印本的影刻本。由于富文书局石印本比慎始基斋本，每页字少、字大，使得一些书商以富文书局石印本为底本，推出石印本和铅印本。

四、《天演论》商务本

商务印书馆出版的《天演论》，也和沔阳卢氏慎始基斋正式版本《天演论》基本相同，为什么单列一类呢？一是它的版次多，有人统计，到 1927 年即印刷至 24 版，发行时间长达 76 年（1905—1981 年），影响广泛；二是它增添了一些新内容，如《严译名著丛刊例言》、《重印前言》、严群序言、《中西译名对照表》等，仅中西译名对照表就有 482 条之多，使读者对于文中典雅之译名易于明了。

商务版本《天演论》主要有三种：

1. 1905 年上海商务印书馆铅印初版《天演论》。1905 年商务初版和 1901 年富文书局版一样，将《译例言》中最后一段全部删除。

2. 1931 年上海商务印书馆“严译名著丛刊”之一《天演论》。1931 年商务版《天演论》，用的是侯官嗜奇精舍石印本，并在《译例言》中删去“新会梁任父”五字。增加了《严译名著丛刊例言》，交待编事。将原著者注和译者的注释，置于天眉。在《天演论》之末，附有译名对照表，使读者易于明了。

3. 1981 年上海商务印书馆“严译名著丛刊”之一《天演论》。该版是根据商务印书馆 1931 年版重新排印。该书卷首，除了保存 1931 年商务印书馆编译所撰写的《严译名著丛刊例言》之外，还增加了商务印书馆编辑部于 1981 年 1 月撰写的《重印“严译名著丛刊”前言》和严复从孙严群于 1980 年庚申仲秋撰写的序。另外，将 1931 年版的书末注改为脚注。

2010 年 3 月北京理工大学出版社也出版了《天演论》，它与商务印书馆 1981 年版基本上相同。不同处在于一多一少。一多是多了一个作者简介，一少是辅助部分减少了：本书《编者前言》比《重印“严译名著丛刊”前言》更简略了，书中的脚注也少了一些。

五、《天演论》白话本、注读本

1.《天演论》白话本。

(1) 1998年中州古籍出版社白话本《天演论》。

《天演论》正式出版百年之后，中州古籍出版社于1998年5月出版了冯君豪注解的《物竞天择　适者生存——〈天演论〉》。它是谢俊美主编的“醒狮丛书”之一。全书正文35篇，每篇由评析、文言、注释、白话四部分组成。这个白话本，在《译例言》中删去了最后一段，和1901年富文书局版相同。该版《天演论》和其他《天演论》版本不同之处有三：一是增加了谢俊美的序和冯君豪的前言、《严译〈天演论〉管窥》。二是每节增加了评析和翔实注释（其中包括译者和原编者注释在内，共计2039条）。三是将严复用古文翻译的《天演论》译成白话文，这是最主要的区别，它有助于年轻的读者较好地理解严复译著的文义。

(2) 2007年人民日报出版社白话本《天演论》。

人民日报出版社于2007年10月出版了杨和强、胡天寿白话今译《物竞天择　适者生存——〈天演论〉》，是“文化伟人代表作图释书系”之一，其作为附录的《天演论》原文，与商务印书馆1981年版《天演论》相同，该本《天演论》和其他版本不同之处有三：其一，新增加了作者编写的《严复传略》和《〈天演论〉评述》。其二，增加了《师友来函》作为附录。其三，是“白话今译”，将严译《天演论》的古文译成白话文，文中插有彩图75幅，其中正文部分35幅，上卷标“物竞天择”，下卷标“与天争胜”，每篇开头均有白话译者的提示。

2.《天演论》注读本。

(1) 2002年华夏出版社评注本《天演论》。

由李珍评注，于2002年10月华夏出版社出版。它是罗炳良主编的“影响中国近代史的名著”之一。这个评注本，分为《天演论》原文和注释两部分，原文中的《译例言》与侯官嗜奇精舍石印本《天演论》相同。注释部分，取消了原来的注释，新的注释比较简练。该本《天演论》新增加的内容主要是罗炳良的《总序》和李珍的《天演论评介》、《严复评传》，可以帮助读者更好地理解《天演论》的思想。

(2) 2005年贵州教育出版社导读本《天演论》。

欧阳哲生导读，2005年8月由贵州教育出版社出版。它是陈平原主编的“二十世纪中国人的精神生活丛书”之一。这个导读本《天演论》是采取1898年侯官嗜奇精舍石印本，在《译例言》中删去“新会梁任父”五字。它除了《天演论》原文和原注释外，新增加了两项内容：一是增加了陈平原的《总序》和欧阳哲生的《导读：中国近代思想史上的〈天演论〉》。二是录用了英人赫胥黎著、科学出版社于1971年翻译出版的《进化论与伦理学》的白话本原文，以便于读者对严译文言本与该白话译本的区别进行比较，以加深读者对严译《天演论》的理解。

六、《天演论》版本综述

1.《天演论》版本的分类。

王栻先生将《天演论》的版本分为两类。第一类是通行本。这是严复经过反复修改后的定本，如慎始基斋木刻本、嗜奇精舍石印本、富文书局石印本和后来的商务印书馆铅印本。第二类是在严复译述修改过程中，陆续传播刻印的本子。如陕西味经售书处重刊本、吴汝纶的节本、《国闻汇编》中的《天演论悬疏》和《天演论》手稿等。这种分法，以清朝末年的定本、通行本和非定本、手稿为界标，从静态来说，具有它的合理性。

笔者将百年来《天演论》的版本分为五种类型：《天演论》手稿本，《天演论》节录本，《天演论》正式本，《天演论》商务本，《天演论》白话本。这个分类法，是从动态来考虑的，鉴于百年来出版《天演论》文本的不断涌现和变化，乃以文本内容的变化为根据，划分为五类，不仅是清末民初，还考虑到现在和将来，给《天演论》的流变以更大的时空范畴，也给他人对《天演论》的贡献以一定的地位。

2.《天演论》版本的时代特征。

第一，由传统的雕版印刷术（如1898年慎始基斋木刻本）到西方输入的先进的石印本（如1898年侯官嗜奇精舍石印本、1901年上海富文书局石印本），再到铅印本（如清末据富文书局石印本的铅印本，清末上海商务印书馆的铅印本），以及时尚的影刻（如1901年上海富文书局石印本的影刻本），几种版本类型鼎立并存。

第二，一反先有刻本、后有影刻本、石印本的常规，出现了先有石印本、后有影刻本的现象。即现在见到的《天演论》影刻本，并非因原版本是久远的刻本才行影刻，因为初版慎始基斋木刻本《天演论》，字小、拥挤，富文书局石印本则字少、字大，使得一些书商以富文书局石印本为底本，推出石印、铅印，这也与当时的影刻风尚有关。①

① 参见耿心：《清末民初〈天演论〉版本及其时代特征》，1996年《文献》第2期（总第68期）。

此外，《天演论》版本的变化，也体现了《天演论》译述者的贡献。它不仅反映了吴汝纶等人对《天演论》的直接贡献（如参与修改，写序言，节录等），也反映了商务印书馆（如增加译名对照表等）、冯君豪（如将古文译成白话，翔实注释等）、杨和强、胡天寿（如白话今译，全译彩图等）等对《天演论》传播的贡献。

《天演论》不同的版本，由于译述者思想的变化，导致了文字和内容上的差异，如正式本中删去了手稿中一些比较激烈的言词，在正式版本中，戊戌政变后又删去了《译例言》中“新会梁任父”五字，以及不同时期对《天演论》的补充说明和阐释，等等。这也说明《天演论》是对中国思想界影响最深广、最久远的著作，可谓百年来警钟长鸣！

第二节　《天演论》与《进化论与伦理学》之比较

赫胥黎的原著 *Evolution and Ethics*，有两个中文译本：一是 1898 年严复译述、沔阳慎始基斋出版的文言译本《天演论》，一是 1971 年科学出版社编译、出版的白话译本《进化论与伦理学》。一般认为，前者为意译，后者为直译，各有优劣。有人认为，前者有亏于信，后者则忠实于原文。今以《进化论与伦理学》正文为底本，将其与《天演论》正文对照，进行比较：两书基本相同的内容，按照章节的顺序进行比较；《天演论》改变的内容则进行综合性比较。所用《天演论》版本为商务印书馆 1981 年版，《进化论与伦理学》为科学出版社 1971 年版。

一、两书基本相同内容的比较

这一部分，是以《进化论与伦理学》的结构为底本，将《天演论》各节纳入相应的各节之中，分节进行比较，梳理出每节基本相同之内容。

（一）两书上篇之比较

1. 第一节《自然状态的演变与生物进化的原理》（包含《天演论》之《察变第一》、《广义第二》、《趋异第三》）。

自然状态指没有人参与的自然原生态，包括无生命物质的演变和生物的进化，突出其生存斗争和自然选择。《天演论》将该节分为三部分：察变、广义、趋异。所谓察变，即考察生物的变化迹象及其规律，阐明自然界永恒变动的真理；所谓广义，即从纵向和横向两个方面论述自然界和人类社会进化的要义；

所谓趋异，是指生物显示出变异的趋向，进而阐明物竞、天择及其原因。这一部分，两书基本相同的内容，包括五个方面。

（1）“生物、星体皆进化”或“天之所演”。（《进化论与伦理学》，第5页；《天演论》，第6页）。

（2）生物进化原理。“生存斗争”，“最适于生存”；“物竞天择，存其最宜”。（《进化论与伦理学》第3页；《天演论》第3页）

（3）物种相争的原因。“无限繁殖，手段有限”；“争固起于不足也”。（《进化论与伦理学》第5页；《天演论》第9页）

（4）“缓慢变化”与“为变盖渐”。（《进化论与伦理学》第2页；《天演论》第2页）

（5）批判不变论、循环论、神创论。（《进化论与伦理学》第3、4页；《天演论》第2、5、6页）

2. 第二节《园地的人为状态》（《天演论·人为第四》的前半部）。

所谓人为，是说人靠自己的力量来改造原生状态。“人为状态（园地），是由人来维持，并且依靠人来照料的。如果取消园丁的精心管理，不再注意防止或抵制普遍的宇宙过程的对抗性影响”，人为状态又会回复到自然状态。（《进化论与伦理学》，第6、7页；《天演论》，第12页）

3. 第三节《自然状态与人为状态的对抗》（《天演论·人为第四》的后半部）。

该节所述是自然状态与人为状态的一致性。“园艺过程是宇宙过程的一个重要部分，是创造并维持园地的人的能力和智力的活动”。（《进化论与伦理学》，第8页）“人巧足夺天工”，但“人的形体”，以及“运智虑以为才，制行谊以为德，凡所异于草木禽兽者，皆秉彝物则，无所逃于天命而独尊”。人的“贵贱不同，要为天演之所苞已耳”。（《天演论》，第13页）

4. 第四节《宇宙过程与园艺过程的对抗》（《天演论》之《互争第五》、《人择第六》）。

所谓互争，是指人与自然界的相互斗争；所谓人择，即指有异于天然选择的人工选择。“不仅自然状态同园地的人为状态相敌对，而且人为状态的园艺过程原理同宇宙过程原理也是对立的。后者的特点是紧张而不停的生存斗争。前者的特点是排除引起斗争的条件来消灭那种斗争”。（《进化论与伦理学》第9、10页）“人治天行，同为天演”；“天行者以物竞为功，而人治则以使物不竞为的”，“特前之竞也，竞宜于天，后之竞也，竞宜于人”。（《天演论》第15、16、17、18页）

5. 第五节《殖民地的开拓和对自然状态的破坏》（《天演论·善败第七》）。

这里开始讲人类社会的天行人治，以英国殖民者到达澳洲开展殖民活动为例，说明殖民者对当地自然状态包括人和物的破坏，其结果有两种可能——或胜或败。《天演论》将这一节译为“善败”，是从殖民者的结果着眼的。一是为善，即殖民者通力合作，尽心尽力于殖民之事，人、天斗争后获胜之英人，可以蔚然成国，是英人自取之善；一是为败，即殖民者不但不能团结互助，反而惰窳卤莽，人、天斗争后而不为天之所择之英人，可招灭亡之祸，是英人自得之败。

(1) 都以英国开拓殖民地类似园地建设为例，进一步说明天行人治之事。(《进化论与伦理学》，第11页；《天演论》第19页)

(2) 殖民者征服殖民地内的人和物，破坏其自然状态。“开创了一个新的植物区系和动物区系，以及一种新的人群”，“同旧的自然制度相对抗”。(《进化论与伦理学》第11页；《天演论》第19页)

(3) 关于新殖民地的前途。或“小胜与大胜”，或“被消灭掉”，其胜、负的条件是看殖民者的表现如何。(《进化论与伦理学》第11、12页；《天演论》第19页)

6. 第六节《没有生存斗争的社会的设想》(《天演论·乌托邦第八》)。

这一节是把上述殖民地设计为一个理想的社会，《进化论与伦理学》中叫伊甸乐园或人间乐园，是从其内容和目的着眼的；《天演论》中则叫乌托邦，是从其能否实现着眼的。

(1) 殖民地首领管理殖民地内部事务如园丁管理园地一样。(《进化论与伦理学》第12页；《天演论》第20、21页)

(2) 殖民地首领要在殖民地内建立“人间乐园”、“伊甸乐园”或“乌托邦”。(《进化论与伦理学》第13页；《天演论》第22页)

(3) 要“以人事抗天行”，“用人为选择取代生存斗争的选择”。(《进化论与伦理学》第14、15页；《天演论》第21、22页)

(4) 消灭内竞，与其外竞。(《进化论与伦理学》第12、13页；《天演论》第22页)

7. 第七节《过剩人口和人为选择》(《天演论·汰蕃第九》)。

(1) 人间乐园也会遇到人口过度繁殖再度引起生存斗争——“以有限之地产，供无穷之孳生，不足则争，干戈又动”。(《进化论与伦理学》第14页；《天演论》第23、24页)

(2) 解决过剩人口的办法及其困难。两者办法不完全相同，但都认为很难实现。(《进化论与伦理学》第15页；《天演论》第24、25页)

8. 第八节《人类社会中人为选择的困难》(《天演论·择难第十》)。

这节讲人为选择能否用于人类社会。两书基本相同的内容，是人类社会中人为选择的困难：一是主持人为选择理想的审查者难找，二是男女儿童的好坏难于辨别。(《进化论与伦理学》第 15、16 页；《天演论》第 25、26 页)

9. 第九节《蜂群“社会”》(《天演论·蜂群第十一》)。

这一部分内容，《进化论与伦理学》与《天演论》，都是讲蜜蜂、蚂蚁等动物，和人类一样，也有社会组织；二者既有同，又有异，“同样对我们很有启发”，“意其皆可深思”。(《进化论与伦理学》第 16、17 页；《天演论》第 27 页)

10. 第十节《人类社会与动物社会的差别；天然人格与人为人格》(《天演论》之《人群第十二》、《制私第十三》)。

这一节讲人类社会与动物社会的异、同，重点讲差别。《天演论》将其分为两节，前一部分译为“人群”，以与“蜂群”相对应；后一部分译为“制私”，即限制自营之私，以使人群更好地生存。这一节，《进化论与伦理学》与《天演论》基本相同的内容，有三个方面。

(1) 蜂群与人群的相似处，主要是限制内争，与其外争。(《进化论与伦理学》第 18 页；《天演论》第 28 页)

(2) 蜂群与人群的差别。一是在职能方面，即一能与多能，二是自行其是的积极作用与破坏作用。(《进化论与伦理学》第 18 页；《天演论》第 28、29 页)

(3) 关于良心或天良。两书基本意思相同。人类有两种人格，一是“天然的人格”，指天赋的自行其是的倾向；二是“人为的人格”，指内在人，即良心或天良。“天良者，保群之主，所以制自营之私，不使过用以败群者也”。(《进化论与伦理学》第 20、21 页；《天演论》第 31、32 页)

11. 第十一节《伦理过程与宇宙过程的对抗》(《天演论·恕败第十四》)。

《天演论》译为“恕败”，所谓恕，就是己所不欲，勿施于人，是本于东方的传统之言；所谓败，是说克己太深，自营尽泯者，其群又未尝不败也，重点是讲伦理过程中的群己关系。

(1) 何谓伦理过程？伦理过程即情感进化的过程，就是由“用以锻造人类社会原始结合的情感，进化成为有组织的和人格化了的同情心，即良心”的过程，哈特利把它叫做“从利己到献身的进步过程”。(《进化论与伦理学》第 21 页，第 31 页附注)“群之所以不涣，由人心之有天良，天良生于善相感，其端孕于至微，而效终于极巨，此之谓治化”。(《天演论》第 33 页)

(2) 伦理过程（治化）与宇宙过程（天行）的关系。既“形成了和谐的对照”又“发生了对抗”。(《进化论与伦理学》第 22 页；《天演论》第 33 页)

(3)“自行其是”(自营)与“自我约束”(克己)。二者都是“维持社会所需要的”，但必须掌握好分寸，否则就会起“破坏”作用。(《进化论与伦理学》第22页；《天演论》第33页)

12. 第十二节《小结》(《天演论·最旨第十五》)。

这一部分内容，《进化论与伦理学》与《天演论》基本相同，都对前面内容作了概述，前者讲特点，没有按篇依次讲明，后者讲要义，一篇一篇地依次讲述；两者都反对人择人之术，“知人择之术，可行诸草木禽兽之中，断不可用诸人群之内”。(《进化论与伦理学》第25、26页；《天演论》第35页)

13. 第十三节《社会进化过程不同于生物进化过程》(《天演论·进微第十六》)。

这一节讲社会进化过程，特别在人的体质、智力以及道德方面，不同于生物进化过程。《天演论》将该节译为“进微”，就是说，人类社会的进化，尤其是在人的性情气质方面，其发端总是隐微的，不易察觉的。

(1) 都认为社会进化过程不同于生物进化过程。(《进化论与伦理学》第26页；《天演论》第39、40页)

(2) 都反对人类社会择种留良之术。(《进化论与伦理学》第27页；《天演论》第40页)

14. 第十四节《人类社会的生存斗争》(《天演论·善群第十七》)。

该节讲人类社会的生存斗争和自然状态、园艺过程中的生存斗争有别，其胜利者是中等的适者大众。《天演论》将其译为“善群”，并论述了善群进种之至术。

(1) 社会生存斗争中的两种人。一是“富有者和有权势的人，占人口的百分之二”；二是“处于较低地位的贫民和罪犯，其人数达百分之二至五”，他们“既不是最弱者，也不是最劣者”。(《进化论与伦理学》第28、29页；《天演论》第42页)

(2)“社会中生存斗争的胜利者”是“中等的适者大众”。(《进化论与伦理学》第29页)“以多数胜少数者，此善群进种之至术也”。(《天演论》第42、43页)

15. 第十五节《摆在人类面前的任务》(《天演论·新反第十八》)。

(1) 人治与园艺之比较。“善群进化，园夫之术必不可行”。(《进化论与伦理学》第30页；《天演论》第44页)

(2) 科学工作者采用的方法。“观察、实验和推论”。(《进化论与伦理学》第30页；《天演论》第44页)

(3) 理想的人类社会，仍然存在生存斗争。(《进化论与伦理学》第30页；

《天演论》第 45 页）

（4）人的本性。“无限自行其是”，“学习自我约束”。（《进化论与伦理学》第 30 页）“无穷为己”，“合群”、“屈私为群”。（《天演论》第 45 页）

（5）摆在人类面前的任务。发展人为状态（人治），以与自然状态（天行）相对抗；至于其极，又返回自然状态。（《进化论与伦理学》第 31 页；《天演论》第 45 页）

（二）两书下篇之比较

1. 第一节《宇宙是不断变化的》（《天演论・能实第一》）。

《天演论》译为能实，能实是储能和效实的简称，所谓储能，即储备能量，是变化之初的易简状态，所谓效实，即呈验实相，是后来变化繁殊之状态，讲的也是万物一圈者，无往而不遇也。

（1）循环进化、上升下降。“循环进化”。（《进化论与伦理学》第 34、33 页）“万物一圈”。（《天演论》第 50 页）

（2）有过去，有未来，而无现在。（《进化论与伦理学》第 34 页；《天演论》第 50 页）

（3）静与动的辩证关系。“静者未觉之动也”。（《进化论与伦理学》第 34 页；《天演论》第 50 页）

2. 第二节《生存斗争与伦理原则的矛盾》（《天演论・忧患第二》）。

《天演论》译成忧患，系统地阐述了忧患意识。

（1）自行其是在不同时期的不同作用。“自行其是”在人类早期，起了积极作用，但在文明发达以后，却起着消极作用，不仅“无益于人”，而且“适用以自伐”。（《进化论与伦理学》第 36 页；《天演论》第 52—53 页）

（2）关于美妙和痛苦。“宇宙过程就是进化，充满了神奇、美妙和痛苦”。（《进化论与伦理学》第 35、37 页）“忧患之深浅，视能群之量为消长”。（《天演论》第 52、53 页）

3. 第三节《古代的伦理思想》（《天演论》之《教源第三》、《严意第四》）。

该节讲古代的伦理思想，特别是正义问题。正义与刑赏是紧密相联的。《天演论》译为“教源”和“严意”，所谓教源，即讲宗教的来源，所谓严意，是严格探明人的犯罪意念以定刑，从而系统地阐明了刑赏问题。

（1）进化之历史悠久。“进化观念在公元前至少已存在了六个世纪”。（《进化论与伦理学》第 37 页）“天演之学，发于商周之间、欧亚之际，而大盛于今日之泰西”。（《天演论》第 53、54 页）

（2）乐生与忧生。乐与忧同时存在，但希腊人“曾找到了欢乐”，印度贤人

则认为“生命就是痛苦”。(《进化论与伦理学》第38、39页)“忧与生俱，古人之不谋而合”。(《天演论》第55页)

(3) 正义与刑赏。

第一，正义与刑赏。“正义就是根据公认的规定对赏罚的分配”。(《进化论与伦理学》第40页)“刑赏者，天下之平也，而为治之大器也”。(《天演论》第57、59页)

第二，用刑之准则。“无意的犯罪和故意的犯罪”有着“根本的区别”，“杀人固必死也，而无心之杀，情有可论，则不与谋故者同科”。(《进化论与伦理学》第40页；《天演论》第59页)

4. 第四节《印度佛教前的及佛教的伦理思想》(《天演论》之《天刑第五》至《佛法第十》)。

该节讲印度佛教前的救世概念以及佛教的伦理思想。《天演论》分别译为“天刑”、“佛释”、“种业”、“冥往”、“真幻”、“佛法”等，所谓天刑，是辨析人间的吉凶祸福是否是天之刑赏的问题；所谓佛释，是对为天讼直的轮回因果说的阐释；所谓种业，论及生物和人类声容气体与性情德行的遗传与薰修；所谓冥往，是冥心孤往，刻意修行之谓；所谓真幻，是评论佛说之世间实体全属幻相，和西儒之言性说；所谓佛法，是佛所知法，比较佛法与婆罗门教义，阐明佛教的特点。

(1) 批驳“天道福善而祸淫”的观点。(《进化论与伦理学》第40、41页；《天演论》第59、60页)

(2) 轮回因果说。(《进化论与伦理学》第42页；《天演论》第61—63页)

(3) 遗传和修行。(《进化论与伦理学》第43、44页；《天演论》第63—64页)

(4) 关于婆罗门和阿德门。“宇宙的实体是‘婆罗门’，个人的实体则为‘阿德门’”。(《进化论与伦理学》第44页)“宇宙有大净曰婆罗门，其分赋人人之净曰阿德门”。(《天演论》第66页)

(5) 关于婆罗门教和佛法。

第一，婆罗门教主张将阿德门融入婆罗门，佛法则反对之。(《进化论与伦理学》第44、45、46页；《天演论》第66、67页)

第二，二者都提倡禁欲主义。(《进化论与伦理学》第45、46页；《天演论》第66、67页)

第三，婆罗门之道为我，而佛反之以兼爱。(《进化论与伦理学》第48页；《天演论》第72、73页)

第四，关于涅槃。涅槃即“佛教最高境界——灭度”，“无欲无为”。(《进化

论与伦理学》第 47 页；《天演论》第 72 页)

第五，佛教的特点，即佛法和婆罗门教义的不同。两书都说佛教不信上帝，否认灵魂，否定永生不灭说，祈祷、祭祠均无用，只依靠自身纯洁，宽容，不求助于世俗力量。(《进化论与伦理学》第 48 页；《天演论》第 73 页)

5. 第五节《古希腊哲学中的伦理思想》(《天演论》之《学派第十一》至《论性第十三》)。

《天演论》将该节内容分为“学派”、“天难”、“论性”三节。所谓学派，主要是讲古希腊的学派及其代表人物；所谓天难，是指天降灾难，给众生带来祸害和痛苦；所谓论性，主要是论说人之本性。

(1) 进化思想。主要论述古希腊哲学中的代表人物赫拉克利特、德谟克里特、芝诺及其具体观点，如火为万物之根本说，以水喻万物之恒动说，等等。(《进化论与伦理学》第 48、49 页；《天演论》第 75、76、77 页)

(2) 伦理思想。苏格拉底修己治人之业，犬儒学派和新斯多葛学派之刻苦励行，亚里士多德超凡入圣，斯多葛派的发展及其分化——早期斯多葛学派系统地发展了进化学说，晚期斯多葛学派则研究伦理生活问题。(《进化论与伦理学》第 49、52、53 页；《天演论》第 76、77、84 页)

6. 第六节《东方和西方伦理思想的汇合》(《天演论·矫性第十四》)。

《天演论》译为“矫性”，即指矫拂性情，绝情塞私。

(1) 印度思想和希腊思想的同—异—合。(《进化论与伦理学》第 54 页；《天演论》第 86 页)

(2) 印度思想和希腊思想的先乐后悲。(《进化论与伦理学》第 54 页；《天演论》第 86、87 页)

(3) 宇宙本性与伦理性之“常相反”。(《进化论与伦理学》第 53 页；《天演论》第 86 页)

7. 第七节《进化论与伦理观》(《天演论》之《演恶第十五》至《进化第十七》)。

该节带有总结的性质，《天演论》将其分为“演恶”、“群治”、“进化”三节。所谓演恶，是说善固演也，恶亦演也；所谓群治，即社会治理，谋求牧民进种之道；所谓进化，是指自然和社会的进化，强调与天争胜，转祸为福，转害为利，以达仙乡。

(1) 学术如废河然。(《进化论与伦理学》第 54—55 页；《天演论》第 87—88 页)

(2) 悲观主义、乐观主义都只占少数，哀乐相半者居多。(《进化论与伦理学》第 55—56 页；《天演论》第 88 页)

(3) 善固演，可增减；恶亦未尝非演，亦可以代减。(《进化论与伦理学》第55页；《天演论》第88—89页)

(4) 进化的伦理与伦理的进化，即宇宙过程与伦理过程的区别。

第一，进化论的两个弊病。一是讲善，不识恶；二是对人类社会，也是只讲生存斗争，适者生存，而不提人类伦理——优秀、互助。(《进化论与伦理学》第56—57页；《天演论》第90—91页)

第二，宇宙过程与伦理过程的同和异。其同在于都存在生存斗争，其异在于优胜者的条件不同："宇宙过程使最强者趋于蹂躏弱者"。"伦理过程的结局，是那些伦理上最优秀的人得以继续生存"。"德贤仁义，其生最优"。(《进化论与伦理学》第56—57页；《天演论》第90—91页)

(5) 宇宙过程与伦理过程的具体区别：一是物竞天择和平争济众；二是自行其是和自我约束；三是少数人宜存和多数人宜存；四是法律和道德的功能不同，前者是维护天行之虐，后者是遏制天行。五是批判任天为治与自行其是，"要求用'自我约束'来代替'自行其是'"。(《进化论与伦理学》第58页；《天演论》第91、92、93页)

(6) 与天争胜。

第一，在社会伦理进展中对待天行即宇宙过程的三种态度："模仿"、"逃避"、"与天争胜"。前二者皆非，"今者欲治道之有功，非与天争胜焉，固不可也"。(《进化论与伦理学》第58页；《天演论》第93页)

第二，人对宇宙过程的干预越来越大，以后将"使人征服自然以达到他的更高目的"。(《进化论与伦理学》，第58、59页)"人治进程，皆以与天争胜之所胜多寡为殿（末等）最（上等）"。(《天演论》，第93页)

(7) 事物发展的曲折道路。

①地球、宇宙之上升与下降。(《进化论与伦理学》，第59页；《天演论》，第94页)。

②事物发展的总趋势是前进的，要力争向上发展前进，实现理想目标。

第一，对待人类发展和人生的三种态度——"幼稚的过于自信"，"幼稚的气馁"，"成人的气概"。(《进化论与伦理学》，第60—61页)"侠少之轻剽"，"哀生悼世"，"沉毅用壮，强立不反，可争可取而不可降"。(《天演论》，第95页)都强调要积极奋斗，转祸为福。

第二，人类奋斗之两种前景——"也许漩涡将把我们冲刷下去，也许我们将到达幸福的岛屿"。(《进化论与伦理学》，第60、61页)"或沦无底，或达仙乡"。(《天演论》，第95页)都要力争实现光明前景。

二、《天演论》中改变的内容

1. 进化方面：物竞（生存斗争）、天择（自然选择）。

（1）将欧美间的物竞天择由军事、工业扩展到政治、学术、商业部门。“欧墨物竞炎炎，天演为炉，天择为冶，所骎骎日进者，乃在政治、学术、工商、兵战之间”（《天演论》，第40页）

（2）将生物变异的三种趋向——即变异、选择、动力。（《进化论与伦理学》，第5页）改变为三理——异、择、争。（《天演论》第9页）

（3）将“仅为了生存而进行的斗争”、“使生存可以得到理解的斗争”、“实现一种有价值的人生理想的斗争”。（《进化论与伦理学》，第38页）明确概括为三争——争其所以生，争其不虚生，争有以充天秉之能事。（《天演论》第54页）

（4）在《进化论与伦理学》中，认为“社会内部的生存斗争只能逐渐地加以消除”。（第24页）在《天演论》中，则认为“今者天下非一家也，五洲之民非一种也，物竞之水深火烈，时平则隐于通商庀工之中，世变则发于战伐纵横之际”。（第35页）

2. 伦理方面。

（1）群已、公私关系。

第一，仁慈、制私。《天演论》中将《进化论与伦理学》第十节中“天然人格与人为人格”这一部分，改译为《制私第十三》，并有所发挥。其一，“由私生慈，由慈生仁，由仁胜私，此道之所以不测也”。（《天演论》第31页）其二，人之能群或涣群，关键在制私与否。“自营大行，群道息而人种灭也。然而人所受于天必有以制此自营者，夫而后有群之效也”。（《天演论》第30页）

第二，《天演论》将“己所不欲，勿施于人”，（《进化论与伦理学》第22页）改变为“恕道”和“挈矩”，并加以发挥。（《天演论》第33、34页）

第三，《天演论》在阐述《进化论与伦理学》第22页的基本思想后，明确提出了“婆罗门之道为我，而佛反之以兼爱”之说。

（2）忧患。

第一，何谓忧患？《天演论》中补充说：“（忧患）为两间所无可逃，其事为天演所不可离”。“忧患者，天行之用，施于有情，而与知虑并著者也”。（《天演论》第51页）

第二，将“宇宙过程”中既有“美好”也有“痛苦或忧愁”，（《进化论与伦理学》第35页）改变为“神道王法”“尽从忧患生”。（《天演论》第51页）

第三，将强调用“道德制裁宇宙行径”，（《进化论与伦理学》第37页）改变

为强调“天演昭回，其奥衍美丽”，“而忧患乃与之相尽”，并对“治化兴，忧患除”，表示怀疑。(《天演论》第53页)

3. 政治方面。

(1) 治人、治国与治园。

第一，将人治与治园相对应的二事——“进行选择”和“促进公民的天赋能力自由发展”，(《进化论与伦理学》第30页) 概述为“一曰设其宜境，以遂群生”，即“保民养民之事”，“二曰芸其恶种，使善者传”，即“善群进化之事”，并说“善群进化，园夫之术必不可行。独主持公道，行尚贤之实，则其治自臻”。(《天演论》第44页)

第二，贤者执政，与时偕行，不必择种留良。在《进化论与伦理学》中，认为治人的伦理过程与宇宙过程、园艺过程都不同，强调要“让财富和权力掌握在那些赋有最大的能力、勤勉、智力、顽强的意志而且对于人类有同情心的人们手里，那是很理想的”。(第29页) 在《天演论》中，也强调治国与园夫之治草木不同，并增加了邦交、民政之事，得宜者为之主，与时偕行，人事之足恃等内容，强调说：“此固人事之足恃，而有功者矣，夫何必择种留良，如园夫之治草木哉?”(第43页)

(2) 刑赏。

《天演论》下篇《严意第四》一节中，除了沿用用刑之准则外，还增加了刑赏之权的归向，发挥了关于刑赏的含义、标准、关系等内容。

第一，刑赏之权的归向。“刑赏皆以其群”，“无由奋其私”；“刑赏之权统一于尊”，“各私势力，而小役大，弱役强也”。(《天演论》第58页)

第二，刑赏之意义。“刑赏者，天下之平也，而为治之大器也”。“刑赏者，固皆制治之大权也”。(《天演论》第57、58页)

第三，刑赏之标准。“刑必当其自作之孽，赏必加其好善之真，夫而后惩劝行，而有移风易俗之效”。并说“论其意而略其迹，务其当而不严其比，此不独刑罚一事然也。朝廷里党之间，所以予夺毁誉，尽如此矣”。(《天演论》第59页)

第四，刑严于赏。“刑赏其用之也，则刑严于赏，刑罚世轻世重，制治者，有因时扶世之用焉”。(《天演论》第58—59页)

(3) 理想社会。

将“在蜂群组成的社会中实现了‘各尽所能，按需分配’这种共产主义格言的理想”，(《进化论与伦理学》第17页) 改变成为“蜂之为群也，审而观之，乃真有合于古井田经国之规，而为近世以均富言治者之极则也”。(《天演论》第27页)

4. 学术方面。

(1) 哲学。第一，明确提出形气、道德与形上、形下之学。(《天演论》第44页) 第二，不可知论。增引了穆勒的关于人们认识橘子为物的例子，说明"物之本体，既不敢言其有，亦不得遽言其无"。(《天演论》第68页)

(2) 历史典故。第一，将原书中西方的鸽子故事换成中国的羊马故事。(《进化论与伦理学》第15页及81页注1;《天演论》第26页) 第二，将原书中哈曼杀摩迪开的故事，换成中国李广将军杀灞陵尉的故事。(《进化论与伦理学》第20页及注2;《天演论》第31页及注2)

(3) 宗教。第一，宗教兴起的原因。明确提出"释、景、犹、回诸教所由兴也"的结论。(《天演论》第55页) 第二，将为天讼直的英国诗人蒲柏之六行诗句改变成五言诗。(《进化论与伦理学》第50—52页;《天演论》第77、82页)

三、《天演论》所删去的内容

1. 进化思想方面。

(1) 关于进化的定义。《天演论》中删去了《进化论与伦理学》中关于进化定义的论述及注解。进化一词，"表示前进的发展"，"但其含义已被扩大到包括倒退蜕变的现象"。"任何一种进化的理论，不仅必须与前进发展相一致，而且必须与同一条件下的恒久持续性以及与倒退变化相一致"。(《进化论与伦理学》第4页和第3页注释)

(2) 关于进化、变化、不稳定性。《天演论》中删去了《进化论与伦理学》中关于列星和万物，都在沿着进化道路前进，宇宙的最明显的属性就是它的不稳定性。它所表现的面貌是变化的过程等语。(《进化论与伦理学》第35页)

(3) 关于变化论。《天演论》中删去了《进化论与伦理学》中关于"现象世界的突出特征就是它的变化多端；万物的无休止的流动……没有开始的征象，也无结束的前景"等语。(《进化论与伦理学》第37页)

2. 天人对抗方面。

(1) 自然状态与人为状态的对抗。《天演论》中删去了《进化论与伦理学》中关于"通过人在一部分植物界起作用的宇宙能力，和通过自然状态起作用的同一宇宙能力，是互相对抗的，而且在人工的和自然的东西之间到处都表现出同样的对抗性。即使在自然状态本身，生存斗争不是在生命领域内宇宙过程的各个不同结果彼此对抗"等语。(《进化论与伦理学》第9页)

(2) 伦理原则与进化论的生存斗争的不可调和。《天演论》中删去了《进化论与伦理学》中关于"伦理这门科学宣称能为我们提供理性的生活准则……专

家中……一致的意见是猿与虎的生存斗争方法与健全的伦理原则是不可调和的”等语。(《进化论与伦理学》第37页)

(3) 神正论和宇宙正论。《天演论》中删去了《进化论与伦理学》中关于为了替宇宙有罪进行辩解，“希腊人发明了神正论”，认为一切都是由于命运；“印度人提出了一种……宁可称为宇宙正论的理论”等内容。(《进化论与伦理学》第42页)

四、《天演论》中增加的内容

1. 进化思想方面。

(1) 增加了对达尔文、斯宾塞等人的介绍。

第一，增加了达尔文、斯宾塞的话。《天演论》手稿中说：“达尔文曰：天择者，存物之最宜者也”。(《严复集》第5册，第1415页)《天演论》正式版本中，改为“斯宾塞尔曰：天择者，存其最宜者也”。(《天演论》第3页)

第二，增加了关于达尔文及其著作的介绍。“晚近天演之学，倡于达尔文，其《物种由来》一作，理解新创，而精确详审，为格致家不可不读之书”。“天演之学，将为言治者不祧之宗。达尔文真伟人哉”。(《天演论》第90、94页)

(2) 将生物进化论引入人类社会。跂行倒生，日星天地，神思智识，政俗文章，“皆可一言蔽之，曰‘天演’是已”。天演之事，不独见于动植二品中，一切民物之事，“无一焉非天之所演也”。树艺牧畜，修齐治平，“无所往而非天人互争之境”。(《天演论》，第5、6、15页)

(3) 增加了关于欧洲世变的三个阶段。一是“其始如侠少年，跳荡粗豪，于生人安危苦乐之殊，不甚了了”；二是“继则欲制天行之虐而不能，侘傺灰心”；三是“转而求出世之法”。“此无异填然鼓之之后，而弃甲曳兵者也”。(《天演论》第95页)

(4) 天人关系。《天演论》中增加了如下思想：

第一，何谓天？《天演论》中讲了关于三种言天的内容：一是“有始焉，如景教《旧约》所载创世之言是已”；二是“常如是，而未尝有始终也”；三是“斯多噶之徒，意谓天者人道之标准，所贵乎称天者，将体之以为道德之极隆，如前篇所谓率性为生者”。(《天演论》第85页)

第二，何谓与天争胜？“与天争胜云者，非谓逆天拂性，而为不详不顺者也。道在尽物之性，而知所以转害而为利”。(《天演论》第93页)

第三，天人互争。其一，天人之际，常为相胜。(《天演论》第17、18页)其二，“合群者所以平群以内之物竞，即以敌群以外之天行”。(《天演论》第33

页）其三，择种留良之术不可行于人择人。(《天演论》第 26 页)

第四，“世运铸圣人，非圣人铸世运”。(《天演论》第 52 页)

第五，类似弱肉强食的思想。其一，“强者后亡，弱者先绝”。(《天演论》第 1 页）其二，“立者强，强皆昌；不立者弱，弱乃灭亡”。(《天演论》第 17 页)

2. 学术与教育思想方面。

第一，增加了教育的重要性和三民思想。“欲郅治之隆，必于民力、民智、民德三者之中，求其本也”。“学校庠序之制善，而后智仁勇之民兴……而有以为群力群策之资”，而后其国乃富而强也。(《天演论》第 21、22 页)

第二，增引了培根的话，说明“教”与“学”的关系：“教与学相衡，学急于教”。(《天演论》第 54 页)

第三，关于科学的重要性。人能胜天，“亦格致思索之功胜耳”。“居今而言学，则名数质力为最精，纲举目张”，最为重要。“身心、性命、道德、治平之业，尚不过略窥大意，而未足以拨云雾睹青天也”。(《天演论》第 94 页)

第四，关于东西学的源流问题。有三种说法：一是东西各自独立说；二是西学东来说；三是折中二说之间。(《天演论》第 75 页)

3. 政治思想方面。

第一，赞赏欧洲议院和民权。“或如欧洲，天听民听、天视民视、公举公治之议院，为独为聚、圣智同优”。(《天演论》第 25 页）“幸今者民权日伸，公治日出，此欧洲政治所以非余洲之所及也”。(《天演论》，第 58 页)

第二，三种“主治者”——“或独具全权之君主，或数贤监国，如古之共和，或合通国民权，如今日之民主”。“其制虽异，其权实均，亦各有推行之利弊”。(《天演论》第 39 页)

第三，主治者与民品之主次。“其群之治乱强弱，则视民品之隆污，主治者抑其次矣”。(《天演论》第 39 页)

第四，均富言治。“以均富言治者曰：‘财之不均，乱之本也……通力而合作……平均齐一，无有分殊……莫或并兼焉，则太平见矣。’此其道蜂道也”。(《天演论》第 27 页)

4. 伦理思想方面。

第一，人之能群。“人之所以为群者，以其能群也”。(《天演论》第 27 页)

第二，人之性恶。“古人有言，人之性恶。又曰人为孽种，自有生来，便含罪恶。其言岂尽妄哉”。(《天演论》第 29 页)

第三，群己关系。其一，“墨之道以为人，杨之道以自为”。(《天演论》第 28 页）其二，“婆罗门之道为我，而佛反之以兼爱”。(《天演论》第 72 页)

第四，恕道和挈矩之道。"且其道可用之民与民，而不可用之国与国。何则？民尚有国法焉，为之持其平而与之直也，至于国，则持其平而与之直者谁乎"。(《天演论》第34页)

第五，"为恶者之不必祸"。如"青吉斯（即成吉思汗）凶贼不仁，杀人如剃，而得国幅员之广，两海一经"。(《天演论》第60页)

五、《天演论》与信的原则

傅斯年在《新潮》1919年第1卷第3号上发表《译书感言》中说："严几道先生译的书中，《天演论》和《法意》最糟"。杨春花在《信阳师范学院学报》2007年10月第27卷第5期上发表《功能派翻译理论视角下重释"信达雅"——以严复〈天演论〉的翻译为例》中说："严译《天演论》违反了忠实性法则"，"在形式和内容层面上都没做到对等"。笔者认为，严复译述的《天演论》是基本符合信的原则的。

首先，是否符合信的原则，是看《天演论》的正文，而不包括严复自己发挥的"复案"等内容。

其次，"信"的含义，包括了"达旨"式的意译，也就是如严复在《天演论·译例言》中所说，"译文取明深义，故词句之间，时有所颠倒附益，不斤斤于字比句次，而意义则不倍本文"，把原书的基本精神传达出来。

再次，从上述两书正文内容的比较来看，则其基本思想、基本倾向，都是一致的。

严复在《译例言》中曾说："译者将全文神理融会于心，则下笔抒词，自善互备。"这一点，梁启超在1897年《变法通议·论译书》就已探明："凡译书者，将使人深知其意，苟其意靡失，虽取其文而删增之，颠倒之，未为害也。然必译书者之所学与著书者之所学相去不远，乃可以语于是。近严又陵新译《治功天演论》，用此道也。"① 高惠群、乌传衮以《天演论》第一段为例，说明《天演论》仍符合信的原则。他说："严译《天演论》第1段还不能算是'达旨'，仍应算一般的翻译。这段原文有5个长句，译文改为10个短句，而原文各个句子的主要意义绝大部分都完整地保留了下来，只不过表达的方式和先后次序有了较大的改动，这正是严译独到之处，杰出之处。"② 又如赫胥黎原著中曾说："将胚

① 梁启超：《变法通议·论译书》，梁启超：《饮冰室合集》(1) 第71、75页。

② 高惠群、乌传衮：《翻译家严复传论》，上海外语教育出版社1992年10月版，第93—98页。

芽扩展成为成长的植物比作打开一把褶扇或者比作向前滚滚流动和不断展宽的河流，而由此达到‘发展’或‘进化’的概念”。循环进化“表现在水之流入大海复归于水源”。(《进化论与伦理学》第33—34页）严复在翻译时，将此段话改换成如下话语：“天演者如网如箑（扇子），又如江流然，始滥觞于昆仑，出梁益，下荆扬，洋洋浩浩，趋而归海，而兴云致雨，则又反宗”。(《天演论》第50页）两者都用扇子、河流为例，赫胥黎是泛指河流，而严复则具体指为长江。两者的词语结构、序列、举例，大不相同，但其基本意思却是一致的，从体现原著精神来说，还是遵循了信的原则的。方梦之在青岛出版社2002年出版的《翻译新论与实践》中，认为两种译本，各有优劣，说：“两相对比，严译语言清新流畅，如行云流水，在表达上有情有景，夹叙夹议，把艰深的道理融入生动的语言之中，引人入胜；在语义上前后连贯，重点突出，逻辑性强，给人以深刻的印象。……当然，对于一点没有古汉语基础的读者，读严复的译文有些困难。科学出版社的译文语言平易、词词紧扣，事理显豁，更适合当代青年读者。”

另一方面，从严复总结的翻译经验来看，信是终极目标，并身体力行。严复在1898年翻译修改《天演论》等著作后，从翻译实践中总结提炼出翻译理论——信、达、雅。他在《天演论·译例言》中讲了三点：一是信。三者之中，信是最重要的。“求其信已大难矣”，信的最基本要求是要做到“意义则不倍本文”。《说文解字》对信字的解释是“诚也。从人从言会意”。用现代的话说，就是忠实、诚实。严复用这个字显然就是着重在忠实于原文的意思。由于用中文来表达西文的意义有时很困难，所以译文“词句之间，时有所颠倒附益，不斤斤于字比句次”，目的是为了表达原文的意义。二是信与达。西文的文法不同于中文，译者须“将全文神理，融会于心，则下笔抒词，自善互备”。西文之“原文词理本深，难于共喻，则当前后引衬，以显其意。凡此经营，皆以为达，为达即所以为信也”。达，就是通达、顺畅，就是把原文的内容（意义、信息、精神、风格等）在译文中很好地表达出来，使译文的读者能够充分理解原意。这样做到了达，才能说做到了信。“信矣不达，虽译犹不译也”。三是信、达之外，“求其尔雅”。就是要讲究修辞、要有文采、要雅正。这样做的目的有两个：一是为了“行远”，争取更多的读者；二是为了“求达”。在严复看来，在那个时代，“精理微言，用汉以前字法、句法，则为达易；用近世利俗文字，则求达难”。总之，求雅是为了求达，求达是为了求信。所以，在严复心目中，雅、达是从属于信的，信是终极目标。

《天演论》既然符合达雅又符合信的基本原则，又为什么说它“实非正法”

呢？这可从三个方面来理解。一则，《天演论》和《进化论与伦理学》正文中之内容比较，有同、改、删、增的不同情况，而且在“词句之间，时有所颠倒附益，不斤斤于字比句次”。如果说，直译本《进化论与伦理学》是忠实于原著的话，那么，“达旨”式的意译本《天演论》，就不能说是一种正常的翻译，这种翻译，虽然有其情由，效果也好，却不值得后人效法。这一点，严复自己在《译例言》中也有坦诚的表白：“题曰达旨，不云笔译，取便发挥，实非正法。”二则，《天演论》作为一个总体，除了正文之外，还有复案和注释等，全书案语字数竟达本文字数的一半以上，内容非常广泛，这不是一般译者所必须做的，也不是一般译者所能做到的。三则，《天演论》这种意译，是为了使西学中国化，便于读者接受，不得已而为之，从这个意义上讲，《天演论》也不算正常的译法。总之，这种意译，要求很高、难度很大，一般人难以做到，故而不宜提倡。

第三节　《天演论》味经本与手稿本之比较

扉页题有“光绪乙未春三月陕西味经售书处重刊”字样的版本，简称《天演论》味经本。这里说明了两个问题：一是严译《天演论》在乙未春三月即1895年4月出了重刊本；二是既是重刊本，那么此前还应有初刊本，但至今未能见到此初刊本。一些学者，据此肯定“《天演论》的底稿至迟在光绪二十一年译成，在光绪二十年译成的可能性更大些”①，认为“这本重刊本是现在能见到的最早印本”②。这个重刊本是不是在光绪二十一年（1895年）译成刊印，是不是目前能见到的最早印本，一直是学术界关注和争论的重要问题之一。它的底本究竟是《天演论》的哪个版本，至今还不甚清晰。现将《天演论》味经本与《天演论》手稿本进行比较，说明《天演论》味经本是根据《天演论》手稿本进行刊印的。这里，《天演论》味经本是采用王庆成主编的《天演论汇刊三种》中的版本，所标页码是《严复合集》第7册中的页码。《天演论》手稿本及其页码，是采用王栻主编的《严复集》第5册。《天演论》正式版本及其页码则是采用商务印书馆1981版。括号中所标三种页码是按此顺序排列的。

---

① 王栻：《严复传》，第34页。

② 王庆成等：《天演论汇刊三种》编者说明，王庆成、叶文心、林载爵等编：《严复合集》第7册，辜公亮文教基金会1998年9月发行。

一、《天演论》味经本与手稿本相同之处

1. 两书中都有的中人、中书，中事，手稿本修改时勾去了的内容（指括号内的话）。

(1) 中人方面

其一，吾儒先。第一，论气。《卮言三》原文曰："合之无质之声热光电动力，(凡吾儒先之所谓气者）而万物之品备矣。"(5；1416注1；8—9）第二，论变化气质。《论七》原文曰："吾故知印度薰修证果之言，（与吾儒变化气质之论，皆）由有所不得已而后起义也。"(1452注1；50）在《天演论》正式版本中，将"吾故知印度薰修证果之言"，改为"故竺乾新旧二教，皆有薰修证果之言"。(65)

其二，柳宗元。《卮言四》原文曰："忽一旦有（若柳宗元之在永州……诸胜,）为之铲刈秽草，斩伐恶木"。(8；1418注1；12)

其三，孟子。第一，为间不用。《卮言四》原文曰："与其地独宜之蔓草荒榛，或缘间隙而交萦，或因飞子而播植（正如孟子所谓：为间不用，茅塞其间)。"(7；1418注2；12）第二，仁爱。《卮言十三》原文曰："（孟子曰：仁者,）以其所爱，及其所弗爱"。(22；1430；31）第三，天下无道与有道。《论十六》原文曰："德贤仁义，其生最优。(《易》曰：天地变化草木蕃。又曰：天地闭，贤人隐。孟子曰：天下无道，小役大，弱役强，天下有道，小德役大德，小贤役大贤。亦曰，世变治乱不同，则宜而存者亦有不同故耳）故在彼则万物相感相攻而不相得。"(73；1471注1；91）第四，论性。《论七》原文曰："薰修证果之说，乃释氏所最重……（孟子曰：居移气，养移体。孔子曰：性相近，习相远，然则）……其人性之美恶，将因而有扩充消长之功。"(50；1451注2；64)《论十三》原文曰："然则性分之地，贵之中尚有贵者，精之中尚有精者。有物浑成，字曰清净之理。(此则《周易》所谓'元'，孔子所谓'仁'，老子所谓'道'，孟子所谓'性'，名号不同，而其为物则一)"(66；1465注1；84)

其四，圣人。《卮言八》原文曰："其聪明智虑之出于人人，犹常人之出于牛羊犬马（此不翅中国所谓圣人也)"。(12；1422注1；21)

其五，荀卿。《卮言十一》原文曰："（荀卿之言曰:）人之异于禽兽者，以其能群也。"(18；1427；27)《论六》原文曰："此（荀卿）所谓持之有故，言之成理者欤。"(48；1450注1；62)

其六，庄周。《卮言十一》原文曰："乃（如庄周所云:）诱然皆生。"(19；1428；28)《论二》原文曰："是故忧患之来，其本诸阴阳者犹之浅也，而缘诸

人事者乃至深（……庄周不云乎：人之生也，如忧俱生)。”(38；1442注1；53)《论十》原文曰：“皆属无可把玩者矣。（何则？庄生有言：‘吾与汝固皆梦也。’)”(55；1456注2；72)

其七，韩非。《卮言十二》原文曰：“（韩非曰:)‘自营为私。’”(21；1429；29)

其八，班固。《卮言十四》原文曰：“（班固曰：不仁爱则不能群，不能群则不胜物，不胜物则养不足，群而不足，争心将作，斯言也，与以天演言治者，又何间乎。)”在《天演论》正式版本中，已将上述那段话，转入《制私第十三》的复案中。(23；1431注1；32)

其九，舜、汉高、吕雉。《卮言十六》原文曰：“且每有人种受性甚偏，乃以牉合得宜；有以剂其偏，而生子大异。(此瞽瞍之所以有舜，而以汉高、吕雉之悍鸷，乃嗣之以孝惠之柔良……)”(28；1435；40)《论五》原文曰：“人为帝王，动曰天命矣。然（自唐虞以至周，其积德累仁以有天下者宜矣。吕政、汉高以降，其先果何功德于亿兆，而使天下悉主悉臣……而姑命之曰命而已矣)”。(45；1448注1、2；60)

其十，孔子。第一，孔子论变易。《论一》原文曰：“额拉吉赖图曰：世无所谓今也……（子在川上曰：水哉水哉。又曰：回也见新，交臂非故。东西微言，其同如是)”(35；1440；51）第二，孔子述六艺。《论四》原文曰：“亦若曰：子之所为不宜于群，而为群之所不能容云尔。(仲尼之述六艺也，《易》《春秋》最严……司马迁曰:《易》本隐而之显,《春秋》推见至隐。)”《天演论》正式版本将该括号中的话，转入《自序》中。(43；1446注4；59、卷首8）第三，孔子论性。《论七》原文曰：“（孔子曰：性相近，习相远。)”(50；1451注2；64)《论十三》原文曰：“清净之理（此则……孔子所谓‘仁’，老子所谓‘道’，孟子所谓‘性’)”。(66；1465注1；84）第四，孔子无假贤回。《论十三》原文曰：“何补真优？(有时浩浩之歌……则孔子无假贤回，而哭之亦不必恸矣）斯多噶以吾人今者所居，为第一美备世界。”(65；1464注1；81)

其十一，老子。《论五》原文曰：“是故用汉、宋诸儒①之说，而以谓理原于天……（《易传》曰：乾坤之道鼓万物，而不与圣者同忧。老子曰：天地不仁，以万物为刍狗)”(45；1448注3，1449注1；61）在正式版本中，将上面括号内的话，移入本节的复案之中。

其十二，成吉思汗。《论五》原文曰：“是岂皆恶而罚之所应加者哉？(春秋之楚商臣……而姑命之曰命而已矣。）成吉思残贼不仁，其视人如草，而得国幅

① 手稿本修改后，将“汉、宋诸儒”改为“古德”。

员之广，西迄欧罗。”（45；1448 注 1、2；60）

其十三，董仲舒、刘向，谷永、杜钦。味经本《论六》原文曰：“（西京）以来，言灾异者，其君子则董仲舒、刘向①，其小人则谷永、杜钦。”《天演论》手稿修改时，改为“从来言灾异者，有君子，有小人”。（47；1449 注 3；62）

其十四，吴纲、鄱阳。《论七》原文曰：“先民有云：子孙者，祖父之分身也。（吴纲之貌，四百年尚类长沙；鄱阳之容，至七世犹传颍士）”（48；1450 注 2；62）

（2）中书方面。

其一，《易》。第一，《易》与乾坤。《卮言一》原文曰：“（《易·大传》曰：乾坤其易之缊耶！又曰：易不可见，则乾坤或几乎息矣。即此谓也）”。（2；1414 注 1；2）第二，《易》即天演。《卮言二》原文曰：“（此其道在中国谓之易，在西学）谓之天演”。（4；1415 注 2；5）第三，《易》与阴阳、变化。《卮言五》原文曰：“（《易·大传》曰：一阴一阳之谓道，是）同原而相反者，固所以成其变化者也”。（9；1420 注 1；16）第四，《易》兴中古。《论三》原文曰：“是故天演之学……又灼然不可诬也。（观之中土，则《易》兴中古，俟孔子而后明……）虽然，其事有浅深焉”。（39—40；1443 注 2；54—55）第五，《易》与精义、致用。《论十六》原文曰：“而今日之最宜，即今日之最善者也。（故《易》曰：精义入神，以致用也。今日之宜，即今日之义；今日之义，即今日之利用也。）……而今之所善，又未必他日之所宜也。”（72；1470 注 1；91）第六，《易》与天地变化。《论十六》原文曰：“德贤仁义，其生最优。（《易》曰：天地变化草木蕃。又曰：天地闭，贤人隐。）故在彼则万物相感相攻而不相得。”（73；1471 注 1；91）

其二，《书》。《卮言四》原文曰：“自土硎注尊，以及今之铁舰电机，精粗迥殊，皆人事也。（《书》曰：天工人其代之。）人事者，所以济天工之穷也。”（7；1418 注 3；13）

其三，《诗》。《论四》原文曰：“（《诗》曰：‘无言不售，无德不报。’）杀人者固必死也”。（44；1447 注 1；59）

其四，《中庸》。论九末尾复案中曰：“是知宇宙万变，著于神而有乎心，乃神明之世界，而非气质之世界也。（其持论如此，与佛所谓境由心造，《中庸》所谓‘致中和，天地位，万物育’者，可谓异唱同涂，殊条共贯者矣。）”手稿本中将括号内之内容删去，别加下面很长一段：“大氐前人之论物理也……其说

① 手稿本无刘向。

甚为一时所宗。”在《天演论》正式版本中，该节末尾案语改动很大，增加了很多篇幅，与手稿本中原来案语几乎完全不同。(55；1456页及注1；69—71)

2. 两书都有的西人、西书、西事，手稿本修改时勾去了的内容（指括号内的话）。

(1) 西人方面。

其一，达尔文、斯宾塞、赫胥黎论天演之义的异同。第一，斯宾塞与赫胥黎对天演之义的不同看法。《卮言二》原文曰：“（赫胥黎则谓天演义兼消息，譬之生物，由胚胎以至老死，譬之群治，由狉榛以至盛强衰灭，理原一体，皆天演之事也。锡彭塞之意偏主息盈，而以消虚为异体之天耗，于理骈枝矣。盖消息同物，特正负之间异耳。）”(4；1415注3；5—6) 第二，斯宾塞的天演界说。《卮言二》原文曰：“其说滥觞于上古，而大行于近今百年。盖格致之学明，而时时可加实测故也。(……锡彭塞尝为天演界说曰：天演者，翕以聚其质，辟以散其力。物由纯而之杂，由流而之凝，由浑而之尽，质力交涵相与同变者也……)”味经本为“由浑而之尽”，手稿本和正式版本均为“由浑而之画”。正式本将“质力交涵相与同变者也”，改为“质力杂糅，相剂为变者也”。正式本还将括号内的具体内容移入本节的复案中。(4；1415注3；5—6)

其二，额拉吉赖图。《论一》原文曰：“额拉吉赖图曰：世无所谓今也。”(35；1440；51)

(2) 西教方面。

如《论十二》原文曰：“假世间尚存真物，则忧患而外，何者为真？……孰居无事而推行是？(孰居无事淫乐而劝是？孰居无事而披拂是？）质而叩之，有无可解免者矣。”(63；1462注1；81)

3. 两书都有的其他方面的内容，《天演论》手稿本修改时将其勾去（括号内的话）。

(1) 天人关系方面。

其一，天人相胜。《卮言六》原文曰：“此人胜天之说也……此天胜人之说也。(斯二者皆不可知而可知者)。夫天人相胜固如此矣。”(10；1421；18)

其二，天行人治。《卮言八》原文曰：“天行人治，合同而化，异用而同功(则所谓天地位而万物育者矣)”。(14；1424注2；22)

其三，天演之事。《卮言十一》原文曰：“知其为天演之事，（绝非恢诡无据之说）也”。(19；1428；28)

其四，治化与天行相反。《卮言十四》原文曰：“故治化虽原出于天，而不得谓其不与天行相反也。（此治化之名，所以常与天行对也）”在《天演论》正

式版本中，已将括号内的话，转入《制私第十三》的复案中。(23；1431注1；32、33)

其五，合群为治之事。《论三》原文曰："而人海茫茫……又尝苦于无术。(夫至曰：乾坤之道，鼓万物而不与圣人同忧，则知前识之旨微矣。)故合群为治之事……"(41；1444注2；54—55)

(2) 政治方面。

其一，华胥即乌托邦。《卮言八》原文曰："夫如是之国，古今之世所未有也，故(中国谓之华胥，而西人)称之曰乌托邦。"(14；1424注1；22)

其二，窃钩者诛，窃国者侯。《卮言十六》原文曰："然则彼被刑无赖之人，不必皆由天德之不肖，而恒由人事之不祥也审矣。(窃钩者诛，窃国者侯。)滔行失业，于种乎何尤!"《天演论》正式版本将"窃钩者诛，窃国者侯"一句删去了。(28；1435；40)

其三，积习难变。《论三》原文曰："而妙道之行，(虽迎之不眺其首，随之弗得其踪，而)死生荣悴。"(39；1443注1；54)

其四，汉朝规定杀人者死。《论四》原文曰："草昧初开之民，其用刑也，无所谓诛意者也。(故昏墨贼杀，皋陶之刑也；而汉之方兴，亦曰：杀人者死，伤人及盗抵罪，凡此皆)重①夫其迹……"(43；1446注3；58)

其五，皆恶而罚之吗？否。《论五》原文曰："是岂皆恶而罚之所应加者哉?(春秋之楚商臣，其恶为何如恶耶？乃及其身为王者，子伯诸侯，永世克禄。潘崇助之为虐，教人杀父弑君，其胸中曾不芥蒂。然而其子孙累业尊显，洎乎东汉之日，尚有苗裔为校官。回、耕何罪而贫夭，货、跖何功而富寿?)"(45；1448注1、2；60)

4. 两书中都有中西之人、书、事，手稿本未修改。

(1) 两书中都有中国之人、书、事。味经本和手稿本《论五》原文曰："成吉思残贼不仁，其视人也如草，而得国幅员之广，西讫欧罗。"正式本改为："而青吉斯凶贼不仁，杀人如剃，而得国幅员之广，两海一经。"(45；1448注1、2；60)

(2) 两书中都有西方之人、书、事。味经本和手稿本《卮言一》中均有"达尔文曰：'天择者，存物之最宜者也'"。正式本将"达尔文"改为"斯宾塞尔"，将"物之"二字改为"其"字。(3；1415；2) 味经本和手稿本《卮言十六》原文曰："赫胥黎曰：人群天演，其用事与动植之天演皆不同……"正式本

---

① 手稿本为"课"。

将“赫胥黎曰”删去了。(27；1434；39) 这也是采纳了吴汝纶的建议，翻译赫胥黎的书，在正文中不应有“赫胥黎曰”，即不应该用第三人称，而应该用第一人称。

5. 两书都有之复案。

第一，味经本和手稿本《论九》正文第一行中均有复案，内容相同，两书末尾又都有复案，内容不全同，有改动。正式本则将正文中复案删去，末尾复案加长，内容大加发挥。(53—55；1455—1456；67—71)

第二，味经本和手稿本《论十二》、《论十三》、《论十四》，两书末尾都有复案，内容相同。正式本也相同。(64，1464，83；65，1465—1466，85；67，1467，87)

第三，味经本和手稿本《论十六》，两书末尾都有复案、又案，内容相同。正式本复案简化很多，又案则基本相同。(73—75；1471—1473；92—93)

6. 两书都有的内容，手稿本修改时有所改变。

(1) 将“荀卿”改为“先民”。《卮言十一》原文曰：“荀卿曰：‘人之性恶’。”手稿修改时将“荀卿”改为“先民”。正式本又改为“古人有言”。(21；1429；29)。

(2)《卮言十一》原文曰：“西教之记曰：‘人为孽种，自有生来，便含罪过。’”手稿本则改为“又或曰：‘人为孽种，自有生以来，便含罪过。’”(21；1429；29)

(3) 味经本《卮言十三》和手稿本《卮言十三》中，原稿内容都为：“李将军必取灞陵尉而杀之，可谓过矣！……其憾之者，则真人情也。”手稿本修改时改为：“往者埃及之哈猛必欲取摩德开而枭之高竿之上，可谓过矣……其憾之者犹人情也。(复案：此事与西京李将军杀灞陵尉事绝相类)”。正式本中又恢复了它，将改的内容作为注 2 的内容。(22；1430；31)

(4) 味经本《论五》原文曰：“是故用汉、宋诸儒”，手稿本和正式本均改为“古德”。(46；1448 注 3；61)

(5) 手稿本中，《卮言五》之开头一段换到《卮言四》之尾部，可能是根据吴汝纶的建议。手稿本中，在“西洋穷理之家之公论也”。旁边有黄绿色批语云：“鄙意欲自此句以上均归于上篇”。作者在修改手稿本时采纳了这一意见，将其归入《卮言四》之末尾。正式版本亦如此，而味经本《天演论》中，没有改换，仍将这一段放在《卮言五》的开头。(8；1419 注 1；13)

(6) 味经本和手稿本《论二》开头说：“传曰：‘作《易》者其有忧患乎？’……降以至于欧罗之天主，天方之歌兰。”手稿本修改时开头改为“大地

抟抟，诸教杂行，夫其中圣贤之所以诏垂，帝王之所制立”。（36；1441 注 1；51）

（7）味经本和手稿本《论二》原文中都说：“咸其自至，而虐之者谁欤？”原稿接着有以下一段话：“彼老聃、庄、列之徒，未之知也……世运铸圣人，而非圣人铸世运也，徒曰明自然而昧天演之道故也。”译者在修改手稿本时，勾去了上面这段话，将其部分内容纳入正式本的《忧患第二》正文之中。（36；1441 页正文及注 2；52）

（8）味经本和手稿本《论六》原文曰：“是以及其弊也，（王莽窃之以乱天下。甚矣！诬夫下之不可为也。盖昔者孔子知其然矣，故其教弟子也，性与天道不可得闻，而平居不语怪神，罕言利命。又曰：‘务民之义，敬鬼神而远之’。与其论生死鬼神之际，皆若言不尽意也者。庄周曰：言知止其所不知。至矣，夫非孔子之谓也！）而身毒之圣人，以是为不足，必从而为之辞。”手稿本修改时将上述括号中内容改为下述括号中内容：“及其弊也，（各主一说，果敢酷虐，相屠戮而乱天下，则甚矣，诬天之不可为也。是以深识之士，矗然闵之，辨物穷微，深持天道必不可知之说，以戒世人之勇于自信者，此远如希腊之波伦尼，近如英之洛克、休蒙，德之可汉德，其所反复著名，皆此志也。）而身毒之圣人则以是有不足，必从而为之辞。”（47；1449 注 4；62）

（9）味经本和手稿本《论六》原文曰：“而其外与知、见接者，谓之曰名，曰尘。（或为心灵，或为物质，）皆变动不居。”手稿修改时将“或为心灵，或为物质”改为“名之云者，有为之法”。（50；1452 注 2；65）

（10）味经本和手稿本《论九》末尾复案原文曰：“是知宇宙万变，著于神而有乎心，乃神明之世界，而非气质之世界也。（其持论如此，与佛所谓境由心造，《中庸》所谓‘致中和，天地位，万物育’者，可谓异唱同涂，殊条共贯者矣。）”手稿本中将括号内之内容删去，别加下面很长一大段：“大氐前人之论物理也，大抵分色、净二义……僩然谓物本无，净即色，即物。其说甚为一时所宗。”（55；1456 页及注 1；69—71）。在《天演论》正式本中，该节末尾案语改动很大，增加了很多篇幅，与手稿本中原来案语，几乎完全不同。

（11）味经本和手稿本《论十》末尾复案原文曰：“然自世尊宣扬正教以来，其中圣贤，于泥洹皆不著言说，（所以释迦掩室于摩羯，维摩杜口于毗耶。空生唱无说以显道，释梵绝听闻而雨华。理为神御，口之以默。）岂曰无辩？”手稿本修改时将上述括号内之内容删去，改为下述括号中内容：“于泥洹皆不著言说，（以为不二法门，超诸理解。）岂曰无辩？”在正式本中，复案内容改动很大，但上述内容与手稿修改本同。（57；1458 注 1；73—75）

二、《天演论》味经本与手稿本不同之处

1. 两书中的文字略有差异，但两书的基本意思相同。

(1) 味经本《论四》原文曰："幸今之日，民权日伸，公治日出，此泰西之治，所以非余洲之所可企及也。(西洋刑赏之原，与中国载籍所传，其说不同如此。)"手稿本《论四》原文曰："至今之日，泰西之治所以非余洲之所可及者，公治日出而民权日伸故耳。(而其推本刑赏之政之所由来，与吾中国载籍所传，其本末之不可同则如此。")正式本将上述括号内之话删去了。其前面之原话与味经本《天演论》同。(43；1446 注 2；58)

(2) 味经本《论八》原文曰："考竺乾初法，与晚近格致家所明，不相迳庭。"手稿本中将"格致家"改为"智学家"，正式本则改为"斐洛苏非"(意即"爱智")。(50；1452 及译者注 1；65)

(3) 味经本《论十五》原文曰："语曰：善言天者，必有节于人，善言古者，必有验于今。然则四千余年以来之人心，当亦大不相远乎？是以学术如废河然。"手稿本《论十五》原文曰："四千余年以来之人心，(语曰：善言天者，必有节于人，善言古者，必有验于今。然则）意者大相远乎？"修改时将括号内之话删除。(69；1468 注 1；87—88)

(4) 味经本《论十六》原文曰："而今日之最宜，即今日之最善者也。故《易》曰：精义入神，以致用也。今日之宜，即今日之义，今日之义，即今日之利用也。于是拘虚笃时，遂谓最宜。"手稿本曰："而今日之最宜，即今日之最善者也。(故《易》曰：精义入神，以致用也。今日之宜，即今日之义，今日之义，即今日之利用也。）于是拘虚笃时，遂谓最宜最善为同物。"修改时将括号内之话删除。(72；1470 注 1；91)

(5) 味经本《论三》原文曰："呜呼！此释迦、基督之教所由兴也。"手稿本曰："呜呼！此印、欧诸教所由兴也。"正式本曰："呜呼！此释、景、犹、回诸教所由兴也。"(41；1445；55)

(6) 味经本《论十六》原文开头曰："善可演也，而恶亦未尝不可演，此其蔽固矣。然不止此。"手稿本曰："善可演也，而恶亦未尝不可演（况善恶之名起于事效，苟所处自悬殊，则其号或可以倒置，前者论之详）矣。然而其蔽不止此。"手稿本修改时将括号内的话圈改为"此其蔽固"四字。(71，1469 注 1；90)。

(7) 丁尼孙之诗，最后一句，味经本为"志士之必"，手稿本为"丈夫之必"，正式本也为"丈夫之必"。(79；1475；95)

2. 味经本无，手稿本有，但手稿本修改时已勾去。

(1)《卮言一》原文曰："达尔文曰：'天择者，存物之最宜者也。'(《易·大传》曰：精义入神以致用也，利用安身以崇德也。)"括号内之话，味经本无，手稿本修改时勾去。(3；1415 页注 1；3)

(2)《论三》原文曰："盖由来礼乐之兴，必在去杀胜残之后，(而夷吾相齐，仓廪实乃知礼节；仲尼策卫，既庶富而后教之，)而民唯安生乐业……"括号内之话，味经本无，手稿本修改时勾去。(40；1444；54)

(3)《论四》原文曰："后有奸雄起而窃之……又乌知非其有乎？(嗟夫！此世之暴君污吏接踵，治国少而乱国多也。)"括号内之话，味经本无，手稿本修改时勾去，正式本也删去了。(43；1446 注 1，2；58)

3. 味经本无，手稿本有，系手稿本修改时加的节末"批注"。

第一，1897 年 5 月 16 日批注。手稿本《卮言十》末尾批注："以上于丁酉四月望日删节，复自记。"味经本无此批注，正式本也无此批注。(17；1426；26)

第二，手稿本《卮言十五》末尾批注："此下宜附后案，著斯宾塞尔'治进自不患过庶之旨。"味经本无此批注。正式本也无此批注，但篇末却另加了很长一段复案。(26；1433；35—38)

第三，1897 年 5 月 18 日批注。手稿本《卮言十八》末尾批注："丁酉四月十七日删节　复识"。"是日俄罗斯使人胡王至紫竹林，以海军公所为邸，吾于案上闻炮声，知其至也。附识。"味经本无此批注。正式本也无此批注，但篇末却另加了很长一段复案。(33；1438；46)

第四，1897 年 7 月 2 日。手稿本《论八》末尾批注："丁酉六月初三日删节讫。"味经本无此批注。正式本也无此批注。(52；1453；67)

第五，1897 年 7 月 4 日批注。手稿本《论十一》末尾批注："以上丁酉六月初五夕删改讫。"味经本无此批注。味经本《论十一》最后一句为"此则额拉氏所未言，而皆为后起之说矣"；手稿本和正式本《论十一》最后一句均为"此则额拉氏所未言，而纯为后起之说矣"。一字之差。三种版本后面均有复案，个别字句亦有差异，如味经本为"复按"，手稿本和正式本为"复案"；味经本为"柏拉图，伊典人"，手稿本和正式本为"柏拉图一名雅里大各，雅典人"；味经本为"雅里大各者，柏拉图弟子，于周安王十八年六十二岁卒"，手稿本为"雅里大德勒者，柏拉图弟子，生于周安王十八年，六十二岁卒"，正式本为"雅里大德勒者，柏拉图高足弟子，生周安王十八年，寿六十二岁"，等等。(60—62；1460—1462；77—81)

第六，1897 年 7 月 5 日批注。手稿本《论十三》末尾批注："丁酉六月初六日删改。”味经本无此批注。三种版本篇末均有复案，只有个别词语之差，如“以理属之人治”，或“以理归人治”，或“以理属人治”；“与宋儒同”，或“与宋儒之言性同”等。(66；1466；85)

此外，手稿本全书最后有一长段复案：“物竞、天择二义，发于达尔文……赫胥黎于乙酉（未）七月卒，年七十也。”这段复案，味经本中没有，正式本则放在《导言一》之后。(79；1476；3—5)

从《天演论》味经本和手稿本的比较中，可以得出两点结论：

第一，《天演论》味经本是根据手稿本翻印的，是手稿本的类型之一。因为凡是味经本中有的内容，手稿本里都有，而且两者的文字表达基本一致，有些内容，在修改手稿本时被勾去，但味经本中还保留着；而手稿本里有些内容，如全书最后有一段复案，味经本中没有，可能是严复后来补写的，也可能是其内容不属于最后一节，不好归类而不取；有些内容，两种版本都有，但手稿本比味经本要准确些，如上举味经本《论十一》中“雅里大各者，柏拉图弟子，于周安王十八年六十二岁卒”的例子。

第二，味经售书处重刊的《天演论》，不是 1895 年 4 月，而是在 1896 年之后。

一则，味经本《天演论》标注的时间虽然是“光绪二十一年乙未春三月”，即 1895 年 4 月，但在其《论三》译文后之复案中，却出现“释迦生于周昭十四年也。去今光绪二十二年丙申，共二千八百六十四年，先耶稣生九百六十八年矣”的字样，这里，有帝号纪年、干支纪年、从释迦牟尼生年至今的推算，三种纪年均表明严复的按语写于 1896 年。故其所署 1895 年 4 月的时间不可信，《天演论》陕西味经售书处重刊本绝不会早于 1896 年。①

二则，叶尔恺于 1897 年 11 月 1 日接任陕西学政，将《天演论》交给味经售书处刊印。他在 1899 年 1 月 2 日写信给汪康年，其中提到“弟前发味经刻《天演论》一书，所校各节，即可发嚎”②。此信应写在初校结束后不久，且在公开发行之前。由此推论，则味经本《天演论》当刻于 1898 年，发行于 1899 年。③

总之，味经售书处重刊的《天演论》，不是 1895 年 4 月，而是 1896 年之后。

---

① 参见邬国义：《天演论陕西味经本探研》，《档案与历史》1990 年第 3 期。

② 叶尔恺：《致汪康年书》，《汪康年师友书札》（三），上海古籍出版社 1987 年版，第 2476 页。

③ 参见汤志钧：《再论康有为与今文经学》，《历史研究》2000 年第 6 期；俞政：《严复著译研究》，苏州大学出版社 2003 年版，第 2—6 页。

第四节 吴汝纶节本《天演论》和《天演论》手稿本之比较

吴汝纶节本《天演论》(《严幼陵观察所译〈天演论〉》),虽然只节录了《天演论》手稿本的五分之二的文字,但其不影响手稿本内容的完整性,而且观点更加明确,层次更加清晰,文字也更加精炼、更显连贯,似像一气呵成。本节所用《天演论》手稿本为王栻主编的《严复集》第5册,吴汝纶节本为沈云龙主编《近代中国史料丛刊》本(台北文海出版社出版),括号中页码即按此排序。

一、吴汝纶节本简述手稿本的基本内容

《天演论》自序(手稿本为《赫胥黎治功天演论序》)。吴汝纶节本简述了牛顿力学三大例,斯宾塞的天演界说,赫胥黎此书之旨——任天为治,自强保种等内容。(650;1410—1412)

吴本《卮言之察变》(手稿本《卮言一》)。吴汝纶节本简述了强者后绝,弱者先亡;天道变化,不主故常;物竞天择之含义、不变性、作用,引达尔文的“最宜者存”等。(651;1413—1415)

吴本《卮言之广义》(手稿本《卮言二》)。简述了世变之含义,物变所趋;天演之说的发展;天演之表现——小、大、微、显,动植、恒星、民物;单举生理民治一事说天演等。(652—653;1415—1416)

吴本《卮言之趋异》(手稿本《卮言三》)。简述了万物之品的内涵,人为万物之灵,人类和生物代趋于微异;天择之说,宜者独存其种族;物竞争存之说,争之因,争相胜;所谓三无世界——无异、无择、无争,物竞天择无所施,但非今日所居之世界也。(653—654;1416—1417)

吴本《卮言之人为》(手稿本《卮言四》)。简述了天然之物,最宜而为天择;园林之地,物种应属于人为,但又本于天演;圣人建业与昆虫草木,虽贵贱不同,要皆为天演之所苞。(654—655;1417—1419)

吴本《卮言之互争》(手稿本《卮言五》)。简述了天行人治同为天演与物竞天择之说,并不矛盾,天假人力以成务,人藉天资以立业;天人互争之表现;天行人治相反,而同原于天演也。(655—656;1419—1420)

吴本《卮言之人择》(手稿本《卮言六》)。简述了人治与天行相反,相反而同原,所以生其变化;天行者以物竞为功,物各争存,最宜者存;人治则以使物不竞为志,立其物,尽吾力为致所宜;人胜天之说,天胜人之说;天择之说,

人择之说；人择之行，必科学发达，这也是今日西国富强之秘术。（656—657；1420—1421）

吴本《后言之善败》（手稿本《后言七》）。简述了英国在澳大利亚之殖民地与英国本土大不相同；人事与天行相抗，其结果有三种可能：一是小胜而仅存，二是大胜而日新，三是负焉而泯灭且尽；所谓人事善败，一是人事善也，可以蔚成一国，二是人事败也，这是因为失其人治之宜而不为天之所择也。（657；1421—1422）。

吴本《后言之乌托邦》（手稿本《后言八》）。简述了推举人君，以伸其人治之权；以人事抗天行的措施；欲致郅治，必于民力、民智、民德三者之中求其本，兴办学校；乌托邦者，仅涉想所存而已；以后如能实现这种理想，其必尽力于人治。（657—659；1422—1424）

吴本《后言之汰蕃》（手稿本《后言九》）。简述了有化与无化之民的相同点；新主出，物竞平，又患其不足，不足则争又起，物竞起而天行用事；挽救之道，一是任民繁衍，然后谋所以处置之，二是限制民之嫁娶收养，不使其生过繁；有人主张种去其不善而存其善，是说也，未敢遽定之。（659—660；1424—1425）

吴本《后言之择难》（手稿本《后言十》）。简述了人择人有两难。（660—661；1425—1426）

吴本《后言之蜂群》（手稿本《后言十一》）。简述了择种留良之术不能行于人类；不仅人能群，禽兽也能群；蜂之为群，天之所设也；今欧洲以均富言治；蜂群之内，物竞天择，自范于所最宜，以存其种。（661—662；1426—1428）

吴本《后言之人群》（手稿本《后言十二》）。简述了人群与蜂群之共同处；人群与蜂群之不同处；人群特性是先己后人，独善自营，这是从禽兽那里发展来的，有其积极作用和消极作用。（662—663；1428—1429）

吴本《后言之制私》（手稿本《后言十三》）。简述了自营大行，群道将息；人所受于天必有制此自营的东西，那就是人的天良，天良者，保群之主、所以制自营之私、不使过用而败群。（663—664；1429—1431）

吴本《后言之恕败》（手稿本《后言十四》）。简述了治化之含义；治化虽原于天而与天行相反；礼刑之用，皆所以息愤而平争；合群平内争以敌天行；自营尽灭，其群又未尝不败；恕道也，所谓金科玉条者也，可以用之民与民，不可用之国与国。（664—665；1431—1432）

吴本《后言之最旨》（手稿本《后言十五》）。简述了手稿本对前面各篇所作的概括。（665—666；1432—1433）。

吴本《卮言之种同》(手稿本《卮言十六》)。简述了天行之物竞与人治之物竞的含义；主治者有三种人：君主，民主，数贤监国者；人群天演与动植天演不同，事功之转移易，而民之性情气质难；择种留良之术不行；物竞天择之扩展，物竞天择乃在学术、政治、工商、兵战之间。(667—668；1433—1435)

吴本《卮言之善群》(手稿本《卮言十七》)。简述了人群之争，贤者主政，则国强、民富、进群；固人事之可恃以有功者也，夫何必择种留良。(669—670；1435—1437)

吴本《卮言之新反》(手稿本《卮言十八》)。简述了保民养民之事与善群进化之事；形气之学与道德之学；实证方法三步：始于实测，继而推求，终于试验；天行—人治—天行；害群伤己—窒欲屈私—治化之新；天行又兴，人治渐退，归于无权。(670—671；1437—1438)

吴本《论之反虚》(手稿本《论一》)。简述了物有至微而可以推见大道；物有上行、下降，由虚—息—盈—消—反虚；天演如网、如扇，储能、效实，合曰天演；额拉吉赖图和孔子论变易；静与动，平与争；无官之物与有官之物，人体遗传。(672—673；1438—1440)

吴本《论之忧患》(手稿本《论二》)。简述了佛教、景教等，皆从忧患而生；忧患产生的原因和过程；世运铸圣人，非圣人铸世运；自营之私的不同作用与忧患。(674—675；1440—1442)

吴本《论之哀乐》(手稿本《论三》)。简述了蜕化之世，包括游猎之世和文明之世；天演之学的发展及其代表人物；忧与俱生，不谋而合；民之三争：争生，争不虚生，争天赋之能事；此释、景之教所由兴也。(675—676；1442—1445)

吴本《论之公约》(手稿本《论四》)。简述了刑赏之含义；群约之产生与平等、共守、公利、诛庆；法令之产生及其与公约之别，约无由奋其私，令则奋其私也；欧洲民权日升，公治日出，于是刑赏之事，乃秉公约，而尽废法令；刑严于赏，刑之轻重，因时之用；用一君之令，不如用众之约。(676—678；1445—1447)

吴本《论之天刑》(手稿本《论五》)。简述了有人认为，人主称天而行，天道福善而祸淫；为善不必福，而恶不必祸；天没有资格和能力执刑赏之柄，以祸福人邪。(678—679；1447—1449)

吴本《论之因果》(手稿本《论六》)。简述了释氏创因果轮回之说；人之苦乐都是自已播植的，有时宜福而反得祸，有时宜困而反得亨；自婆罗门至乔答摩，其为天道解者如此；对轮回之说，既不可全信，又不能遽其妄，因为它持之有故，言之成理，即求之日用常行之间，又实有其相似者。(679—680；

1449—1450)

吴本《论之种业》(手稿本《论七》)。简述了种姓之说的含义；储能与效实；种姓之说的表现：代代相传，人有后身；因果—轮回—种业；薰修之事，薰修证果之说，释氏所重，近代天演家所聚讼，薰修勤矣，而果则不必证也。(680—682；1450—1452)

吴本《论之冥往》(手稿本《论八》)。简述了净，不变者，以为之根；名或为心灵、物质，皆变动不居；净又分大净与人人之净，大净名曰婆罗门，人人之净，曰阿德门；婆罗门与阿德门，"二者本同物"，阿德门即人类灵魂，痛苦产生的根源；为了解除人生痛苦，绝圣弃智，求所谓超生死而出轮回，静心薰修，坚苦刻厉，使足仅存，就可以超凡离群，而与天为徒。(682—683；1452—1453)

吴本《论之空幻》(手稿本《论九》)。简述了乔答摩与旧教婆罗门，初不相远，后乃迥别；昔英士比尔圭黎之言性，佛说与比氏之说比较，执佛之理，而验比圭黎之言，其前说（无真非幻）与佛同，其后说（幻还有真）则大异，此印欧二教之辨也；严复案语，进一步说明比尔圭黎所著《性命论》之观点，并与佛说比较，可谓异唱同途、殊条共贯。(683—685；1453—1456)

吴本《论之佛法》(手稿本《论十》)。手稿本 53 行；吴本 39 行，近二分之一，简述了其基本内容。如婆罗门旧教所证圣果与佛道之究竟，虽若相似，已迥乎不可同视之；婆罗门旧教与佛道的"薰修自度之方不同"，婆罗门之道似杨(为我)，而佛之道似墨（兼爱)；佛道之特点；佛道广为传播；严复案语，基本相同（686—689；1456—1458)。

吴本《论之学派》(手稿本《论十一》)。简述了犹太、希腊、意大利，迭为声教文治之邦，希腊开化最早；天演学之发展——额拉吉来图为希腊学士之巨擘，苏格拉第、柏拉图师徒与雅里大德勒，未能传承额拉吉来图之学，德谟吉利图真传额拉吉来图之学，至斯多噶派出，上接额拉吉来图宗派，为天演家中兴之主，但斯多噶派提出了真宰之说。(689—690；1458—1462)

吴本《论之天难》(手稿本《论十二》)。简述了斯多噶的上帝造物说；斯多噶的为天讼直说；英国诗人朴白著《人道篇》说；对斯多噶派和朴白所述之评论，有不可解者。(693—694；1462—1463)

吴本《论之论性》(手稿本《论十三》)。简述了乔答摩悲天悯人，斯多噶乐天任运，二者均有所偏，而斯多噶之教比较乐观些；斯多噶"率性以为生"之言，有其弊端，有其合理性，后人不知斯多噶本旨；生人之性有粗且贱者，精且贵者，贵之中尚有贵者、精之中尚有精者，这后一种人性为群性，损已益群，非常重要，人可独尊，可合群，使群强大。(694—695；1464—1466)。

吴本《论之矫性》(手稿本《论十四》)。简述了天演之学，发于额拉吉来图，而中兴于斯多噶；斯多噶的观点：天者人道之标准，天道者，道德之极隆，他不知天行者，固与人治为仇者也；斯多噶之道的究竟：绝情塞私，槁木死灰，灵明与神合而为一；希腊印度两教之同、异、合；希腊斯多噶与印度旧教婆罗门之微异在苦行。(695—697；1466—1467)

吴本《论之演恶》(手稿本《论十五》)。简述了天演之学并非新学，是发前人所已发也；闵世之教、任天之教、哀乐相半；善固演也，恶亦未尝不演；生人最急之事，练身缮性，培补熏修，使天行之威日杀，而人人有以乐业安生者。(697—698；1468—1469)

吴本《论之群治》(手稿本《论十六》)。简述了天演言治，知善不知恶；天演家达尔文之学说；物竞天择的含义；择种留良不能用于人类；宜无定程，视其所遭以为断；天行与人治之消长；天行任物之竞、以致其所择，治道则应平争济众、屈已为人、酬恩报德。(698—700；1469—1473)

吴本《论之进治》(手稿本《论十七》)。简述了以天演言治者说任物竞天择致太平，是不知人治天行二者之绝非同物而已矣；对天之三种态度——法天、避天、胜天，与天争胜的含义、必要、胜之原因，应重视科学，特别是天算力质诸学；事物发展的曲折性——上行、下迤；人能济世；欧洲世教凡三变：其始如侠少年，继则求出世之法，今日之世，固将沉毅用壮，强立不反，可争、可取、而不可降，合同志之力，以转祸为福，因害为利而已矣；引英国诗人丁尼孙之诗云：“……愿与普天有志之士，共矢斯意也。”(700—702；1473—1476)

二、吴汝纶节本删去手稿本的内容

1. 理论论述方面。

(1) 理论观点。第一，“无平不陂，无往不复，理诚如是”。(665；1431—1432) 第二，道、易道、象与形。“道每下而愈况……”；“易道周流，耗息迭用。万物一圈者，无往而不遇”；“在天成象，在地成形，精之而为神为虑，显之而为气为力”。(671—672；1438—1439) 第三，“化有久暂之分，而治亦有偏赅之异”。(675；1443) 第四，“名学之理，事不相反之谓同，功不相反之谓同”。(655；1419)

(2) 学术观点。第一，批西学中源说。“必谓西学所明皆吾中国所前有，固无所事于西学焉，则又大谬不然之说也”。(650；1412) 第二，中西学术源流之三说：“不相祖述”；西学东来；“折中二者之间”——“其始皆自西域而分”，后来“自然度越前知”，如天演学即是。(688；1458) 第三，逻辑学——内导、外导。(650；1411) 第四，“名教重利害，学问审虚实。故言理贵乎其真，而无容心于其言之美恶”。(664—665；1431—1432) 第五，不可知论。以橘为例，说明“物之本体，既不敢谓其有，亦不得遽言其无”。(684—685；1454—1455) 第六，英国诗人朴白之诗，共12句，只引了2句：“彼苍审措注”，“造化原无过”。其他10句及对其评述：“如前数公言，则由来无不是上帝矣”均删掉了。(693；1463) 第七，“学术如废河然”。“……今之天演之学，亦犹是也”。(697；1468) 第八，“其为学也，根荄华实，厘然并具矣。……而不可以旦暮之言废也”。(698；1469) 第九，批驳所谓善恶自长、自消论。“用天演之学，明殃庆之各有由……必谓随其自至，而民群之内，恶必自然而日消，善必自然而日长，则吾窃窃然犹未之敢信也”。(698；1469)

上述理论论述和学术观点，删掉以后，虽然缺少了一些重要内容，如对逻辑学的介绍等，也减弱了书中的某些理论色彩和学术氛围，但由于书中没有深论，并有事实说明其观点，故而删去了也不会影响其基本精神的传达。

2. 政治观念方面。

(1) 暴君污吏与欧洲议院。第一，“此世之暴君污吏接踵，治国少而乱国多也”。这段话，在手稿修改时，严复已勾掉了，吴本亦删。(677；1446注1) 第二，要想主持人择人“或如欧洲天听民听，天视民视，公举公治之议院”。(660；1426)

(2) 政治之术。“凡政治之所施，皆用此术（即实测——推求——试验）”。(670；1437)

(3) 欧洲均富言治。“蜂之为群，乃真有合于前古三代之规，而为今日欧洲以均富言治者之极制也”。(661；1427—1428)

(4) 刑赏。第一，刑赏之公。“欲知神道设教之所由兴，又必自知报施刑赏之公始”。(677；1446) 第二，刑赏之真谛与作用。“刑必当其自作之孽，赏必如好善之真，夫而后惩劝行，而有移风易俗之效焉。杀人者固必死也，而无心之杀，情有可论，即不与谋故者同科”。(677；1447) 第三，通法、同符、公约。“以公义断私恩者，古今之通法也；民赋其力以供国者，帝王制治之同符也。犯一国之常典者，国之人得以共诛之，此又有众者之公约也”。(700；1473)

上述内容删去了，使该书缺省了一些内容，但有的内容，如欧洲均富言治，书中仍有其介绍，又如反对暴君污吏，严复在修改手稿时也已经勾掉了，吴本将其删掉，也不妨碍人们对全书主要精神的理解。

3. 同类性质或具体事实方面。

(1) 进化方面。

第一，介绍达尔文、斯宾塞之学说。手稿本全书末另有一段严复案语："物竞天择二义，发于达尔文……赫胥黎于乙酉七月卒，年七十也。"吴汝纶节本则全删去了（702；1476）

第二，竞争进化。其一，"天演既兴，三理（异、择、争）不可偏废"。（654；1417）其二，"争固起于不足也"。（654；1417）"以谓争常起于不足，乃为之制其恒产，使民各有以遂其生"。（658；1422—1424）"何谓天行物竞：救死不赡，民争食也"。（666；1433）其三，内争与外争。"既欲其民和其智力，以与其外争矣，则其民必不可互争以自弱也"。（658；1422—1424）"人群大和，而人外之争尚自若也，过庶之祸，无可逃也"。（670；1437）其四，择种留良之术不能用于人类社会。"开垦之事与前喻之园林，虽大小相悬，而其理则一"。（657；1422）在垦荒之地（即殖民地）内，"其首领即圣人的措施，亦法园夫之治园已耳，圣人之于其民，犹园夫之于其草木也"。（658；1422—1424）"善群进化之事，园夫之术必不可行，故不可以人力致"。（670；1437）其五，"自皇古迄今，为变盖渐"。（651；1414）

第三，天人关系。其一，关于天及人们对天之态度。一则，"后人之言天"有三：一"是有始焉"；二"未尝有始终也"；三是"斯多噶之徒谓天者，人道之标准"。（696；1466）二则，"本天立教救世，以为天者万物之祖"。（680；1449）三则，"天道必不可知……"（680；1449）四则，乐生与悲天。"……文治既兴，悲天悯人之意多，而乐生自喜之情损"。（696；1466—1467）五则，反对"佚少之轻剽"和"哀生悼世"。（702；1475）其二，天行与人治。一则，"人事济天工之穷，人巧足以夺天工"。（654；1418）。二则，天行与人治之联系。"治化虽为人事，而推其原则亦属天行；不本天赋，则无以动其几"。三则，天行与人治之区别。"人之所善所恶，未必即天之所善所恶也。……孟子性善之言未必是，而荀子性恶论亦不必非"。（700；1473）"天行人治二者相反相毁明矣"。（655；1419）如果乌托邦国真实现了，"那将是尽力于人治以补天，使物竞泯焉，而存者皆由人择而后可，及其至也，天行人治，合同而化，异用而同功"。（658；1422—1424）四则，天人相胜。一是"人胜天，天胜人，斯二者皆不可知而可知者也。夫天人相胜固如此矣"。（656；1421）二是"人之能胜天者，法大行……法大驰，而人能胜天之具尽丧矣"。（700；1471—1472）三是"欧洲强盛富有"之原因——"胜之天行"，"据已事以验将来，则吾胜天为治之说，不可诬也"。（论十七：701；1473—1474）五则，天、人各有所能。"……天之能，人固不能也；人之能，天亦有所不能也……"（700；1471）六则，"言天人之际者，不外二家：一出于教，一出于学。教则以公理属天，私欲属人；学则以尚力属天，而尚德属人。言学者，言天也，不能舍形气；言教者，不能外化神以言理”。(699—700；1472—1473) 七则，“自其本体而言，理不能舍天而专属之人也”。(694—695；1465—1466) 八则，“人为帝王，动曰天命矣”。(678；1448) 其三，上天与宗教。一则，本天立教救世。“伊本天立教之家，意存夫救世，以为天者万物之祖”。(680；1449) 二则，“因果轮回之说者，持可言之理，引不可知之事，以解天道之无知者也”。(680；1449)。三则，“一教既行……皆可言之成理”。(694；1462)。

(2) 伦理方面。

第一，人性方面。其一，性之含义。“自然者谓之性，与生俱生者谓之性”。其二，性之类型。“有曰万物之性，有曰生人之性”。(694；1465) 其三，三性——“善”、“恶”、“善恶混”。一则，人性善。有“生人之性——清净之理”，“故能以物为与，以民为胞，相养相生，以有天下一家之概也”。(695；1465)“慈幼者，仁之本也”。(663—664；1429—1430)“泰东者曰：己所不欲，勿施于人”。“今有批吾颊者，使吾而没批者之身，则左受而右不再焉，已厚幸矣”。“是故恕之为道，可以行其半，而不可行其全”。(664；1431—1432)。二则，人性恶。“先民曰：人之性恶。又或曰：人为孽种，自有生以来，便含罪过。其语皆有所证，而未可尽非也”。“夫曰先天下为忧，后天下为乐者，世固有是人焉，而无如其非本性也”。(662；1428—1429) 另外，手稿本《论性》一节中的严复案语，吴汝纶节本只录取了一行 (694；1465)。三则，善恶难辨。“譬有人焉，其左手操刀以杀人，其右能超死而肉骨之，此其人善耶恶耶？仁耶不仁耶？自我观之，非仁非不仁，无善无恶”。(678；1448) 斯多噶“率性以为生”之言，“此其为论所据者高，然而其道又未必能无弊也”。“然而以斯多噶之言为妄，则又不可也，何者？言各有攸当……”(694；1464) 四则，不信善恶自长、自消论。“必谓随其自至，而民群之内，恶必自然而日消，善必自然而日长，则吾窃窃然犹未之敢信也”。(698；1469) 五则本性难改。长时期“习为攘夺不仁者”，“其治化虽进，其萌仍存。此世之所以不善人多而善人少也”。(674；1442)“自营不仁之气质，变之綦难；而仁让乐群之风，渐摩日浅，势必不能以数千年之磨洗，去数十百万年之积习”。(675；1443)

第二，民风与国家关系。其一，从历史纵向看，“观之《诗》”，可知“秦卒以有天下，而唐（晋）、魏卒底于亡”。“周秦以降，与戎狄角者，西汉为最，唐之盛时次之，而南宋最下”，这都与当时的民风有关。(696；1467) 其二，从现实横向看，“至于今日，以教化论，欧洲与中国，优劣尚未易可言”。但是，“欧洲之民，设然诺，重信果，重少轻老，贵壮健无所屈服之风，即东海之倭，其

轻生而尚勇，死党好名，亦与中国之民风大有异”。(696；1467)

(3) 中国的传统论著、典故方面。

第一，《易经》原话及评论。手稿本自序中所引《易经》上的原话及对《易经》的评论，吴汝纶节录本全删掉了。比如，“《易》曰：乾其静也专，其动也直”；“《易》曰：坤其静也翕，其动也辟”；“《易》曰：自强不息之谓乾”。又如，“司马迁曰：《易》本隐而之显，《春秋》推见至隐”；“迁所谓本隐而之显者，即彼所谓外导是已；所谓推见至隐，即彼所谓内导是已”。(650；1411—1412)

第二，伦理方面。其一，人己关系。如“由墨之道以为人，由杨之道以自为”。(661；1427—1428) 其二，吉凶祸福。“语曰：天道福善而祸淫。又曰：惠迪吉，从逆凶。吉凶祸福者，天之刑赏欤?”(678；1447) 其三，气质之性。“程子有所谓气质之性，即告子所谓生之谓性，荀子所谓恶之性也”。“朱子主理居气先之说”。(694—695；1465—1466)

上述进化思想、伦理思想，是《天演论》的主导思想，但吴汝纶节本删去的内容，有的其本身的重复性就非常明显，有的属于同类性质方面的一些论述或者一些具体事实，虽然是重要内容，但不会影响该书的基本精神的传扬。需要说明的是，吴汝纶不赞成严复在所译西方人的著作中，硬加上中国历史上的人和事，所以他在节录本中，很自然地删去了这方面的有关内容。后来严复也接受了他的建议，将正文中所引用的中国历史上的人和事，转放在自己所加的案语或注释中。

三、吴汝纶节本中改变和增加的内容

1. 改变的内容。

吴汝纶将手稿本之“以人择人，何异于上林之羊，欲自为其卜式，汧、渭之马，欲自为其伯殴翳，多见其不知量而败也已”，改成“以人择人，是何异使羊择羊，使马择马，此必不可得之数也”。(660；1426)

将手稿本之“后有奸雄起而窃之，乃易此一己奉群之义，以为其一国奉己之名”，改为“后有雄俊者起，乃泰然独据其势而擅其刑赏之权”。(677；1446)

将手稿本的“才无不同”、“自营无艺”，改为“才无不能”、“自营盛也”。(665—666；1432)

2. 增加的内容。

全书共35节，《天演论》手稿本中，每节均无标题，吴汝纶则在每节的最后均增加了小标题。吴汝纶曾建议严复加上小标题，他还开列了每节的标题名称给严复。后来，严复在正式版中基本接受了吴汝纶的建议，只有7个另改篇名，

接受率达 80%。

吴汝纶删去了手稿本自序中所引《易经》中的诸多原文及其与西学相比附的话，最后增加了一句："此诸说，皆与易理相通。"（650；1410—1412）又在《人择》一节中，增加了《天演论》手稿本《卮言六》中已勾去的一句："易曰：一阴一阳之谓道。"（656；1420—1421）

四、吴汝纶对《天演论》的贡献

1. 建议保持所译《天演论》原著的原貌。

第一，不要在译文中加入中事、中人。吴汝纶在 1897 年 3 月 9 日《答严几道》信中说："顾蒙意尚有不能尽无私疑者，以谓执事若自为一书，则可纵意驰骋；若以译赫氏之书为名，则篇中所引古书古事，皆宜以元书所称西方者为当，似不必改用中国人语。以中事中人，固非赫氏所及知。"① 吴认为这只是小毛病，且在《译例言》中已有说明，不过还是"纯用元书之为尤美"，"其他则皆倾心悦服"。

第二，要将翻译文本和个人论述严格区分。吴汝纶在 1897 年 3 月 9 日《答严几道》信中还说："法宜如晋宋名流所译佛书，与中儒著述，显分体制，似为入式。"就是说，要像晋宋翻译佛书那样，将翻译文本和个人论述严格区分开来。

第三，关于书中提及赫胥黎名字问题。严复在《天演论》手稿中说："今之主其说以言物理天道者，欧美诸国显者无虑数十百家，于英国则以达尔文、锡彭塞、赫胥黎为之最。"吴汝纶在此句旁边批道："此译赫氏书似不宜称及赫氏。"②

第四，关于文字押韵的问题。吴汝纶在 1899 年 4 月 3 日《答严几道》信中谈及欧洲国史的翻译问题时说："欧史用韵，今亦以韵译之，似无不可，独雅词为难耳。中国用韵之文，退之为极诣矣。私见如此，未审有当否。"③

2. 建议重视文字的达和雅——与其伤洁，毋宁失真。

吴汝纶既强调忠实于原文，又特别重视文字之达和雅，当翻译之信的原则与达、雅之原则发生冲突时，他主张"与其伤洁，毋宁失真"。他在 1899 年 4 月 3 日《答严几道》信中说："欧洲文字与吾国绝殊，译之似宜别创体制，如六朝人之译佛书，其体全是特创。今不但不宜袭用中文，并亦不宜袭用佛书。窃谓

---

① 吴汝纶：《答严几道》（1897 年 3 月 9 日），《严复集》第 5 册，第 1560 页。
② 严复译：《天演论手稿》（1896 年），《严复集》第 5 册，第 1415 页注 3。
③ 吴汝纶：《答严几道》（1899 年 4 月 3 日），《严复集》第 5 册，第 1565 页。

以执事雄笔，必可自我作古。”又说：“来示谓行文欲求尔雅，有不可阑入之字，改窜则失真，因仍则伤洁，此诚难事。鄙意与其伤洁，毋宁失真。凡琐屑不足道之事，不记何伤。若名之为文，而俚俗鄙浅，荐绅所不道，此则昔之知言者无不悬为戒律，曾氏所谓辞气远鄙也。文固有化俗为雅之一法，如左氏之言马矢，庄生之言矢溺，公羊之言登来，太史之言夥颐，在当时固皆以俚语为文，而不失为雅。”这一思想对严复影响很大。

3. 建议每篇添加篇名、改变导言之名称。

吴汝纶在1898年3月20日《答严几道》信中说：“其命篇立名，尚疑未慊。卮言既成滥语，悬疏又袭释氏，皆似非所谓能树立不因循者之所为。下走前钞福（副）本，篇各妄撰一名，今缀录书尾，用备采择。”①

4. 撰写《天演论》序言。

严复在1897年10月15日《与吴汝纶书》中说：“许序《天演论》，感极。”② 吴汝纶在1898年3月20日《答严几道》信中也说：“接二月十九日惠书，知拙序已呈左右，不以芜陋见弃，亮由怜其老钝，稍宽假之，使有以自慰。至乃以五百年见许，得毋谬悠其词已乎。”吴汝纶自称“拙序”，严复表示“感极”。

吴汝纶在《天演论》序言中，讲了“严复译书之道与文”：首先，肯定严复译书发挥了赫胥黎之道，“以严子之雄于文，以为赫胥黎氏之指趣，得严子乃益明”。接着，阐述了“道”与“文”之关系。有三种情况，“上者，道胜而文至；其次，道稍卑矣，而文犹足以久；独文之不足，斯其道不能以徒存”。他从存亡、短久的角度，强调了文的重要，然后从历史的角度讲述了文的类型和发展，并认为晚周以来，诸子百家，其“文多可喜”。又说：“文如几道，可与言译书矣。……严子一文之，而其书乃骎骎与晚周诸子相上下”。吴认为，严复之译《天演论》，“不惟自传其文而已，盖谓赫胥黎氏以人持天，以人治之日新，卫其种族之说，其义富，其辞危，使读者怵焉知变”。但吴对严复不用时文，而用古文翻译，能否达到预期效果，又表示怀疑，“与晚周诸子相上下之书，吾惧其舛驰而不相入也”。

吴汝纶师事曾国藩，是桐城派古文大师，当时主持保定莲池书院，他为《天演论》撰写序言，以他的地位和声誉，对宣扬《天演论》起了重要的作用。

5. 在日记中摘录《天演论》手稿本并出版。

吴汝纶在1897年3月9日《答严几道》信中说：“吕临城来，得惠书并大著

① 吴汝纶：《答严几道》（1898年3月20日），《严复集》第5册，第1562页。

② 严复：《与吴汝纶书》（1897年10月15日），《严复集》第3册，第522页。

《天演论》，虽刘先生之得荆州，不足为喻。比经手录副本，秘之枕中。盖自中土缮译西书以来，无此宏制。匪直天演之学，在中国为初凿鸿濛，亦缘自来译手，无似此高文雄笔也。钦佩何极。”严复与吕秋樵书也说：“幼陵观察所译《天演论》，果为奇书，赫胥黎故善谈名理，幼公文笔纵横，尤足推倒一时豪杰，爱不忍释，因亲录副本，藏为鸿宝。”① 1903 年 7—8 月（光绪二十九年六月）上海文明书局出版活字印刷版，名为《吴京卿节本天演论》。胡适在 1905 年读的《天演论》就是《吴京卿节本天演论》，可见其具有一定的影响。

严复基本上接受了吴汝纶的各项建议，严复在《与吴汝纶书》中说：“拙译《天演论》近已删改就绪，其参引已说多者，皆削归后案而张皇之，虽未能悉用晋唐名流翻译义例，而似较前为优，凡此皆受先生之赐矣。”在该信中严复还主动请吴汝纶给《天演论》手稿修改本再提意见，说：“《天演论》改本已抄得两份，当托子翔寄一份去，恳先生再为斟酌。”②

1898 年 3 月 20 日吴汝纶在《答严几道》信中也说：“《天演论》凡已意所发明，皆退入后案，义例精审。”

总之，吴汝纶不仅对严译《天演论》提出了许多具体的修改意见，而且为《天演论》的修改、定稿、出版、传播作出了重要贡献。所以有人说：“事实充分说明，严复的译著《天演论》等，是与吴汝纶积极帮助分不开的，从某种意义上说，是他们二人共同完成的，因为其中确实凝结着吴汝纶一份心血。”③

“一般人在讨论《天演论》时，往往不够注意严复的成就其实不是他个人的成就，吕增祥、吴汝纶等知交、师友都贡献了一部分的心力，都是幕后功臣。其中吴汝纶亲自为之修改、作序，更使该书宛如受到大师‘加持’，其声望因而陡然提升”④。

第五节　《天演论》手稿与正式版本之比较

以 1898 年沔阳慎始基斋本《天演论》为标准，比较 1896 年《天演论》手

---

① 沈云龙主编：《近代中国史料丛刊》第 37 辑第 367 号（二），第 702——703 页。

② 严复：《与吴汝纶书》(1897 年 10 月 15 日)，《严复集》第 3 册，第 520—522 页。

③ 梁义群：《严复与吴汝纶》，《严复与中国近代化学术研讨会论文集》。

④ 黄克武：《吕增祥、吴汝纶与严译〈天演论〉》，黄克武：《走向翻译之路：北洋水师学堂时期的严复》，《近代史研究所集刊》2006 年第 49 期。

稿，看《天演论》修改了哪些具体内容，从中了解严复的思想变化以及对吴汝纶所提修改建议的采纳情况。手稿本采用王栻主编的《严复集》第5册，正式本为商务印书馆1981年版《天演论》。括号内的语句为正式本删去或增加的内容。

一、正式本删去手稿的内容

1. 天演进化。

(1) 斯宾塞、赫胥黎对天演之不同解释。《卮言二》原文曰：天演之说，“滥觞于上古，而大行于近今百年。盖格致之学明，而时时可加实测故也。”(今之主其说以言物理天道者……于英国则以达尔文、锡彭塞、赫胥黎为之最……锡彭塞之意偏主息盈，而以消虚为异体之天耗，于理骈枝矣。而赫胥黎则谓天演义兼消息，譬之生物，由胚胎以至老死；譬之群治，由狉榛以至盛强衰灭，理原一体，皆天演之事也。盖消息同物，特正负之间异耳。诸家论天演之义异同如此。)”(1415注3；5—6) 括号内为修改时勾去的内容，锡彭塞为天演界说的具体内容后移入正式本的本节复案中，并加以扩充发挥。

(2) 天演和易。第一，达尔文和《易》。《卮言一》原文曰：“达尔文曰：‘天择者，存物之最宜者也。’(《易·大传》曰：精义入神以致用也，利用安身以崇德也。)”(1415页注1；3) 第二，天演即易。其一，西学谓之天演，中国谓之易。《卮言二》原文曰：“小之极于跂行倒生……言其要道，皆可一言蔽之，(此其道在中国谓之易，在西学) 谓之天演。”(1415注2；5) 其二，西方天演之学与中土之易学。《论三》原文曰：“是故天演之学，虽发于生民之初……(观之中土，则《易》兴中古，俟孔子而后明。而如老庄之明自然，释迦之阐空有，额拉吉赖图、苏格拉底、柏拉图等之开智学于希腊。夷考其世，皆萃于姬周叔季之间，而时代相接，呜呼！是岂偶然也哉。)”(1443注2；53—54)

(3) 变化和易。第一，易与乾坤之息。《卮言一》原文曰：“但据前事以推将来，则知此境既由变而来，此境亦将恃变以往。(《易·大传》曰：乾坤其易之缊耶！又曰：易不可见，则乾坤或几乎息矣。即此谓也。)”(1414注1；2) 第二，易与阴阳之道。《卮言五》原文曰：“由是则天行人事之相反也，其原又何不可同乎？(《易·大传》曰：一阴一阳之谓道，是) 同原而相反者，固所以成其变化者也。”(1420注1；16)

(4) 宜与易。第一，今日之宜、义、利用。《论十六》原文曰：“而今日之最宜，即今日之最善者也。(故《易》曰：精义入神，以致用也。今日之宜，即今日之义，今日之义，即今日之利用也。)”(1470注1；91) 第二，宜而存者亦有不同。《论十六》原文曰：“德贤仁义，其生最优。(《易》曰：天地变化草木蓄。又曰：天地闭，贤人隐。孟子曰：天下无道，小役大，弱役强，天下有道，小德役大德，小贤役大贤。亦曰：世变治乱不同，则宜而存者亦有不同故耳。)”(1471 注 1；91)

2. 天人关系。

(1)《易》言天道，《春秋》治人事。《论四》原文曰：“亦若曰：子之所为，不宜于群，而为群之所不能容云尔。(故舜之命士曰：眚灾肆赦。又曰：罪疑惟轻。而仲尼之述六艺也，《易》、《春秋》最严。《易》言天道，而为君子谋，故系辞焉以明吉凶。《春秋》治人事，而防乱贼，故诛意焉以著褒贬。司马迁曰：《易》本隐而之显，《春秋》推见至隐。荀卿子曰：刑者，所以禁未也。作‘末’者大误。)”(1446 注 4；59)《天演论》正式本将其中的“仲尼之述六艺也，《易》、《春秋》最严”，“司马迁曰：《易》本隐而之显，《春秋》推见至隐”，转入《天演论自序》中。

(2) 治化与天行之关系。

第一，治化与天行之对。《卮言十四》原文曰：“治化虽原出于天，而与天行相反。(此治化之名，所以常与天行对也。班固曰：不仁爱则不能群，不能群则不胜物，不胜物则养不足，群而不足，争心将作，斯言也，与以天演言治者，又何间乎。)”(1431 注 1；33) 在《天演论》正式本中，已将上述括号内的话，转入《制私第十三》的复案中，这说明严复认为班固言治与天演言治是一致的。

第二，华胥即乌托邦。《卮言八》原文曰：“夫如是之国，古今之世所未有也，故 (中国谓之华胥，而西人) 称之曰乌托邦。”(1424 注 1，2；22)

第三，人事代天工。《卮言四》原文曰：“自土硎洼尊，以及今之铁舰电机，精粗迥殊，皆人事也。(《书》曰：天工人其代之) 人事者，所以济天工之穷也。”(1418 注 3；13)

3. 伦理。

(1) 孟子、孔子、老子论人性。《论七》原文曰：“薰修证果之说，乃释氏所最重……夫 (孟子曰：居移气，养移体。孔子曰：性相近，习相远，然则) 以受生之不同，与修习之得失，其人性之美恶，将因而有扩充消长之功。此诚不诬之论也。”(1451 及注 2；64)《论十三》原文曰：“有物浑成，字曰清净之理。(此则《周易》所谓‘元’，孔子所谓‘仁’，老子所谓‘道’，孟子所谓‘性’，名号不同，而其为物则一。)”(1465 注 1；84)

(2) 仓廪实，知礼节。《论三》原文曰：“盖由来礼乐之兴，必在去杀胜残之后。(而夷吾相齐，仓廪实乃知礼节，仲尼策卫，既庶富而后教之。)”(1444 注 1；54)

(3) 吾儒变化气质之论。《论七》原文曰："吾故知印度薰修证果之言（与吾儒变化气质之论，皆）由有所不得已而后起义也。"（1452 注 1；65）在《天演论》正式本中，将"吾故知印度薰修证果之言"，改为"故竺乾新旧二教，皆有薰修证果之言……"

4. 哲学。

(1) 佛境由心造，《中庸》致中和。《论九》原文曰："乃神明之世界，而非气质之世界也。(其持论如此，与佛所谓境由心造，《中庸》所谓'致中和，天地位，万物育'者，可谓异唱同涂，殊条共贯者矣。)"（1456 注 1；69—71）在《天演论》正式本中，该节案语改动很大，不仅删去了上述括号中的话，而且增加了很多篇幅，与手稿本中原来案语，几乎完全不同。

(2) 吾儒先之所谓气。《卮言三》原文曰："凡此皆为有质之物也，合之无质之声热光电动力，(凡吾儒先之所谓气者）而万物之品备矣。"（1416 注 1；8—9）

(3) 言天必有节于人，言古必有验于今。《论十五》原文曰："四千余年以来之人心，(语曰：善言天者，必有节于人，善言古者，必有验于今。然则）意者大相远乎。"（1468 注 1；87—88)。

(4) 净与名、心灵与物质。《论八》原文曰："净之云者……名之云者，有为之法，（这两句原为'或为心灵，或为物质',）变动不居，不主故常者也。"（1452 注 2；65－66)

(5) 天人相胜不可知而可知。《卮言六》原文曰："此人胜天之说也……此天胜人之说也。(斯二者皆不可知而可知者也）夫天人相胜固如此矣。"（1421；17—18)。

(6) 老聃、庄、列之徒未之知。《论二》原文曰："咸其自至，而虐之者谁欤？(彼老聃、庄、列之徒，未之知也。嗛嗛然訾圣智，薄仁义，谓哼哼已乱天下，未若还淳反朴之为得也。明自然矣，而不知礼乐刑政者，正自然之效。此何异乐牝牡之合而怪其终于生子乎？此无他，视圣智过重，以转移世运为圣人之所为，而不知世运至，然后圣人生，世运铸圣人，而非圣人铸世运也，徒曰明自然而昧天演之道故也。)"（1441 注 2）严复在修改时，勾去了括号中的这段话，将其部分内容纳入正式本的正文之中："转移世运，非圣人之所能为也，圣人亦世运中之一物也。世运至而后圣人生，世运铸圣人，非圣人铸世运也。使圣人而能为世运，则无所谓天演者矣。"(52)

5. 政治观点方面的删改。

一是将"后有奸雄起而窃之"改为"后有霸者，乘便篡之"。(1446 注 1、2；58）二是删去"嗟夫！此世之暴君污吏接踵，治国少而乱国多也"；"而其推本刑赏之政之所由来，与吾中国载籍所传，其本末之不可同则如此”。(1446 注 1, 2; 58)。三是去掉“窃钩者诛，窃国者侯”。(1435; 40)

6. 将中国古代人名、书名、典故及赫胥黎去掉或改为泛称。

(1) 将中国古代人名改为泛称或去掉。第一，将“荀卿”改为“先民”、“古人”。(1427 注 1、1429 注 2; 27、29) 第二，将“汉、宋诸儒”改为“古德”。(1449 注 1; 61) 第三，去掉“如庄周所云”(1428 注 1、1442 注 1; 28、53) 第四，去掉“韩非曰”(1429 注 1; 29) 第五，去掉“孟子曰：仁者”。(1430 注 1; 31) 第六，去掉“君子董仲舒，小人谷永、杜钦”。(1449 注 3; 62)

(2) 将中国古代书名“语曰”改为“建言有之”，并增加了一句“惟影响”。(1447; 59)

(3) 删去了“赫胥黎曰”四字。(1434; 39)

二、正式本改变手稿的内容

正式本恢复手稿本中已改掉的内容，仍将哈曼杀摩迪开的故事，改换成中国李广将军杀灞陵尉的故事。(1430; 31)

另外，正式本还改变了某些文字内容。

其一，天演之学。第一，将“生民之初，大盛于今世”，改为“商周之间，欧亚之际，大盛于今日之泰西”。(1443; 53—54) 第二，将“达尔文”改为“斯宾塞尔”。(1415; 2) 第三，将“天演之理”改为“天演之学”，将“谈气运”改为“言治”。(1474; 94)

其二，宗教伦理。第一，将“印、欧诸教”改为“释、景、犹、回诸教”。(1445; 55) 第二，将“自营”改为“保群”。(1471; 91)

其三，法典。将“犯一国之常典者”改为“犯一群常典者”，“方之同时”改为“方之五洲”。(1473—1474; 93)

三、正式本增加的内容

1. 天演进化方面。

(1) “不变惟何？(是名天演。以天演为体，而其用有二：) 曰物竞，曰天择”。(1414; 2)

(2) “不知一群既涣，人治已失其权…… (何则？天演之效，非一朝一夕所能为也)”。(1434; 39)

(3) “天演之学，将为言治者不祧之祖。(达尔文真伟人哉)”。(1474; 94)

2. 在认识论方面。

"（名学家穆勒氏喻之曰:）今有一物于此，视之泽然而黄，臭之郁然而香，抚之挛然而圆，食之滋然而甘者，吾知其为橘也"。(1454；68)

3. 联系现实方面。

"名、数、质、力数学者明，则人事庶有大中至正之准矣（然此必非笃古贱今之士所能也)"。(1474；94)

四、修改中的思想变化

通过上述两书比较，可以看出正式本与手稿本的基本内容是一致的，其修改的重要内容及其思想倾向，主要有以下三个方面：

1. 在政治观点上，手稿本言辞比较激烈，修改后的正式版本则比较温和。

这一方面，突出地表现在对待暴君污吏和奸雄的态度上。如手稿本《论四》原文曰："嗟夫！此世之暴君污吏接踵，治国少而乱国多也"，正式本将其去掉了。《卮言十六》原文曰："窃钩者诛，窃国者侯"，正式本中也删掉了。《论四》原文曰："后有奸雄起而窃之，乃易此一己奉群之义，以为其一国奉己之名"，正式本改为"后有霸者，乘便篡之"，"此数百千年来，欧罗巴君民之争，大率坐此"。《论四》原文曰："而其推本刑赏之政之所由来，与吾中国载籍所传，其本末之不可同则如此"，正式本将其删掉了。可见严复在1895—1896年之间，言辞是比较激烈的。早在1895年3月，严复在天津《直报》上发表的《辟韩》一文中就说："自秦以来，为中国之君者，皆其尤强梗者也，最能欺夺者也。秦以来之为君，正所谓大盗窃国者耳。"① 在1896年的《天演论》手稿中延续了这种思想。

但在1897年修改《天演论》和1898年正式出版《天演论》时，言辞却逐渐趋向温和。因为1896年，梁启超在上海《时务报》上转载了严复的《原强》、《辟韩》等文。两个月后，张之洞就指使屠守仁写了一篇《辨〈辟韩〉书》，也在《时务报》上发表，指责严复"溺于异学，纯任胸臆，义理则以是为非，文辞则以辞害意"，说什么文中"乖戾矛盾之端，不胜枚举"。该文的发表引起严复的警惕，据说严复当时还将罹不测之祸，经人疏解才罢。② 之后，严复在政治问题上更加谨慎，由言辞激烈逐渐地趋向平和，这既是为了自免灾祸，也是为了更好地进行思想启蒙教育，而他对于封建专制主义和蒙昧主义的批判则是没有变化的。如正式本《进化第十七》中，增加了"然此必非笃古贱今之士所能

① 严复：《辟韩》，《严复集》第1册，第34—35页。

② 参见王栻：《严复传》，第32页，上海人民出版社1957年2月版。

也”一句，具有很强的针对性和现实感，反映了译者对“笃古贱今之士”的蔑视和崇新、崇今的心理。

2. 由注重西学中国化到更注重信的翻译原则。

严复在1896年完成的《天演论》手稿本及其自序中，一方面，指出民族和国家之危亡形势，强调要向西方学习，自强保种、合群保种；另一方面，又指出，在学术方面，包括名、数、质、力，“吾古人之所得，往往先之”，但是，“古人发其端，后人莫能竟其绪”，而西方学术却盛行起来，“是以生今日者，乃转于西学，得识古之用焉”。就是说，学习西学，是为了发扬国学。同时，充分肯定孔子六经，尤其是《易》和《春秋》。他说：“仲尼之于六艺也，《易》、《春秋》最严”，“今夫六艺之于中国，所谓日月经天，江河行地者也”。对于《易》，更认为它是百科全书，一是包含逻辑学之外籀思想（“《易》本隐而之显”）；二是包含名、数、质、力四学（“吾《易》则名、数以为经，质、力以为纬，而合而名之曰《易》”）；三是包含牛顿力学之定律（“而《易》则曰：乾其静也专，其动也直”）；四是包含天演之界说（“而《易》则曰：坤其静也翕，其动也辟”）；五是认为《易》即天演（“跂行倒生，日星天地；思虑智识，国政民风，言其要道，皆可一言蔽之，此其道在中国谓之易，在西学谓之天演”）；六是天演之学与《易》学同时兴起（“天演之学，虽发于生民之初，而大盛于今世。观之中土，则《易》兴中古，俟孔子而后明，是岂偶然也哉”）。严复将中国的人、事、书、历史典故等，纳入《天演论》手稿的正文之中，目的是为了使西学中国化，便于国人理解和接受。

严复在1897年至1898年修改《天演论》手稿的过程中，则将译稿正文中关于中国的人、事、书、历史典故等，或删去，或转入案语和注释中。在《天演论》正式本中，基本上保留了上述内容，但有些内容却删去了，这主要是采纳了吴汝纶的建议，在西方人的著作中，不宜加入原文中没有的关于中国的人、事、书、历史典故等内容，而不是译者对传统文化态度有什么新的变化。在《天演论》手稿本和正式本中，严复对于中西文化，既不是全盘否定传统文化，也不是全盘西化，而是通过西学来弘扬国学，使中西文化相结合。

3. 严复信奉达尔文，但更崇信斯宾塞。

在《天演论》手稿本《卮言一》中原文曰：“达尔文曰：‘天择者，存物之最宜者也。’”正式本中改为“斯宾塞尔曰：‘天择者，存其最宜者也。’”将“达尔文曰”改为“斯宾塞尔曰”，正反映了译者严复更加崇信斯宾塞的思想。

严复思想的变化，除了体现在《天演论》手稿的修改过程之中外，还体现在《天演论》正式本的演变过程之中。

(1) 戊戌政变前后出版《天演论》正式本的思想变化。

在戊戌政变前夕（1898 年 6 月 10 日后至 9 月 21 日前）出版的第一个《天演论》正式版本——湖北沔阳卢氏慎始基斋本《天演论》，其《译例言》中共有七段；而在戊戌政变后不久，严复自己在天津出版的侯官嗜奇精舍石印本《天演论》中，则将《译例言》第七段中的“新会梁任父”五个字去掉了。

为什么要去掉这五个字呢？因为戊戌政变后，康有为、梁启超逃亡海外，六君子喋血菜市口，严复也屡遭顽固守旧分子奏劾，处于危险境地。虽在王文韶、荣禄、裕禄等前后几位上司的疏通下，得以脱险，但经过这一重大政治事变，严复心灵也有所触动，于是他在出版侯官嗜奇精舍石印本时，乃将“新会梁任父”五个字删掉，一则是为了避祸自保，二则也是为了集中精力译书警世，进行思想启蒙，救国救民。他在 1899 年 3—5 月间写信给他的老朋友说：“复自客秋以来，仰观天时，俯察人事，但觉一无可为。终谓民智不开，则守旧、维新，两无一可。即使朝廷今日不行一事，抑所为皆非，但令在野之人，与夫后生英俊洞识中西实情者日多一日，则炎黄种类未必遂至沦胥，即不幸暂被羁縻(亡国)，亦将有复苏之一日也。所以屏弃万缘，惟以译书自课。”他认为他的译书事业是救国大业，是根本；同时也觉得这些书译成之后“仆亦不朽矣”。[①]

(2) 1903 年《天演论》传播开后呼吁“稍为持重”。

1903 年严复翻译出版《群学肄言》一书，他在《译〈群学肄言〉序》中说：《天演论》出版以后，一些“浅谫剽疾之士，辄攘臂疾走，谓以旦暮之更张，将可以起衰，而以与胜我抗也。不能得，又搪撞号呼，欲率一世之人，与盲进以为破坏之事。顾破坏宜矣，而所建设者，又未必其果有合也。则何如稍审重，而先于学之为愈乎？诚不自知其力之不副，则积期月之勤，为逐译之如左”[②]。1918 年 1 月 13 日严复在《与熊纯如书》中，回忆 1903 年当时的情况说：“时局至此，当日维新之徒，大抵无所逃责。仆虽心知其危，《天演论》既出之后，即以《群学肄言》继之，意欲锋气者稍为持重”。“不幸风会已成”，未能达到目的。[③] 就是说，《天演论》正式出版后，激发了人们的爱国热情和革新思潮，严复又翻译出版《群学肄言》，呼吁人们“稍审重”、“稍为持重”。严复强调天演持重，并不表明严复思想本身有什么变化，他是针对一些“浅谫剽疾之士”，主张“以旦暮之更张，将可以起衰，而以与胜我抗也”或“盲进以为破坏之事”

---

① 严复：《与张元济书》，《严复集》第 3 册，第 525 页。

② （英）斯宾塞著、严复译：《群学肄言》，商务印书馆 1981 年版，卷首第 7 页。

③ 严复：《与熊纯如书》，《严复集》第 3 册，第 678 页。

的社会过激言论而发的，这与他的渐进论思想和君主立宪的政治主张是一致的。

(3) 1913年讲演《进化天演》，进一步诠释天演。

《天演论》出版15年之后，严复又在教育部1913年夏期讲演会上讲演“进化天演”。“旧日拙著有《天演论》一书”，“其原书，乃英人赫胥黎零编小识，不甚经意之作，并非成体专书”，“而于天演全体精义，少所发明”。这种“零编小识”之书，为什么还要翻译它呢？“当时以其简约，姑为通译”，主要是着眼于当时的社会现实的需要，强调自强保种，所以“颇为社会所不弃”。如今，回过头来，从学术的角度看，有许多问题未说清楚，他举了十个问题，前五个是讲天演之学的发端、最先和同时发明者、名义要旨、达尔文与斯宾塞之异同；后五个则是讲社会之起点、男女夫妇之进化、女子之地位、女权、女子教育。他说，“必须将天演二字名义历史，略加诠释讨论，庶于继此所言，易于明了，而不至误会”。①

严复此时所论，不是他的思想本身有什么变化，而是审视的角度不同，即从挽救国家民族危亡的角度翻译到从学术文化的角度审视，发现“天演”思想本身还有不少缺陷，需要进一步讲明。

历史上常常出现这种现象：某一历史人物的成名论著和言行，时人或后人对其进行高度的评价，而他自己在后来则多有反思、纠正和补充说明。严复的《原强》一文和《天演论》一书就是这样。如严复在1896年10月说，“今者取观旧篇（《原强》），真觉不成一物”。《原强》等文“尤属不为完作”，“拟更删益成篇”。② 梁启超在甲午战后至1905年之间的维新思想及其论著，时人和后人评价都很高，影响也非常之大，但梁启超自己在1920年却认为，“在甲午战后此种‘学问饥荒’之环境中，冥思枯索，欲以构成一种‘不中不西即中即西’之新学派，而已为时代所不容。盖固有之旧思想，既深根固蒂，而外来之新思想，又来源浅觳，汲而易竭，其支绌灭裂，固宜然矣”。“戊戌政变后，新思想之输入，如火如荼矣。然皆所谓‘梁启超式’的输入，无组织，无选择，本末不具，派别不明，惟以多为贵，而社会亦欢迎之”。③ 在这里，思想成熟之程度与社会影响之大小成反比例，不够成熟之思想，社会影响却很大。从这个意义上说，严复的天演诠释，也反映了严复学术思想的更趋成熟。

---

① 严复：《进化天演》，孙应祥、皮后锋编：《〈严复集〉补编》，第134—135页。

② 严复：《与梁启超书》，《严复集》第3册，第514、515页。

③ 梁启超：《清代学术概论》（二十九），朱维铮校注：《梁启超论清学史二种》，复旦大学出版社1985年9月版，第79、80页。

第三章　《天演论》的翻译问题

第一节　严复译述《天演论》的时间考析

最早提出1895年说的是严复长子严璩。他在1921年严复逝世后所撰《侯官严先生年谱》中，将《天演论》系在“乙未府君四十三岁”上，说：“至是年，和议始成，府君大受刺激。自是专致力于翻译著述。先从事于赫胥黎之《天演论》，未数月而脱稿。桐城吴丈汝纶，时为保定莲池书院掌教，过津来访，读而奇之。为序，劝付剞劂行世。”1932年，林耀华在学士论文《严复研究》中，列表说明“《天演论》的原始译年为1895年”。

王遽常提出1896年说。他在商务印书馆1936年出版的《严几道年谱》中说：“1896年（先生44岁）夏初，译英人赫胥黎《天演论》（据《天演论》自序。案：严谱系在43岁，误也），以课学子”。“译《天演论》成，重九（1896年10月15日）自序”。

王栻重申1895年说。他在上海人民出版社1957年2月出版的《严复传》中说：“《天演论》初稿至迟于1895年译成，可能还在1894年。”证据就是严璩的《侯官严先生年谱》和陕西味经售书处1895年4月重刊的《天演论》本。之后，许多学者的论著都沿用1895年说。在这一时期的中国近代史教材、中国近代思想史、文化史、学术史等著作中，一般也都持1895年说。

邬国义在《华东师范大学学报》1981年第3期上发表《关于严复翻译〈天演论〉的时间》一文中说：“严复翻译《天演论》的时间应在1896年。最可信的是严复自己的说法（即《译〈天演论〉自序》）。而不是译于1894年或1895年。”之后，他还发表了多篇文章进一步论证了1896年说。

之后，王栻在由他主编的《严复集》中，再次重申1895年说。在收入严译《天演论》和严璩的《侯官严先生年谱》的题解中，反复说明："我们曾看到封面题为光绪乙未年（1895）三月非正式出版的陕西味经售书处的重刊本，可证《天演论》至迟已于1895年脱稿。"

1998年，郑重进一步从甲午战争爆发后的政治形势、天演宗哲学完整体系、陕西味经售书处重刊本所标时间等方面进行分析论证，说："严复《天演论》的译著有一个过程。从1894年（甲午）开始翻译，到1898年定本正式出版，其间经过了完成初稿、陆续传播刻印（1895年乙未三月）、自序（1896年丙申重九）、删改（1897年丁酉四月至六月）、吴序（1898年戊戌孟夏）的全过程。我们可以肯定1895年（乙未三月）陕西味经售书处重刊本是《天演论》一书成型首发本"。"严复译著《天演论》的时间应是始于1894年，是与中日甲午战争的时间并行的"。1895年严复发表的5篇政论文章"都是以《天演论》哲学思想为指导的、联系中国现实的理论文章"。"可以说，没有中日甲午战争的刺激，就没有《天演论》的及早问世。《天演论》于1895年问世，是严复以满腔爱国热情，为抵抗帝国主义侵略，为救国救民而向西方寻求真理的必然成果"。①

此后，既有学者坚持1895年说，又有一些学者起而重申1896年说。

坚持1895年说的，如孙应祥在2003年再次肯定了陕西味经本和严璩的说法，认为"《天演论》初稿大约完成于1895年冬"，"严璩所定《天演论》译述于1895年的时间是可信的"，"陕西味经售书处重刊"《天演论》本，从所署年代看，当是1895年的刊本无疑"。其下卷《论三》译文中夹有复案，其案语中有"去今光绪二十二年丙申"（即1896年）字样。"这说明'复案'写于1896年。因此，这种刊本的《天演论》不可能在'光绪乙未春三月重刊'"，"印成发行应在光绪二十四年（1898年）夏、秋"。② 又如王天根、朱从兵在2003年也说："严复在翻译 *Evolution and Ethics* 中，先译的是赫胥黎1894年所作的序言部分，之后才是赫氏于1893年牛津大学讲演稿"。"严璩说其父1895年经甲午战争刺激，'未数月而脱稿'，当指译完赫胥黎1894年所作的序论部分，而不是1893年用于牛津大学的文字艰深、内容庞杂的讲演稿"。③

---

① 郑重：《从天演论译著看严复强烈的爱国主义精神》，《严复与中国近代化学术研讨会论文集》。

② 孙应祥：《天演论版本考异》，《中国近代启蒙思想家——严复诞辰150周年纪念论文集》。

③ 王天根、朱从兵：《严复译著时间考析三题》，《中国近代启蒙思想家——严复诞辰150周年纪念论文集》。

重申1896年说的，如俞政在苏州大学出版社2003年出版的《严复著译研究》一书中，经过详细考订后说："综上所述，陕西味经本《天演论》的实际刊印时间当在1899年，它对于考订严复翻译《天演论》的时间没有参考价值。因此，翻译《天演论》的时间仍应以严复自序为准，即1896年夏。"又如皮后锋在福建人民出版社2003年出版的《严复大传》一书中也说："严璩《侯官严先生年谱》将严复译述《天演论》系于1895年，并不一定准确"。"据《〈天演论〉自序》，他在1896年挥汗如雨的夏季开始译述此书，至重阳节（10月15日）写完序言，完成初稿"。章用秀在2008年《〈天演论〉在津成书与刊行始末》一文中说："《天演论》译于光绪二十二年（1896年）夏天，序于这一年的九月初九日（10月15日）。"甄明在2008年《我所收藏的〈天演论〉早期版本》也说："《天演论》，严复1896年在天津译成后，曾进行几次修订，直到1898年4月后由沔阳卢氏慎始基斋正式刊行。"

另外，罗耀九主编、鹭江出版社2004年出版的《严复年谱新编》中，将《天演论》的翻译时间系于光绪二十一年（1895年）乙未三月条下，但又说"《天演论》一书应译在光绪二十二年，而非二十一年者，存考"。

以上观点，均有自己的根据，但经过比较，笔者认为1896年说，理由更充分一些。

(1) 严璩在《侯官严先生年谱》中所谓"和议始成"，系指光绪二十一年三月二十三日，即1895年4月17日签订《马关条约》。谱中说"和议始成"后严复即从事翻译《天演论》，"未数月而脱稿"。这里，一是没有提出任何证明材料；二是说吴汝纶"过津来访，读而奇之"，那是1896年之后的事，在1896年8月26日《吴汝纶致严复书》中说："尊译《天演论》，计已脱稿。"在1897年3月9日《吴汝纶致严复书》中则说："吕临城来，得惠书并大著《天演论》，虽刘先主之得荆州，不足为喻。"吴汝纶得读的《天演论》，为严复手稿，这二信也说明严译《天演论》应在1896年，"为序"更是1898年之事，放在1895年之内，是不妥的。

(2) 陕西味经售书处重刊《天演论》，不是在1895年4月，而是在1896年之后。详见前述《天演论味经本与手稿本之比较》一文。

(3) 1896年说的主要根据是严复的《译〈天演论〉自序》。《自序》中说："夏日如年，聊为逐译。"文末标明"光绪丙申重九严复序"，即光绪二十二年九月初九日（1896年10月15日）。就是说，严复译述《天演论》是在1896年夏季，至迟在10月上旬完工。自序时间，初稿和正式版本相同。这个结论，与陕西味经售书处重刊《天演论》本中谓"今光绪二十二年丙申（1896年）"也可彼此印证。

(4) 严复《原强》发表于 1895 年 3 月 4—9 日天津《直报》上，文中提到了达尔文、斯宾塞，却没有“赫胥黎”，更没有“天演”二字。1896 年 10 月以后写的《原强修订稿》，增加了许多内容，其中引述了赫胥黎的名字和原话：“故赫胥黎曰：‘读书得智，是第二手事，唯能以宇宙为我简编，民物为我文字者，斯真学耳。’此西洋教民要术也。”文中还多次提到“天演”二字，说：“达尔文著一书，曰《物种探源》，其一篇曰物竞，又其一曰天择”。“此所谓以天演之学言生物之道也”。斯宾塞之书“则宗天演之术，以大阐人伦治化之事”。“彼法日胜而吾法日消……此天演家所谓物竞天择之道固如是也”。①

(5) 当时和严复接近的人都是在 1896 年或之后才看到《天演论》。

第一，严复在天津、保定的亲朋好友，如夏曾佑、吕增祥、卢木斋、吴汝纶等人，都是在 1896 年后才阅读《天演论》的。吴汝纶如前所说。夏曾佑也在 1897 年 1 月 29 日日记中记载：“读又陵所译英人赫胥黎书二册，上册《卮言》十八篇，下册《天演》十七篇，此为西人之新学。”②

第二，上海的报界人士和文人，如梁启超、汪康年、叶翰、孙宝瑄等人，也都是在 1896 年或之后才看到《天演论》。如严复在 1896 年 11 月《与梁启超书》中说：“拙译《天演论》，仅将原稿寄去。”③ 叶瀚在 1897 年 6 月 6 日《致汪康年书》中问：“赫胥黎《治功天演论》……已否付印？如印就，乞各寄一部。”④ 孙宝瑄在 1897 年 12 月 25 日日记中记载：“晡，诣（到）《蒙学报》馆，晤浩吾论教，携赫胥黎《治功天演论》归，即严复所译者。”⑤

第三，与严复无话不谈、在日记中无事不记的郑孝胥，在 1895 年 10 月 12 日日记中记载，在上海与严复“谈良久”，但没有提及有关《天演论》的事。⑥

总之，无论是主证，还是旁证，或者是反证，都证明严译《天演论》，应在 1896 年。

---

① 严复：《原强修订稿》，《严复集》第 1 册，第 29、16、23 页。

② 转引自王天根：《天演论传播与清末民初的社会动员》，第 70、71 页。

③ 严复：《与梁启超书》，《严复集》第 3 册，第 515 页。

④ 叶瀚：《致汪康年书》，《汪康年师友书札》，第 2582 页。

⑤ 孙宝瑄：《忘山庐日记》(上)，第 155 页。

⑥ 郑孝胥：《郑孝胥日记》(1895 年 10 月 12 日日记)，转引自孙应祥：《严复年谱》，福建人民出版社 2003 年版，第 80 页。

第二节　严复译述《天演论》的原因

一、译书目的

严复在甲午战争结束时即 1895 年 5 月发表的《救亡决论》一文中，就提出了“西学救亡”的决断，说：“救亡之道当如何？曰：痛除八股而大讲西学，则庶乎其有鸠耳。东海可以回流，吾言必不可易也。”① 要讲西学，就要学习西文、翻译西书，所以他在译《天演论》的自序一开头，就指出“考数国之语言文字”的重要性、艰难性、至乐性，最后指出，翻译《天演论》是为了与天争胜，“自强保种”。严复在译《原富》一书的《译事例言》中也说：《原富》一书，“切而言之，则关于中国之贫富；远而言之，则系乎黄种之盛衰”。翻译该书，不仅是为了富中国，而且是为了盛黄种。②

戊戌政变之后，严复感到维新变法也不行，“庚子一变，万事皆非，仰观天时，俯察时变，觉维新自强为必无之事”③。于是更加着眼于启蒙工作，他在 1899 年 4 月 5 日致张元济书中曾说：“复今者勤苦译书，羌无所为，不过闵同国之人，于新理过于蒙昧，发愿立誓，勉而为之。”他在 1899 年就发誓要做“勤苦译书”工作，以解国人对于西方新理之蒙昧，即进行启蒙教育。当然，严复译书，除了救亡、启蒙的保种、救国、瘉愚之心外，也还有“便于谋生”和“近者以译自课”的一面。④

二、选择赫胥黎《进化论与伦理学》的原因

达尔文的《物种起源》一书发表在 1859 年，严复在英国留学时，正是达尔文进化论兴盛之时，严复受其影响，也信奉达尔文的进化论，在 1895 年的《原强》一书中已有简要介绍，在《天演论·导言一》中进而指出，“自有歌白尼而后天学明，亦自有达尔文而后生理确也”。但是，由于达尔文的《物种起源》长达 400 余页，是一部纯生物进化论的学术著作，涉及专门的生物学知识，又不涉

① 严复：《救亡决论》，《严复集》第 1 册，第 43 页。

② （英）亚当·斯密著、严复译：《原富》，商务印书馆 1981 年版，卷首第 13 页。

③ 严复：《致张元济书》（1901 年 8 月 6 日），《严复集》第 3 册，第 544 页。

④ 严复：《致张元济书》（1899 年 4 月 5 日），《严复集》第 3 册，第 526、527 页。

及社会人事，严复不感兴趣，故而没有翻译。

斯宾塞的《天人会通论》发表于 1862—1896 年，今译《综合哲学体系》，包括五个部分：《第一原理》(1862 年)、《生物学原理》(1864、1867 年)、《心理学原理》(1870、1872 年)、《社会学原理》(1876、1882、1896 年)、《伦理学原理》(1879、1892 年)。严复在英国留学时，也正是斯宾塞的普遍进化论兴盛之时，严复亦受其影响，在 1895 年的《原强》一文中已有对斯宾塞的简要介绍，在《天演论》中更是认为斯宾塞之说“尤为精辟宏富”，“欧洲自有生民以来，无此作也”。但是，在严复看来，斯宾塞之《天人会通论》，长达十集，“为论数十万言，其文繁衍奥博，不可猝译”。严复在 1899 年 4 月 5 日《致张元济书》中也说：“斯宾塞《群学》乃毕生精力之所聚，设欲取译，至少亦须十年，且非名手不办。”翻译斯宾塞的著作，不仅难在书的卷帙多、文字深奥、译书时间要长，而且难在译者需要具备各种科学知识，正如严复在 1898 年所说，“大抵欲达所见，则其人于算学、格致、天文、地理、动植、官骸诸学，非常所从事者不可”。[①] 因此，严复未敢轻易动手翻译这套著作。

赫胥黎的《进化论与伦理学》，分为两部分，即 1893 年的演讲稿和 1894 年的导论。严复在英国留学时，不但该书没有发表，赫胥黎在当时也没有什么大的名声，严复受其直接影响较小，所以严复在 1895 年的《原强》一文中，提到了达尔文和斯宾塞的名字，而没有提到赫胥黎的名字，只是在 1896 年后的《原强修订稿》中才见到赫胥黎的名字。那么严复为什么要翻译赫胥黎的《进化论与伦理学》一书呢？归纳起来，大致有以下几个原因：

(1)《进化论与伦理学》是小书，简约，较易翻译。

该书只有 60 多页，又是最近所出。如严复自已在 1899 年 4 月 5 日所说：“问所译何等，若仅取小书，如复前译《天演论》之类，固亦无难。”[②] 1913 年严复在教育部夏期讲演会讲授“进化天演”这个题目时还说：“《天演论》之原书，乃零编小识”，“当时以其简约，姑为通译”。[③]

(2)《进化论与伦理学》具有发挥学术思想的空间。

在当时，仍有不少士人认为，西洋之“所精，不外象、数、形下之末，彼之所务，不越功利之间，逞臆为谈，不咨其实”。严复乃想致力于介绍西方学术

---

① 严复：《与汪康年书》(三)，《严复集》第 3 册，第 507 页。

② 严复：《致张元济书》，《严复集》第 3 册，第 527 页。

③ 严复：《进化天演》(夏期讲演会稿)，孙应祥、皮后锋编：《〈严复集〉补编》，第 134 页。

思想，以破这种浅薄之论，而《进化论与伦理学》一书，又正如严复在《天演论译例言》中所说，“原书多论希腊以来学派，凡所标举，皆当时名硕，讲西学者所不可不知也”。吴汝纶在为《天演论》所写序言中也说，“其为书奥赜纵横，博涉乎希腊、竺乾、斯多噶、婆罗门、释迦诸学”。可以说，该书展示了人类思想的恢弘画面，涉及了人类思想的全部历史，这就为严复借题发挥、对原著进行改作提供了某些空间。其结果正如胡适在1922年所说，“自从《天演论》出版以后，中国学者方才渐渐知道西洋除了枪炮兵船之外，还有精到的哲学思想可以供我们的采用”①。总之，介绍西方的进化哲学和其他学术思想，并加以发挥，也是严复选译赫胥黎著作的原因之一。

(3)《进化论与伦理学》适应当时中国社会现实的需要。

中国在甲午战败之后，面临着亡国灭种的空前严重的民族危机和社会危机，许多有识之士都在寻求保种救国之道，严复注重于西学救亡，在浏览西学过程中，发现了赫胥黎的《进化论与伦理学》一书。

《进化论与伦理学》一方面介绍了达尔文的生物进化论，另一方面又论及人类社会，强调要与天争胜。但是，赫胥黎却认为人类伦理不同于生物进化，于是严复又引进斯宾塞的《天人会通论》，加以改作。这样，所译《天演论》，就形成了一套完整的救亡哲学。这种救亡哲学，告诫国人怎样才能挽救国家和民族的危亡，即通过内部提高国民素质以自强，外部合群以御侮，从而达到救亡、救世、保国、保种的目的，这正适应了当时中国社会现实的需要，这是严复翻译赫胥黎《进化论与伦理学》的最主要原因。

需要说明的是，《天演论》适应了当时中国社会现实的需要。但中国社会现实的需要，在不同的时期，既有一致性，也略有不同的地方：戊戌变法时期，主要是“变”的思想影响深入；辛亥革命时期，主要是民族思想影响深入；五四新文化运动时期，主要是伦理道德深入人心。

(4)《进化论与伦理学》提倡一种新的社会伦理思想。

赫胥黎的《进化论与伦理学》一书，提倡美德，调和人际关系，主张以“自我约束”取代“自行其是”，以求得社会内部的和谐。严复翻译该书是为了引进这种新型的社会伦理思想，并企图通过文字宣传使这种思想深入人心，以求得全民团结，共同对抗外来强敌的良好效果。政治原因是首位的、一贯的，学术原因处于次要的地位，但随着时间的推移，学术意义却日益凸显出来，如五四时期提出“伦理的革命”等等。

① 胡适：《五十年来中国之文学》，《胡适文集》(3)，第211页。

(5) 严复选译赫胥黎的著作与他崇尚理性思维有关。

英国人的现代思维方式是一种对经验极为尊崇的理性思维方式，它和宗教的盲从与迷信不同，也和德国人那种过于抽象的形而上学的理性主义有别。从达尔文、斯宾塞、赫胥黎三人来看，达尔文主要论述生物的进化，而理性思维主要涉及对社会的看法；斯宾塞是运用实证主义的观点和方法来分析社会的第一位英国人，但斯宾塞不仅把社会比作生物体，而且认为它就是生物体，有些过分；赫胥黎则把达尔文开创的现代理性思维补充到更新的高度，并使自然科学与社会科学的理性思维在同一高度上逐渐统一起来，使之完善为现代人的灵魂。严复把赫胥黎著作中的现代理性思维作为警钟去震撼和启示国人，这正是严复领悟力、明智性及其作为时代巨人的伟大所在。《天演论》中的竞争、进化、自强、自立，体现了严复所推崇的现代理性思维的核心。① 可以说，崇尚理性思维也是严复选译《进化论与伦理学》的原因之一。

第三节　严复译述《天演论》的宗旨

早在清朝末年，就有吴汝纶、孙宝瑄等人提到严复译述《天演论》的宗旨问题，民国时期，又有蒋贞金、郭湛波等人论及严复译述《天演论》的宗旨，中华人民共和国成立、特别是1978年改革开放以后，论述严复译述《天演论》的宗旨问题的人就更多了。

百年来，学者们从不同的角度对宗旨问题进行了阐释，主要是保种卫族说，与天争胜说，救世说，救国卫国说。救国卫国说中又有警世救国、救国救亡、文化救国、救国卫国、经国救民、变法维新、为主文谲谏之资等主张。这些观点，有的是单一、侧重某一方面，如与天争胜、合群保种、救世等，更多的则是交叉、综合的提法，如将自强保种与救亡图存、与天争胜、变法维新、卫国卫种等结合在一起，因此不能机械地、片面地理解其宗旨。

一、严复译述《天演论》的宗旨

严复译述《天演论》的宗旨到底是什么呢？让我们看看严复自己和吴汝纶以及严复译述的《天演论》中是怎么说的吧！

---

① 参见谢天冰：《崇尚和传播现代理性思维的第一人——兼论严复编译〈天演论〉》，《93年严复国际学术研讨会论文集》。

严复在1896年的《译〈天演论〉自序》中说："赫胥黎此书之旨，本以救斯宾塞任天为治之末流，其中所论与吾古人有甚合者，且于自强保种之事，反复三致意。"这里明提宗旨，其要点有二：一是与天争胜，因为任天为治之反面是与天争胜，用与天争胜来救斯宾塞任天为治之末流，而与天争胜又与我国古人所述相契合；二是自强保种，赫胥黎在书中还反复讲述自强保种之事，严复更是加以发挥。严复在1897年说：《天演论》如能"公诸海内，则将备二、三百金为之。郑侨有言：'吾以救世也'"①。严复在1901年讲到他翻译《原富》一书时说，该书"所指斥当轴之迷谬，多吾国言财政者之所同然，所谓从其后而鞭之"②。

吴汝纶在1897年说，严复译述《天演论》，是在"盖伤吾土之不竞，惧炎黄数千年之种族，将遂无以自存，而惕惕焉欲进以人治也。本执事忠愤所发，特借赫胥黎之书，用为主文谲谏之资而已"③。这里，前一段是讲背景，即民族、国家之存亡危机，后一段是讲目的，即人治，为主文谲谏之资。吴汝纶在1898年为《天演论》写的序言中又说："严子之译是书，不惟自传其文而已，盖谓赫胥黎氏以人持天，以人治之日新，卫其种族之说，其义富，其辞危，使读者怵焉知变，于国论殆有助乎？是旨也，予又惑焉。"这里，明提宗旨，其要点有三：以人持天、人治日新；卫其种族；怵焉知变，有助国论。

就《天演论》中与其宗旨有关的具体内容来说，主要有如下几个方面：

第一，物竞天择与民族、国家危机。

在《天演论》中提到"物竞"和"天择"分别在40和22处以上，阐述了物竞天择的提出、含义、原因、普适性、表现形式、结果等，如说"以天演为体，而其用有二：曰物竞，曰天择"。可见，天演与物竞天择是联系在一起的，"天演既兴，三理不可偏废，无异、无择、无争，有一然者，非吾人今者所居世界也"。"专就人道言之，以异、择、争三者明治化之所以进"。还具体论及全球国家、民族，尤其是五大人种存亡的现状，如说"外种闯入，新竞更起，往往年月以后，旧种渐湮，新种迭盛"，"嗟乎！岂惟是动植而已，使必土著最宜，则彼美洲之红人，澳洲之黑种，何由自交通以来，岁有耗减？"并由此得出结论："物竞既兴，负者日耗，区区人满，乌足是也哉。"这是警告国人，不要单以人多而自感得意，在外族入侵的情况下，光靠人多是不行的。又说"其种愈下，

① 严复：《致吴汝纶书》（1897年10月15日），《严复集》第3册，第522页。

② 严复：《译斯氏计学例言》，《严复集》第1册，第98页。

③ 吴汝纶：《致严复书》（1897年3月9日），《严复集》第5册，第1560页。

其存弥难"，如"墨、澳二洲，其中土人日益萧瑟"，从而强调亡国灭种之祸的危险性，警告国人别再妄自尊大，高谈什么"夷夏轩轾"、中西优劣，而要为之感到"惊心动魄"，从而奋起"保群进化"。

第二，自强、合群与保种救国。

其一，关于自强问题。在《天演论》中，提到"争存，自立，强昌"；强调"自强不息"，"自强保种"；"贤者执政，且与时偕行"，可以有"富强"、"进种之效"；"人欲图存，必用其才力心思，胜者非他，智德力三者皆大是耳"，"智仁勇之民兴，而有以为群力群策之资，而后其国乃富强而不可贫弱"，等等。

其二，关于合群问题。在《天演论》中，提到"人群"的地方有40处以上，其中有13处明确提到"合群"一词。

一是合群的重要性。如说"人之所为人者，以其能群也"；"一群之民，宜通力而合作，然必事各视其所胜，养各给其所欲，平均齐一，无有分殊"；"英国计其幅员，几与欧洲埒"，其原因之一是"知合群之道胜耳"；斯宾塞有"群学保种公例二"，又"立进种大例三"，其中之一是"两害相权，己轻群重"，"盖惟一群之中，人人以损己益群，为性分中最要之事，夫而后其群有以合而不散，而日以强大也"。

二是强调内合外争。如说"合群者所以平群以内之物竞，即以敌群以外之天行"；"惟泯其争于内，而后有以为强，而胜其争于外也"；"既欲其民和其智力以与其外争矣，则其民必不可互争以自弱也"。

其三，关于保种问题。在《天演论》中，提到"种族"的地方有27处以上，其中有8处明确提到"保种"一词。它告诫国人怎样才能挽救国家和民族的危亡，即通过内部变法、提高国民素质以自强，外部合群以御侮，从而达到自强保种、合群保种的目的。

第三，与天争胜。

在《天演论》中明确提到"与天争胜"一词的地方有18处以上。如说"今者欲治道之有功，非与天争胜焉，固不可也"。使国人树立只要自己努力，人治日新，国家就可以不亡，民族就可以永存的信心。

第四，变易的思想。

《天演论》35篇，从"察变"开头，到"进化"结尾，除了反复提到"天演"（72处以上）、"进化"（8处以上）一词之外，还有68处以上提到各种情况的"变"字，阐述了变易的必然性、普遍性以及原因、方式、途径、趋向，如说"一争一择，变化之事出"，"质力杂糅，相济为变"，劝导国人改变"天道不变"的旧观念，树立"天道变化，不主故常"的新思想，从而能"使读者怵焉知变”，这就为变法维新提供了坚实的理论根据。

根据以上论据，可以说明严复译述《天演论》的宗旨，应该是物竞天择，与天争胜，合群，自强，变法；救亡，警世，救世，救国，保种。前五者是途径，后五者是目标，通过与天争胜，自强，合群，变法等多种途径，达到救亡，警世，救世，救国，保种的目标。当然，救亡、救世实际上已包含了救国、救民和保种的意蕴。

简言之，严复译述《天演论》的宗旨，可归结为物竞天择，与天争胜，合群御侮，变法图强，救国保种。从思想层面来说，可以分为三个层次：首先是危机意识，其次是竞争意识，最后是历史使命感。

二、严复重视保种目标及其原因

甲午战后，保国、保种、保教的口号流行起来。早在 1897 年冬，梁启超在回答湖南时务学堂学生提出的如何保国、保种、保教的问题时就说：“必知所以保国，然后能保国也；保种、保教亦然。”① 康有为、梁启超等维新派在 1898 年 4 月 17 日所订《保国会章程》中，更明确提出了“保国、保种、保教”的宗旨，并指出“为保全国家之政权土地”，“为保人民种类之自立”，“为保圣教之不失”。② 这一章程原载于 1898 年 5 月 7 日的《国闻报》，不到一个月，严复就在《国闻报》上发表《有如三保》一文，“与客论保种、保国、保教三事”③。

康有为、梁启超等人赞成“三保”，偏重保国，如梁启超认为“国能保则种自莫强……故保种之事，即纳入于保国之范围中”④。梁启超从“大民族”观念出发，主张建立民族国家，所以认为民族和国家是一致的。而严复则对保教提出质疑，在保国、保种中，又强调保种，如他在《有如三保》中说“世法不变，将有灭种之祸，不仅亡国而已”，“知吾灭种之说，非恫愒之词，而为信而有征者矣”，救种之良法，不在“深闭固拒”，而“要当强立不反，出与力争，有以自立”。在他译述的《天演论》中，更是从生物学、人类学的角度界定种的概念，强调白种人与黑种、红种、棕种乃至黄种人的对立与冲突，认为白种比其他人种优胜，黑种、红种、棕种，已年年减少、为数稀少了，黄种也出现了灭

---

① 梁启超：《湖南时务学堂答问》，《梁启超选集》，上海人民出版社 1984 年版，第 64 页。

② 康有为：《保国会序》（附《保国会章程》），《康有为政论集》上册，中华书局 1981 年版，第 233 页。

③ 严复：《有如三保》，《严复集》，第 1 册，第 79 页。

④ 梁启超：《保教非所以尊孔论》，《梁启超选集》，第 304 页。

种危机，这是“洞识知微之士”、“于保群进化之图”时，感到“惊心动魄”的！

严复特别强调保种这一目标，除了当时出现严重的种族危机这一现实需要以外，还有更深层的原因。

(1) 它与传统的宗法观念相联系。

注重种族世系的延续，是世界各人种、各民族的共同本能，中国民众由于长期生活在农业社会，宗法制度特别健全，宗法观念特别浓厚，故而更加重视血缘种嗣，更加重视保种这一历史使命。人们在历史的长河中，对于改朝换代式的“亡国”之痛习以为常，而对“灭种”之祸则异常敏感，即使到了近代，也依然如此。从当时的国民心态来说还是“种”重于“国”的，许多爱国、爱种之志士仁人，有的本人就存重种心理，有的则利用这种社会心理来宣传自己的政治主张，如陈天华在1903年说：“须知这瓜分之祸，不但是亡国罢了，一定还要灭种。”① 孟晋在《东方杂志》1905年2月第2年第1期上发表《论改良政俗自上自下之难易》中也说：“我国处此竞争激烈之场……非特灭国，抑且灭种”。这种重视保种的宣传，极易被重视宗法种嗣的国人所接受，能够起到事半功倍的效应。

(2) 它与严复民族思想的发展有关系。

严复于19世纪70年代在英国留学时，正是达尔文主义、社会达尔文主义、种族主义盛传之时，严复深受其思想的影响，但由于中国与英国的社会发展阶段和社会性质不同，当时所面临的社会矛盾和社会问题也不尽相同，严复将这些思想运用到中国来时，结合中国的实际进行了改造。社会达尔文主义是这样，和社会达尔文主义相联系的种族主义也是这样，其出发点由殖民扩张变成了爱国御敌，其落脚点也由奴役压迫其他民族变成了保种卫族。

严复民族思想的发展，正是从种族主义开始，历经戊戌、辛亥、民初三个阶段，随着国内外形势的变化而不断变化和发展，即由甲午战后关于种族问题的论述，到义和团运动后关于民族主义的论述，再到辛亥革命后关于中华民族的论述。

第一，戊戌时期关于种族问题的论述。

戊戌时期（1895—1900年）的6年之中，严复约有18种以上的论著、书信谈及种族的问题。除了《天演论》外，还有如在1895年发表的《论世变之亟》、《原强》、《原强修订稿》和1898年发表的《有如三保》、《保种余义》等文中，都有关于种族问题的论述，重点是灭种之危和如何保种的问题。

---

① 陈天华：《警世钟》，《陈天华集》，第73页。

严复在《论世变之亟》一文中就说："观今日之世变，盖自秦以来未有若斯之亟也"，"其祸可至于亡国灭种，不可收拾"。[①] 他在《保种余义》一文中，还论及世界范围内的白、黄、红、黑、棕色人种之间的竞争，说"红人、黑人、棕色人与白种人相遇，始则与之角逐，继则为之奴虏，终则归于泯灭"。"黄种之后亡于黑种、红种、棕种者"。[②] 严复在《原强》和《原强修订稿》中，谈到世界之"黄、白、赭、黑"四大人种，以及中国之灭种危机与自强之方策，如说"图自强，非标本并治焉，固不可也"，其本就是"三强"——"血气体力之强，聪明智虑之强，德行仁义之强"，"三者备，民生优，国威奋"。[③] 他在《有如三保》一文中又说，"吾灭种之说，非恫愒之词，而为信而有征者"，而救种之"良法"，不在"深闭固拒"，"要当强立不反，出与力争，有以自立"。[④] 可见，严复在戊戌时期的民族思想主要表现为种族思想，强调种族之危亡和保种之良法。它贯穿在这一时期严复所撰写的主要论著之中，成为严复的重要指导思想之一，因而也就成为严复译述的《天演论》的宗旨之一。

第二，辛亥时期关于种族、民族和民族主义的论述。

辛亥时期（1901 年至 1911 年）的 11 年中（主要是 1903 年和 1906 年），严复约有 30 种以上的论著，除了将种族问题继续深论外，进而阐述了民族、爱国之含义，以及民族与国家、爱国主义与民族主义、民族主义与军国主义之关系，重点也由原先反对外部种族侵略，转而反对笼统排外，强调国内改革，走出宗法社会，进入近代社会，实现现代化。它具有更鲜明的理性色彩和理论高度。

严复论述种族问题的论著不少，如严复在所译《原富》一书的案语中，谈及黄、白种之争，认为中国"黄种之权虽失，固当有自主之一日"[⑤]。又如严复在《论今日教育应以物理科学为当务之急》一文中说："使神州黄人而但知尚实"，那就谁也不能阻止"其进步"，即"种之荣华，国之盛大"。[⑥] 严复在所译《社会通诠》一书的案语中，多次谈及优胜劣败、种族强弱、中西相异以及支那黄人"变动光明"的信心及其具体原因："统一，人多，地广，储能"。

严复论述民族和民族主义问题的论著，主要的是一书一文。在所译《社会通诠》中有一段案语说："中国社会，宗法而兼军国者也，故其言法也，亦以种

① 严复：《论世变之亟》，《严复集》第 1 册，第 1、4 页。

② 严复：《保种余义》，《严复集》第 1 册，第 21、86、87 页。

③ 严复：《原强》、《原强修订稿》，《严复集》，第 1 册，第 14、18、21 页。

④ 严复：《有如三保》，《严复集》，第 1 册，第 81、82 页。

⑤ （英）亚当·斯密著、严复译：《原富》下册，第 500 页。

⑥ 严复：《论今日教育应以物理科学为当务之急》，《严复集》第 2 册，第 282 页。

不以国”。“是以今日党派，虽有新旧之殊，至于民族主义，则不谋而皆合。今日言合群，明日言排外，甚或言排满，至于言军国主义，期人人自立者，则几无焉。盖民族主义，乃吾人种智之所固有者，而无待于外铄，特遇事而显耳。虽然，民族主义，将遂足以强吾种乎？愚有以决其必不能者矣”。① 这段话后来引起革命党人的非议，实际上，严复在所译《社会通诠》的序言、案语和读后感中，是批判封闭式的传统民族主义，赞同开放式的近代民族主义，认为中国民族要挽救危亡，走向富强，光讲民族主义还不行，最根本的是要走出中世纪，实现现代化，融入以近代文明为主导的世界潮流之中。②

严复在《述黑格儿惟心论》一文中，涉及民族之定义、先进民族之地位、民族与国家之关系、民族之胜负以及如何强国等问题。严复说："国者民族之所存也。民族者何？一言语，同文字，乃至宗教礼俗与夫道德之观念，靡有殊也，如是者谓之一民族，是故国以强力。”严复认为，“先进民族”是指最接近“共趋之皇极”即理想目标之“民族国种”，是“当时之世界文明主人”，是“一切民族”之“喉舌”、“代表”。严复既反对义和团式的“野蛮排外”，也反对留日学生提倡的“文明排外”，强调要“察乎其通国之智力与教化”。③ 与此同时，严复也反对媚外主义，认为在顽固派那里，“外媚”与“内排”是相通的，“其外媚之愈深，其内排之益至”。他强调在今日“神州……大开门户”的形势下，特别要反对“优外族而自抑其民，徒使吾民爱国情损”。④ 严复在《与夏曾佑书》中说：“爱国者，民族主义之名辞也”。并指出，“世间国土并立，必其有侵小攻弱之家，夫而后其主义有所用也”。⑤

可见，严复在辛亥时期虽然还在继续论及种族问题，但主要是阐述民族和民族主义及其和爱国主义之关系，已由种族主义跃升为近代民族主义，实现了传统民族思想的现代转型。

第三，民国初年关于种族、民族和中华民族的论述。

严复在民国初年（1912—1921年）中（主要是1913年和1914年），约有11种以上的论著、书信，从种族到民族，从亡国灭种之原因到伦理道德之重要，从物质文明到国性民质，从五洲民族之强国到中华民族之特性与民族国家之立

---

① （英）甄克思著、严复译：《社会通诠》，第155、156页。

② 参见苏中立：《民族主义与现代化——对严复社会通诠中关于民族主义论述的辨析》，《福建论坛》2008年第4期。

③ 严复：《述黑格儿惟心论》，《严复集》第1册，第213—216页。

④ （法）孟德斯鸠著、严复译：《孟德斯鸠法意》，下册，第541页。

⑤ 严复：《与夏曾佑书》，孙应祥、皮后锋编：《〈严复集〉补编》，第265页。

国精神，从天下、国家之含义到小己与国家之关系，进行了论述，重点是中西民族之比较和中华民族之优势与复兴。严复在 1913 年谈到爱国之本义，认为吾国“民族”将来要“变动光明”，还是要靠“数千年之陶熔渐渍”的“国性民质”。① 还谈及国家与天下、开明种族、五大民族、国性等问题，认为中外人士公认，中国“民族”为“五洲开明种族”，历史从未间断，国人应该感到“喜幸”。② 严复在 1914 年进一步论述了这些问题，他说：“必凝道德为国性，乃有以系国基于苞桑”。“今夫五洲民族”之“强盛国家”，其立国精神都是“教民以先公后私，戒偷去懦，以殉国为无上光荣”。他强调“忠孝节义四者为中华民族之特性，而即以此为立国之精神”，并对忠孝节义作了新的阐释。③ 严复在 1918 年还对民族复兴充满希望，认为“孔子之道必有大行人类之时”④。他在 1921 年逝世前夕还强调了“须知中国不灭”等等，表达了他对民族、国家复兴的坚定信心。⑤ 可见，民国初年，严复不仅论及种族和一般的民族主义问题，而且明确提出中华民族之特性与民族国家之立国精神，以及中华民族之优势与复兴，和辛亥时期相比又深入了一步。

总之，严复的民族思想的三个阶段，既从种族问题开始，又将种族问题贯穿在三个阶段之中，这反映严复受西方种族主义影响之深，也说明他在戊戌时期强调保种的深层原因。严复的民族思想，能随着时代的进步、理论的发展、形势的变化，“与时偕行”，不断提高和深化，不仅由种族思想逐渐升华为近代民族主义思想，并具体到中华民族的复兴，而且把民族与国家联系起来，最终主张建立民族国家，并强调其近代因素，即领土、人口和主权，而不是强调传统的种族和血统，等等，实属难能可贵。⑥

第四节　严复对赫胥黎原著的改作

严复对赫胥黎原著的改作，具体表现在以下几个方面：

---

① 严复：《思古谈》，《严复集》第 2 册，第 322—324 页。

② 严复：《读经当积极提倡》，《严复集》第 2 册，第 329、330、331、333、309 页。

③ 严复：《导扬中华民国立国精神议》，《严复集》第 2 册，第 342—345 页。

④ 严复：《与熊纯如书》，《严复集》第 3 册，第 690 页。

⑤ 严复：《遗嘱》，《严复集》第 2 册，第 360 页。

⑥ 参见苏中立、涂光久：《严复关于民族问题的论述》，黄瑞霖主编：《严复思想与中国现代化》，海峡文艺出版社 2008 年 11 月版，第 33—44 页。

一、书名的改作

赫胥黎的原书名 Evolution and Ethics 应如何翻译，有三种提法：

一是“进化论与伦理学及其他论文”。*Evolution and Ethics and Other Essays*，包括赫胥黎于 1893 年在牛津大学演讲的《进化论与伦理学》和 1894 年 7 月为演讲稿加写的导言，以及其他三篇论文——《科学与道德》、《资本——劳动之母》、《社会病及其恶化治理》，共五篇，后收入《赫胥黎文集》第 9 卷。如科学出版社于 1971 年翻译出版赫胥黎著的《进化论与伦理学》自序中，译者在所加注释时就指出：“原书包括著者的五篇论文，书名是《进化论与伦理学及其他论文》，现在这个译本只包括前两篇论文。”

二是“进化与伦理”。王栻说：“《天演论》的原篇名应译为《进化与伦理》，文载《进化论与伦理学及其他论文》(*Evolution and Ethics and Other Essays*)一书，严复简译为《天演论》。”① 孙应祥在《严复年谱》第 79 页，皮后锋在《严复大传》第 161 页中，都提书名为《进化与伦理》。皮后锋认为，前述科学出版社译者的注释，容易让人认为“似乎整本书都与‘进化与伦理’这个主题有关，显然是错误的。在这条注释的误导下，不少工具书和论著都认为《天演论》是选译赫胥黎原书‘前两篇’，以讹传讹”。其实，“其他论文包括三篇论著，其内容和《进化与伦理》毫无关系”。

三是“进化论与伦理学”。王天根、朱从兵说：“学界普遍认为，严复翻译的《天演论》所依据的原著底本系《赫胥黎文集》第 9 卷。笔者在北京图书馆检索到了 1894 年曾印行 *Evolution and Ethics* 单行本，说明 1893 年演讲稿及 1894 年序言曾经单独发行过。严复翻译的《天演论》所依据的原著底本也可能是后者。”②

三种说法比较起来，Evolution and Ethics，译为“进化与伦理”更准确些。它包括 1893 年的讲演正文和 1894 年加写的导言两个部分，严复将书名译为“天演论”。书名的改变，“正好表明译述者不同意原作者把自然规律（进化论）与人类关系（伦理学）分割、对立起来的观点”③。

---

① 王栻：《严复传》，1957 年第 1 版，第 33 页；1976 年新 1 版，第 40 页。

② 王天根、朱从兵：《严复译著时间考析三题》，《中国近代启蒙思想家——严复诞辰 150 周年纪念论文集》，第 312 页。

③ 李泽厚：《论严复》，《中国近代思想史论》，第 261 页。

二、结构的改作

1. 卷节的变化。

原著全书分两个部分，共 24 节，而《天演论》则分为上下卷，共 35 节，多 11 节。全书两个部分的具体改动分别是：原著第一部分为“进化与伦理·导论”，共 15 节（科学出版社 1971 年译本为 15 节），译著改为“卷上导言十八篇”，多了 3 节，即将原著第一节改为 3 节——《察变》、《广义》、《趋异》，将原著第十节改为 2 节——《人群》、《制私》；原著第二部分为“进化与伦理”，隔行断为 12 个自然节（科学出版社 1971 年译本为 7 节），严译改为“卷下论十七篇”，多了 5 节。

2. 篇名的变化。

原著各节均无标题，严译则节节冠以小标题，以醒读者之目。《天演论》中的小标题，是吴汝纶建议加的，吴还亲撰篇名供严参考选择：“篇各妄撰一名，今缀录书尾，用备采择。”[①] 在 35 节中，严复采用了吴拟的 28 节小标题，只改了 7 节小标题，将上卷第十六节的“种同”改为“进微”，将下卷的第一节“反虚”改为“能实”，第三节“哀娱”改为“教源”，第四节“公约”改为“严意”，第六节“因果”改为“佛释”，第九节“空幻”改为“真幻”，第十七节“进治”改为“进化”。

三、内容的改作

严复对赫胥黎原著内容的改动，按俞政在《严复著译研究》一书中的分法，有意译、改译、增译、漏译等情况。

1. 意译方面。

意译即达旨，也就是在理解原书基本精神的基础上表述出原书的大意。有的与原意基本相符，有的大体相符。最突出的有二例：

一是全书开头的一段文字，赫胥黎的《进化论与伦理学》之《导论一》中设计了一个生动的开头：“可以有把握地想象，二千年前，在凯撒到达不列颠南部之前……还没有受到人的劳动的影响。”严复在领会原意的基础上将这段话译得更加引人入胜：“赫胥黎独处一室之中，在英伦之南……未经删治如今者，则无疑也。”以上两段译文比较，可以说意思基本相同，都是讲纯粹自然状态下的原野情景及生物界的生存竞争。但是，译文和原文还是有些不同：一是赫胥黎

---

① 吴汝纶：《致严复书》，《严复集》第 5 册，第 1562 页。

在原文里的第一人称——“我”成了译文里的第三人称——“赫胥黎”；二是原文里的“复合长句”变成了译文里的“平列短句”，在语序上差异也很大；三是从风格上看，译文比原文“更戏剧化”，并具有“先秦子书的风味”。

二是赫氏原文中引用了两首英国诗，严复将其译成了中国古诗的模样。

第一首诗是赫氏《讲演》第五节最后引了英国诗人蒲伯在《人论》中的六行诗：“一切自然只是艺术，你所不知……一条真理分明：凡是存在的都正确。”严译《论十二·天难》中，对上述六句诗译为中国式的五言诗：“元宰有秘机，斯人特未悟……一理今分明，造化原无过。”王佐良认为严复的译文“是颇见功力的”，其优点有三：“用韵文译韵文，比用散文来译高明多了”；“译文很有原文那种肯定、自信的口气，教训人的神情”；“蒲伯每行中有一反一正两个意思，译文也照样，对照分明，干净利落”。其问题主要是最后一句，将“凡是存在的都正确”译为“造化原无过”，“缺乏原文的确切性和概括性，译得过分自由了”。①

第二首诗是英国诗人丁尼孙写的诗，赫氏分两处共引六行：“要意志坚强，要勤奋，要探索，要发现，并且永不屈服。也许漩涡将把我们冲刷下去，也许我们将到达幸福的岛屿……”。严译《论十七·进化》合译道：“挂帆沧海，风波茫茫，或沦无底，或达仙乡。……吾奋吾力，不竦不戁，丈夫之必。”该诗译文和原文一样，表达了诗人以及著译者们发誓努力奋斗、直达幸福岛屿或仙乡这一理想目标的决心和信心。但译文和原文也有些不同：译文没有译出原诗最后一句话“一些高尚的工作尚有待完成”的意思；译文中的“挂帆沧海，风波茫茫，时乎时乎”，在原文、白话译文中也找不到对应的词句；将原诗头二行移置到译文末尾，即最后三句“吾奋吾力，不竦不戁，丈夫之必”，还未将“要探索，要发现”的意思翻译出来。

从上可见，意译部分与原文基本或大体上一致，但从语序、词句以及某些内容来看，都有严复的加工制作，从某种意义上来说，这也是一种再创造。

2. 改译方面。

第一，重点发挥某些内容。赫胥黎在《进化论与伦理学》之《导论十》中，讲了“良心”的问题，说：“良心是社会的看守人，负责把自然人的反社会倾向约束在社会福利所要求的限度之内。”文中重点是讲良心的作用在于对人类“自行其是的或天赋自由的自由发展的制止”；对于“父母与子女的相互之爱”，则一笔带过。严译《天演论》之《导言十三·制私》中，在翻译上述内容时，重

① 参见王佐良：《严复的用心》，《论严复与严译名著》。

点发挥了“慈幼”之思想，认为“物莫不爱其苗裔……慈幼者，仁之本也。而慈幼之事，又若从自营之私而起，由私生慈，由慈生仁，由仁胜私，此道之所以不测也”。从而阐明了“私、慈、仁”三者的关系，把慈幼之心升华到了仁的境界，大大突出了慈幼之心的重大意义，即慈幼之心是人类普遍同情心的本源，只要尽量扩大自己所爱的范围，就可以由私化公，进入“仁”的境界。

第二，转移或改变某些观点。有很多案例说明，严复将着眼点由个体转为群体。如赫氏在《讲演七》第七节中，讲了人类的生存斗争、适者生存，并指出：“最强者和自我求生力最强者趋于蹂躏弱者。”他的着眼点在个人。严译《论十六·群治》在翻译其大意后，未译上面所引那句话，却加了五句话：“故善保群者，常利于存；不善保群者，常邻于灭，此真无可如何之势也。”这里的着眼点是群体。又如赫氏在《讲演五》第九节最末指出：“不幸的是，这个形容词（指纯粹理性或政治性）的意义经历过这么多的改变，以至于把它应用到为了共同的善而命令人牺牲自己的理性上去，现在听起来几乎是有点可笑了。”严译《论十三·论性》译述上面的意思时曰：“盖惟一群之中，人人以损己益群，为性分中最要之一事，夫而后其群有以合而不散，而日以强大也。”很显然，赫氏原意是强调个体，反对某些人以共同的善为借口，强迫他人牺牲个人理性；严复则改译成强调群体，为了使群体团结和强大，不惜损害个人利益。

第三，将原书中某些中国人不熟悉的例子换成中国典故。如举例说明人类不可能对自己进行人工选择。赫氏原著《导论八》中说：“鸽子们将成为他们自己的约翰·塞伯莱特爵士。”赫胥黎用此例说明，要使人对人进行选择，就好比让鸽子对鸽子进行选择一样，是很荒唐的。严复在《导言十·择难》中改为：“今乃以人择人，此何异上林之羊，欲自为卜式，汧、渭之马，欲自为其伯翳，多见其不知量也已。”严复换成这一例子说明，如果人对人进行选择，就好比羊想要牧羊，马想要牧马，可笑不自量！又如赫氏在《导论十》第三节中，批判先定论：“不能说某一个人的体质只适合于当个农夫，而不适合做其他工作，另一个人，只适于当个地主，而不适于干其他行业。”严译《导言十二·人群》中说：“天固未尝限之以定分……曰此可为士，必不可以为农，曰此终为小人，必不足以为君子也。此其异于鸟兽昆虫者一也。”这里，将广义的农夫按传统观念换成了士和农，另加了小人、君子之说，宣传士可以务农、小人可以转变成君子的观点。

3. 漏译方面。

严译《天演论》，对赫胥黎的原著有所取舍，加上意译方式，因而有意或无意的漏译了部分内容，《导论》部分有 4 节未译，《讲演》部分有 11 节未译。至于某些词句的漏译，那就更多了。①

在整节漏译方面，最重要的是关于进化的概念。赫氏在《导论一》第七节中说："现在一般应用于宇宙过程的'进化'一词，有它独特的历史，并被用来表示不同的意义。就其通俗的意义来说，它表示前进的发展，即从一种比较单一的情况逐渐演化到一种比较复杂的情况；但其含义已被扩大到包括倒退蜕变的现象，即从一种比较复杂的情况进展到一种比较单一的情况的现象。"在第五节注释中又说："任何一种进化的理论，不仅必须与前进发展相一致，而且必须与同一条件下的恒久持续性以及与倒退变化相一致。"这里，对进化一词作了通俗解释，说明任何进化理论有"前进发展"、"恒久持续性"、"倒退变化"三层意义。严复在所译《天演论》中对上述内容完全略去未译。这可能是严复有意漏译的，因为他接受了斯宾塞的进化观念，并在《导言二·广义》的译文后面用长篇按语介绍了斯宾塞的进化观念——"天演界说"，而没有提及赫胥黎。

在词句漏译方面比较多。比如，赫胥黎在《讲演七》第八节中指出："它要求用'自我约束'来代替无情的'自行其是'；它要求每个人不仅要尊重而且还要帮助他的伙伴以此来代替、推开或践踏所有竞争对手；它的影响所向与其说是在于使适者生存，不如说是在于使尽可能多的人适于生存。"严译《论十六·群治》中，将其译为"排挤蹂躏之风，化而为立达保持之隐。斯时之存，不仅最宜者已也。凡人力之所能保而存者，将皆为致所宜，而使之各存焉。"二者比较，提倡人类互助求生存的思想是一致的，但严复漏译了赫氏原文的第一句——"用自我约束来代替自行其是"，而这正是赫氏反复强调的一个非常重要的观点。又如，赫氏在《讲演五》第三节中讲到古希腊斯多噶学派的一个重要观点，认为"这种（火热的）能量不断创造和毁灭世界，就好像一个顽童在海岸筑起沙土城堡而后又夷平它……"严译《论十一·学派》中将上述两句译为"故世界起灭，成败循还"，漏译了那个顽童玩沙的比喻，可谓美中不足。

4. 增译方面。

第一，增加篇（节）的开头、结尾。

增加开头。如严译《论十二·天难》的开头，相当于赫氏《讲演》第五大部分的第四节的开头。赫氏开头是："这一步的后果是重大的。因为，如果宇宙是一个无所不在的、全能的、无比仁慈的原因的结果，那么宇宙中有真正的邪恶存在显然是不允许的，更不用说必然的内在邪恶了。"严译是："学术相承，每有发端甚微，而经历数传，事效遂巨者，如斯多噶创为上帝宰物之言是已。

① 俞政：《严复著译研究》，第52、56页。

夫茫茫天壤，既有一至仁极义，无所不知，无所不能，无所不往，无所不在之真宰，以弥纶施设于其间，则谓宇宙有真恶，业已不可，谓世界有不可弥之缺憾，愈不可也。”可见，严复没有翻译第一句，自“学术相承”至“是已”，是严复增译的开头。它不仅点明了“上帝”，而且点明由斯多噶首创，从而与下面的内容融为一体。

增加结尾。最突出的如在全书最后一节《论十七·进化》的结尾加了一段文字：“吾辈生当今日，固不当如鄂谟所歌侠少之轻剽，亦不学瞿昙黄面，哀生悼世，脱屣人寰，徒用示弱，而无益来叶也。固将沉毅用壮，见大丈夫之锋颖，强立不反，可争可取而不可降。所遇善，固将宝而维之，所遇不善，亦无慑焉。早夜孜孜，合同志之力，谋所以转祸为福，因害为利而已矣。”这里，严复号召人们既不要像荷马歌唱的少年武侠似的轻快剽悍，也不要像释迦牟尼那样苦心修炼、哀怜悲悼、显示懦弱，而要沉着坚毅、英勇雄壮、强立不返，联结力量，转祸为福，以求直达我们的目标！

第二，扩大范围。赫氏在《导论十三》的最后有一段话，说生存斗争表现在民族之间的军事、工业方面：“如果说生存斗争已经影响我们到了某种严重程度，那是间接地，通过我们同其他民族的军事上和工业上的战争而来的。”严译《导言十六·进微》的结尾对此加以扩展：“而欧墨物竞炎炎，天演为炉，天择为冶，所骎骎日进者，乃在政治、学术、工商、兵战之间。”从而使生存斗争由军事、工业方面扩大到政治、学术、商业等方面，并把政治、学术排在最前面，突出了其重要地位。又如赫氏在《导论九》第二节中指出：“社会组织不是人类所独有的，像蜜蜂和蚂蚁所组成的其他社会组织，也是由于在生存斗争中能够得到通力合作的好处而出现的。”严复在《导言十一·蜂群》中说：“虽然，天之生物，以群立者不独斯人已也。试略举之，则禽之有群者，如雁如乌；兽之有群者，如鹿如象，如米利坚之犎，阿非利加之猕，其尤著者也；昆虫之有群者，如蚁如蜂。凡此皆因其有群，以自完于物竞之际者也。”这里，将社会组织由蜜蜂、蚂蚁扩展到雁、乌、鹿、象、牛、猕等，更加有力地证明了赫胥黎的观点。

第三，补充解释说明。严复对原著涉及的人事、文化背景等作了一般性解释。如《论五·天刑》中加入了对《哈姆莱特》梗概性的剧情介绍：“罕木勒特，孝子也。乃以父仇之故，不得不杀其季父，辱其母亲，而自剚刃于胸……”这大概是中国较早介绍莎士比亚及其剧本的文字。赫氏在《导论六》中设想了一个没有生存斗争的人间乐园。“一个真正的伊甸乐园”。严复在《导言八·乌托邦》中将这个“伊甸乐园”译为“乌托邦”，并增加了关于“乌托邦”的解释："夫如是之群，古今之世所未有也，故称之曰乌托邦。乌托邦者，犹言无是国也，仅为涉想所存而已。"赫氏在《讲演四》第九节中，提出"印度早期的哲学思想，假定存在一永恒的实在或'实体'"，并说："宇宙的实体是婆罗门，个人的实体则为阿德门。"严复在《论八·冥往》中，将实体译为"精湛常然，不随物转"的"真、净"，并解释说："净不可以色、声、味、触接"，即是人感觉不到的、永恒"不变"的"物理"之"根"；人可以感觉到的东西叫"应、名"，是伴随实体存在的"变动不居"的表面现象。婆罗门为宇宙之"大净"，阿德门为"分赋人人之净"，"二者本为同物"，即均指实体。不过，前者为那个实体的总称，后者则是分到每个人身上的那一小部分的名称。严译《导言二·广义》在介绍天演规律后面加了很长一段文字，以天演说和上帝造人说及中国的神话传说如女娲造人、盘古开天地等进行对比，以显示后者的荒诞无稽。

第四，增加了斯宾塞的思想。如严译《导言一·察变》最后面加了斯宾塞的话："斯宾塞尔曰：天择者，存其最宜者也。"从文章一开始，译者就很自觉地将天演论和斯宾塞的学说紧紧扣在一起。严复对斯宾塞的社会达尔文主义、社会渐进说、合群保种等等，是基本赞同的，对其极端乐观的社会进化史观有所保留，对其"任天为治"的思想，进行了纠正，如他指出"凡人生保身保种，合群进化之事，凡所当为，皆有其自然者"。"而所谓物竞、天择、体合三者，其在群亦与在生无以异，故曰任天演自然，则郅治自至也。虽然，曰任自然者，非无所事事之谓也，道在无扰而持公道"。就是说，凡是社会中之个体和群体参与的事情，包括物竞、天择、体合，都应顺其自然；但社会、国家并不是就无事可干了，实际上，它们应以强有力的干预，来维护社会公道，确保公平竞争。

第五，围绕民族存亡、国家富强这一主题而加以发挥。如赫氏在《导论六》中讲到创造人们生存的条件时举例说："……制造机器，以补充人力和畜力的不足；采取卫生预防措施，以防止和消除引起疾病的自然原因。"严译《导言八·乌托邦》中，在上述赫氏之话后面紧接着补充了两例："为以刑狱禁制，所以防强弱愚智之相欺夺也；为之陆海诸军，所以御异族强邻之相侵侮也。"这一加译就使得原先以文明社会与自然抗争的主题延伸到了人类社会内部的相争相斗。然后转向如何治理社会，使国家富强，又加了一段："故欲郅治之隆，必于民力、民智、民德三者之中，求其本也。"并具体讲了从学校之制善到其国乃富强而不可贫弱，从而将他自己寻求富强的理论强加给了赫胥黎。

5. 附加案语和注释。

严译《天演论》，共分 35 节，其中 28 节后面加上了按语，有的按语之长，竟然超过原文。另有注释 42 处，其中 40 处标“译者注”，2 处标“案：……译者注”。全书共约 7 万字，严复附加的按语和注释，共有 2 万多字，约占三分之一。这些按语和注释，既是译文的补充，也是为了充分阐发严复自己的见解，理应属于他自己的著述。

第四章 《天演论》的内容问题

第一节 《天演论》——一部百科全书式的著作

“百科全书”原本是18世纪法国启蒙思想家狄德罗主编的一部工具书，全称为《百科全书，或科学、艺术或工艺详解辞典》，说明它包括科学、艺术、工艺等内容。严复在1907年写的《书百科全书》一文中，谈到“百科全书”涵义时说：“百科全书者，西文曰婴塞觉罗辟的亚，正译曰智环，或曰学郛。盖以一部之书，举古今宇内，凡人伦思想之所及，为学术，为技能，为天官，为地志，为各国诸种有传之人，为宗教鬼神可通之理，下至草木、禽兽、药物、玩好，皆备于此书焉，元元本本，殚见洽闻，录而著之，以供检考。”① 这就更具体地说明了百科全书应包括学术、技能、天官、地志、人物传记、宗教神学、草木、禽兽、药物、玩好，等等。这里所说的百科全书式的《天演论》，“横览五洲六十余国”和纵考“上下六千余年之记载”，主要是就学术思想而言的，而不包括工艺、技能等等，而且只是概说而不是详解，所以只能说是小型百科全书。②

一、自然科学

1. 概述自然科学。

严复在所译《天演论》中、尤其是他所加按语中，为近二百年来西方自然

① 严复：《书百科全书》，王栻主编：《严复集》第2册，第251页。

② 本章所引原文，包括正文、复案和译者注，均以商务印书馆1981年出版的《天演论》为底本，括号内所标数字为其所在页码。

科学的发展，描绘了一幅清晰的总图。

(1) 自然科学先声、初祖。“额拉吉来图……为数千年格致先声”(76)，“为欧洲格物初祖”(78)。

(2) 以天演言三学。“今者合地体（地质）、植物、动物三学观之，天演之学，皆使生品日进，至成人身，皆有绳迹可以追溯。至今外天演而言前三学者，殆无人也”(89)。

(3) 四大学科。“西学之最为切实者，名、数、质、力四者之学是已”(《译〈天演论〉自序》)。“居今而言学，则名、数、质、力为最精，纲举目张，而身心、性命、道德、治平之业，尚不过略窥大意”。“此数学者明，则人事庶有大中至正之准矣，然此必非笃古贱今之士所能也”。(94)

(4) 两大进步。“十八期民智大进步，以知地为行星，而非居中恒静。十九期民智大进步，以知人道为生类中天演之一境，而非笃生特造”(29)。“盖自有歌白尼出而后天学明，亦自有达尔文出而后生理确也”(4)。

2. 介绍具体学科。

包括天文学、地质学、数学、化学、物理学、生物学等。

(1) 天文学。第一，天文学之鼻祖。“毕达哥拉斯，天算鼻祖，以律吕言天运者也”(56)。第二，两位著名天文学家。一是波兰哥白尼，“自哥白尼出，乃知地本行星，系日而运”(4)，“太阳居中，八纬（八大行星）外绕，各各聚质，如今是也”(7)。二是意大利天文学家加理列倭（通译伽利略），“踵用实测内籀之学，因之大有所明，而古学之失日著”(80) 等。

(2) 地质学。地质学实测生物之变迁和渐变，“天演之学，肇端于地学之僵石、古兽，故其计数，动逾亿年”(40—41)。“且地学之家，历验各种殭石，知动植庶品，率皆递有变迁，特为变至微，其迁极渐”(2)。德国地质学家兼博物学家方拔，在1836年所著《加那列群岛记》中，“尝立物种徐缓变化之说”(3)。

(3) 数学。多次提到数学是“最为切实”和“最精”的“四学”（名、数、质、力）之一。古希腊毕达哥拉斯为“天算鼻祖”(56)，还有法国数学家巴斯噶尔 (94) 等。

(4) 化学。希腊德谟克利特提出的“质学种子”，即化学的最初形态。“近英人达尔顿（通译道尔顿）演之，而为化学始基矣”(81)。“何谓质点之力？如化学家所谓爱力即化学亲和力是已”(8)。“其农必通化殖之学”，所谓化殖之学，是指化学、生物学一类科学 (36)。

(5) 物理学。介绍了18世纪英国物理学家“奈端（通译牛顿）动之例三”，即运动三定律（《译〈天演论〉自序》)。“洎有明中叶……奈端……诸子踵用其术（实测内籀之学），因之大有所明，而古学之失日著”（80）。法国物理学名家巴斯噶尔曾说：“吾诚弱草，妙能通灵，通灵非他，能思而已”（94）。

（6）生物学。第一，西方近代生物学家。“近今百年格物诸家，如法人兰麻克（今通译拉马克）、爵弗来，德人方拔、万贝尔，英人威里氏、格兰特、斯宾塞尔、倭恩、赫胥黎，皆生学名家，先后间出”（3—4）。另有“德国生物学名家希克罗（赫克尔）”，著有《人天演》一书，中译本为《人类的进化》。（29、30）第二，达尔文生物进化论被人接受和反对。“达氏书出，众论翕然。自兹厥后，欧、美二洲治生学者，大抵宗达氏”（4）。“达尔文论出，众虽翕然，攻者亦至众也，顾乃每经一攻，其说弥固，其理弥明，后人考索日繁，其证佐亦日实”（89）。第三，人猿同宗说。“达尔文《原人》，（德国）赫克尔《人天演》，赫胥黎《化中人位论》，三书皆明人先为猿之理；自兹厥后，生学分类，皆人猿为一宗，号灵长类”（29—30）。第四，优生问题。“此理所关至巨，非遍读西国生学家书，身考其事数十年，不足以与其秘耳”（41）。

二、社会科学

包括伦理学、社会学、经济学、教育学、文学、政治学和法学、宗教学、历史学、地理学、翻译学、逻辑学等。

1. 伦理学。

第一，人性论与善恶观。其一，何谓人性？“约而言之，凡自然者谓之性，与生俱来者谓之性”。“生人之性”可分为“粗贱者”之性，“精贵者”之性，“精贵者”中之“精贵者”之性（84）。其二，人之三性说。“性善”论（如孟子），“性恶”论（如荀子），“善恶混”论（如南宋陆九渊）。（85、29）其三，“善恶皆由演成”（90）。“以天演言之，则善固演也，恶亦未尝非演”（89）。

第二，苦乐观及其与善恶之关系。其一，“即苦以为乐”（46）。其二，“背苦而向乐”（41、46）。其三，苦乐相依：“世间不能有善无恶，有乐无忧，二语亦无以易”（46）。其四，“乐者为善，苦者为恶。苦乐者，所视以定善恶者也”（46）。其五，“善则上升，恶则下降”（65），“日进善不日趋恶，而郅治必有时而臻”（89）。

第三，道德问题。其一，慈仁。“慈幼者，仁之本也”，由私—慈—仁—胜私。（32）其二，天良。“论能群之吉德，感通为始，天良为终，人有天良，群道乃固”（35）；“天良者，保群之主，所以制自营之私，不使过用以败群者也”（32）。其三，恕、絜矩。“今天下之言道德者皆曰，终身可行莫如恕，平天下莫如絜矩矣”。“己所不欲，勿施于人”，“设身处地，待人如己之期人”。“凡此之言，皆所谓金科玉律”。(33) 其四，礼仪乐制。“礼乐之兴，必在去杀、胜残之后，民惟安生乐业，乃有以自奋于学问思索之中，而不忍于芸芸以生，昧昧以死”。(54)

2. 社会学（即群学）。

群学，在严复那里，不是指一般的社会学，而是具有世界观的特征。但我们这里还是作为社会学专科来叙述的。

1842年法国学者孔德完成《实证主义哲学大纲》，首次使用社会学（Sociology）一词。严复在1895年《原强》等文中，创造群学一词，意即社会学。在1896年译述的《天演论》中，更是大谈群学，使群学成为显学之一，其代表人物，最主要的是英国社会学家斯宾塞和柏捷特（今译巴佐特）。严复说：“群学家言之最晰者，有斯宾塞氏之《群谊篇》，柏捷特的《格致治平相关论》二书，皆余所已译者”(30)。“……群治进极，宇内人满之秋，过庶不足为患……斯宾塞之言如此”。“计学家柏捷特著《格致治平相关论》，多取其说”(38)。

《天演论》中，除了频繁介绍和高度评价斯宾塞等人外，还涉及社会学的诸多领域。比如人口问题，种族问题，群己关系问题，理想社会问题等。

第一，何谓社会学？斯宾塞曰：“吾之群学如几何，以人民为线面，以刑政为方圆，所取者皆有法之形”。(90)

第二，人口问题。

其一，马尔萨斯的人口理论与生存竞争。“英国计学家马尔达有言：“万类生生，各用几何级数。”人口成倍的增长，而“资生之物所加多者有限”，所以，“丰者近昌，啬者邻灭”。(10、12)

其二，人口多是不是祸患？赫胥黎认为“治化将开，其民必庶”，“群而不足，大争起矣”，大争则大乱。斯宾塞认为“群治进极，过庶不足为患”。严复说，事实证明“斯宾塞之说，岂不然哉”。(35、38)

其三，人类也要择种留良吗？“今者统十四篇之所论而观之，知人择之术，可行诸草木禽兽之中，断不可用诸人群之内”，“人择求强，而其效适以得弱”。(35、25、26)

第三，种族问题。

其一，关于种族的胜负高下、生死存亡问题。如说“民种之高下”(20)，“其种愈下，其存弥难”，如“墨、澳二洲，其中土人日益萧瑟”。(11)“外种闯入，新竞更起。旧种渐湮，新种迭盛”，“嗟乎！岂惟是动植而已，使必土著最宜，则彼美洲之红人，澳洲之黑种，何由自交通以来，岁有耗减？”(14)

其二，关于如何保种的问题。《天演论》在“与天争胜”的宗旨下，强调了合群和自强两个方面。一则，关于合群问题：一是关于合群的重要性；（27、20）二是强调内合外争。（28、33）二则，关于自强问题。主张“争存，自立，强昌”（17）；强调“自强不息”，“自强保种”，（《译〈天演论〉自序》）“与天争胜”、“卫其种族”；（《吴汝纶序》）“贤者执政，且与时偕行”，可以有“富强”、“进种之效焉”。（43）

其三，关于中国历史上的民族斗争问题。“周秦以降，与戎狄角者，西汉为最，唐之盛时次之，南宋最下”（87）。

第四，群己关系问题。这既是伦理学问题，也是社会学问题。此处并而论之。

其一，群己关系涉及人的本性问题。认为“好甘恶苦”、“先己后人”、“能群”、“群性”等，是人的天性。（29、27、30、85）认为“墨之道以为人……杨之道以自为”（28）；“婆罗门之道为我，而佛反之以兼爱”（72）。

其二，自营大行，或自营尽泯，都不行。“人始以自营能独伸于庶物，而自营独用，则其群以漓。由合群而有治化，治化进而自营减，克己廉让之风兴。然自其群又不能与外物无争，故克己太深，自营尽灭者，其群又未尝不败也”（33）。

其三，强调个人服从群体。“两害相权，已轻群重”（44）。“盖惟一群之中，人人以损己益群，为性分中最要之事，夫而后其群有以合而不散，而日以强大也”（85）。“群己并重，则舍己为群”（90）。

第五，理想社会问题。

其一，关于乌托邦的理想社会：一则，在民众方面——“学校之制善，智仁勇之民兴；民有恒产，各遂其生”。民之靠己不靠天者日多，“其民莠者日以少，良者日以多”。民各尽其职，“通功合作”。二则，在国家方面——“以刑狱禁制防强弱愚智之相欺夺；为之陆海诸军御异族强邻之相侵侮；凡其国之所有，皆足以养其欲而给其求”。公平合理地解决民之衣、食、住、行、医疗、药物等福利问题。没有“天行物竞之虐，惟人治为独尊”，“群力群策，而后其国富而强”。三则，乌托邦之有无与能否实现。“夫如是之群，古今之世所未有也，故称之曰乌托邦。乌托邦者，犹言无是国也，仅为涉想所存而已”。“后世果其有之，将非由任天行之自然，而由尽力于人治。则断然可识者”。（21、22）

其二，关于“太平”之说。一则，太平之景象。“蜂之为群也，审而观之，乃真有合于古井田经国之规，而为近世以均富言治者之极则也。以均富言治者曰：‘财之不均，乱之本也。一群之民，宜通力而合作，然必事各视其所胜，养各给其所欲，平均齐一，无有分殊。为上者职在察贰廉空，使各得分愿，而莫或并兼焉，则太平见矣。’此其道蜂道也”(27)。二则，太平之基。“取一国之公是公非，以制其刑与礼，使民各识其封疆畛畔，毋相侵夺，而太平之治以基”(21)。三则，太平之有无与能否实现。“赫胥黎谓太平为无是物也”(35)，“古之井田与今之均富，以天演之理及计学公例论之，乃古无此事，今不可行之制。故赫氏于此，意含滑稽”(27)。

其三，关于“郅治”之说。一则，郅治之实现及其条件——公道。“斯宾塞则谓事迟速不可知，而人道必成于郅治”(35—36)。“斯宾塞所谓民群任天演之自然，则必日进善不日趋恶，而郅治必有时而臻者，其竖义至坚，殆难破也……故曰任天演自然，则郅治自至也。虽然，曰任自然者，非无所事事之谓也，道在无扰而持公道”(89、90)。二则，郅治不能完全实现。“然其谓郅治如远切线，可近不可交，则至精之譬”。三则，难言、不可思议。“又谓世间不能有善无恶，有乐无忧，二语亦无以易。……曰：然则极休，如斯宾塞所云云者，固无有乎？曰：难言也。大抵宇宙究竟与其元始，同于不可思议。不可思议云者，谓不可以名理论证也”。四则，世道必进，后胜于今。“吾党生于今日，所可知者，世道必进，后胜于今而已。至极盛之秋，当见何象，千世之后，有能言者，犹旦暮遇之也”(47)。

其四，关于“仙乡”之说。《天演论》的最后，引英国诗人“丁尼孙之诗”，说明在大海中航行有两种可能：“或沦无底，或达仙乡”。“吾愿与普天下有心人”努力奋斗，争取实现理想的“仙乡”之目标，但“仙乡”的具体愿境却未能说明。(95)

3. 经济学。

第一，经济学的地位和经济学家的贡献。“晚近欧洲富强之效，识者皆归功于计学，计学者，首于（英国）亚丹斯密氏者也”(34、32)。“英国计学家马尔达有言：万类生生，各用几何级数……”(10) 英国经济学家柏捷特，著有《格致治平相关论》(今译《物理与政理》)一书 (30)。

第二，新的义利观——开明自营，两利为利。其一，“开明自营”——“明道计功、正谊谋利”。(92) 其二，“最大公例”——“两利为利，独利必不利”。(92、34、46)

第三，依靠科学技术以发展“农、工、商”各种经济。“农工商之民，据其理以善术，而物产之出也，以之益多”。(36、37)

4. 教育学。

第一，教育的重要性。其一，“言治自教民始”(22)。其二，“善群进化期诸教民之中”(44)。其三，“必智进而后事进”(36)。

第二，教与学。其一，含义。“学者何？所以求理道之真；教者何？所以求言行之是”。其二，二者相衡，“学急于教”(54)。

第三，“三民”思想。其一，“三民”由学校培养。“学校庠序之制善，而后智仁勇（即智德力）之民兴”(21、22)。其二，“三民”是治理国家之根本。“欲郅治之隆，必于民力、民智、民德三者之中，求其本也”(21、22)。其三，“三民”关系个人之生存、胜败。“人欲图存，必用其才力心思，胜者非他，力、智、德三者皆大是耳”(37)。其四，“三民”关系人群、国家之治乱强弱。“要之其群之治乱强弱，则视民品之隆污”(39)；“智仁勇之民兴，而有以为群力群策之资，而后其国乃富强而不可贫弱”(21、22)。

第四，古今为学之比较。“古之为学也，形气、道德歧而为二，今则合而为一。所讲者虽为道德治化，形上之言，而其所由径术，则格致家所用以推证形下者也”(44)。

第五，中西“教化”之比较。欧洲和中国之“教化”，“优劣尚未易言”，但二者不同，“民大有异”，“彼其民，好然诺，贵信果，重少轻老，喜壮健无所屈服之风”，意即西民胜于我民。(87)

5. 文学。

第一，最早译西人之诗。严复将赫胥黎所引蒲柏和丁尼孙的诗进行了翻译(82，60—61)，以上两首诗，虽然是几句碎锦，但可能是最早将英国诗译为中文者。

第二，关于文字语言、文言文、外文等问题。严复在《译〈天演论〉自序》一开头就引英国逻辑学家约翰·穆勒的话，说明语言文字的重要性：“欲考一国之文字语言，而能见其理极，非谙晓数国之言语文字者不能也。”

第三，介绍外国文学。其一，介绍希腊神话。说“伊惕卜思”（今译俄狄浦斯）是“义人。乃事不自由，至手刃其父，而妻其母”(60)。其二，介绍莎士比亚的名剧《罕木勒特》(今译《哈姆莱特》)。说他是“孝子，乃以父仇之故，不得不杀其季父，辱其亲母，而自剸刃于胸”(60)。其三，介绍古希腊盲诗人鄂谟（今译荷马)。说“乔答摩《悉昙》之章，《旧约·约伯之记》，与鄂谟之所哀歌，其言天之不吊，何相类也”(60)。“读印度《四韦陀》之诗，与希腊鄂谟尔之诗，皆豪壮轻侠，目险巇为夷涂，视战斗为乐境”(86)。其四，介绍英国启蒙运动时期古典派诗人“朴伯，以韵语赋《人道篇》数万言”(82)。此外，还引用了剑桥大学出身的英国诗人丁尼生的诗作。(95)

第四，介绍中国文学。其一，作品。多处提及《诗经》。在谈到社会风尚与国家兴亡的关系时，说：“不观之《诗》乎？有《小戎》、《驷驖》之风，而秦卒以并天下，《蟋蟀》、《葛屦》、《伐檀》、《硕鼠》之诗作，则唐、魏卒底于亡。”(87) 其二，人物。介绍西汉著名文学家杨子（杨雄），他的著作“《太玄》，拟《易》为之，天行以阐”；介绍唐代古文大家韩愈，“韩退之氏出，源本《诗》、《书》，一变而为集录之体”。(吴汝纶序)

6. 政治学和法学。

《天演论》中反复地谈到了人治、治功、群治、群约、法律、刑赏、议院、尚贤、邦交、民政、保公二党等，这些都是近代政治民主化的表征。

第一，尚贤。其一，仁人、贤者掌管国家“邦交、民政之事”，能使“国强而民富”。(43) 其二，“行尚贤之实”，就可以“善群进种”，“其治自臻”。(44) 其三，“尚贤则近墨”(43)。其四，英国尚贤。“英伦民气最伸，故其术（尚贤、课名实）最先用，用之亦最有功”(43)。其五，贤者与不肖者对比：贤者“精神强固”、“勤足赴功”、“智足以周事、忍足济事”、“必其人之非甚不仁”；不肖者专靠“门第、亲戚、授与、财贿、例故，与夫主治者之不明而自私”，本身则一无所能。(43)

第二，民主政治。其一，欧洲民权——民主。“合通国民权，如今日之民主”(39)。“今者民权日伸，公治日出，此欧洲政治所以非余洲之所及也”(58)。其二，英国政党。英国“保公二党，递主国成，以互相稽查”(43－44)。其三，欧洲议院。“欧洲者，天听民听、天视民视、公举公治之议院，为独为聚，圣智同优，夫而后托之主治也可”(25)。“按今泰西如英、德各邦三合用之（指全权之君主、数贤监国之古代共和、通国民权），三者各有推行之利弊，以兼收其益，此国主而外，所以有爵、民二议院也”(39)。其四，英民能自治。英国“民种之高”，其原因之一是“其民能自制治”。(20) 其五，英国新闻自由。如英国“广立民报，而守直言不禁之盟”(43)。其六，开民智。“善治如草木，民智如土田”。“民智既开，则下令如流水之源，善政不期举而自举，且一举而莫能废”。(22)

第三，刑赏。其一，刑赏之重要性。“刑赏者，天下之平也，为治之大器也”，“制治之大权也”。(57、58) 其二，刑赏本于众民之好恶。“刑赏皆以其群，而本众民之好恶为予夺，故虽不必尽善，而亦无由奋其私”(58)。其三，“刑赏之用，刑严于赏”(58)。其四，刑罚因时而定轻重。“刑罚世轻世重，制治者，有因时扶世之用焉”(59)。其五，刑罚要区分故意犯罪和过失错误。“杀人固必死也，而无心之杀，情有可论，则不与谋故者同科。论其意而略其迹，务其当而不严其比，此不独刑罚一事然也”(59)。

第四，批判封建专制。“刑赏，私之奋也，必自刑赏之权统于一尊始矣”。

"后有霸者，乘便篡之，易一己奉群之义，为一国奉己之名，久假而不归，乌知非其有乎？挽近数百年，欧罗巴君民之争，大率坐此"。(58)

7. 宗教学。

第一，宗教兴起的原因。其一，由于人们对自身"死之不可知"，"此释、景、犹、回诸教所由兴也"。(55) 其二，人们从多神教到一神教，"虽旨类各殊，何一不因畏天防民而后起事乎?"(51)

第二，宗教之异同。其一，佛教和基督教相类。"乔答摩《悉昙》之章，《旧约·约伯之记》，与鄂谟之所哀歌，其言天之不吊，何相类也"(60)。其二，佛教与婆罗门教之不相侔。"婆罗门之道为我，而佛反之以兼爱，此佛道径涂，与旧教虽同，其坚苦卓厉，而用意又迥不相侔者也"(72、73)。

第三，批判宗教创世说。"故用天演之说，则竺乾、天方、犹太诸教宗所谓神明创造之说皆不行"(6)。"万类之所以底如是者，咸其自己而矣，无所谓创造者也"(4)。"自达尔文出，知人为天演中之一境……而教宗抟土之说，必不可信"(4)。

第四，佛教。其一，"佛先耶稣生约六百年"(55、56)。其二，"乔答摩……后乃改为释迦"(67)。其三，佛教"宗旨：誓拯群生"(67)。其四，"三世因果"之说。其起源有三说：一是"起于印度，而希腊论性诸家，惟柏拉图与之最为相似，希、印两土相近，柏氏当有沿袭而来"；二是欧洲学者认为，"柏氏所言，与竺乾诸教，绝不相谋"；三是"二者均无确证"，待考。(65) 其五，"不可思议四字，乃佛书最为精微之语"(73)。

第五，基督教。又名景教、天主教、东正教、耶稣会等。基督教始祖为犹太人"耶稣，降生二千年时，世界如何，虽至武断人不敢率道也"(41)。有"耶稣之徒波罗"(通译保罗)，比利时耶稣会教士"南怀仁"等。(78)

8. 历史学。

第一，树立进化史观。其一，批判天道不变论；(2) 其二，批判循环论；(5) 其三，批判夷夏轩轾论；(12) 其四，批判恕道观；(33、34) 其五，批判圣贤创世说。(52)

第二，介绍中国历史人物。

其一，黄帝、老子。"斯宾塞之言治也，大旨存于任天，而人事为之辅，犹黄老之明自然，而不忘在宥是已"(16)。上古之长寿老人"彭祖、老子"，"即假吾人彭聃之寿，而亦由暂观久，潜移弗知"(2)。"为善者之不必福，为恶者之不必祸"，"与《老子》所谓天地不仁，同一理解。老子所谓不仁，非不仁也，出乎仁不仁之数，而不可以仁论也"。(61)

其二，孔子。“六艺之于中国也，所谓日月经天，江河行地者也。而仲尼之于六艺也，《易》、《春秋》最严”（《译〈天演论〉自序》）。“佛成道（于春秋鲁国）定、哀间，与宣圣（孔子）为并世”，“亚里斯大德，新学未出以前，其为西人所崇信，无异中国之孔子”。(56、57)

其三，墨子、杨子。如说这些细小的蜂儿成群，“必皆安而行之，而非由墨之道以为人，抑由杨之道以自为也”(28)。

其四，庄子和孟子。一是庄子，“人之知识，止于意验相符”，“此庄子所云心止于符也”。(71) “民群能无扰而公，行其三例，则恶将无从而演，恶无从演，善自日臻。此亦犹庄生去害马以善群、释氏以除翳为明目之喻已”(90)。庄子论宇和宙。(73、74) 二是孟子，与孔子、墨子、老子、庄子、荀子齐名。(55)

其五，荀子。与“孔子、墨子、老子、庄子、孟子”齐名。(55) “荀子所谓恶之性也”(85)。“古人有言，人之性恶”(29)。这里的“古人”，在《天演论》手稿本中原为“荀卿曰”，在修改手稿本时改为“先民曰”，在《天演论》正式版本中又改为“古人有言”。“人之所以为人者，以其能群也”(27)，在《天演论》手稿本中原为“荀卿之言曰：人之异于禽兽者，以其能群也”。

其六，申不害和商鞅。治国者要抛弃那附加物，是难以办到的，“惟尚贤课名实者能之。尚贤则近墨，课名实则近于申、商”(43)。

其七，司马迁和班固。西汉史学家司马迁的“《太史公书》，继《春秋》而作，人治以著”（《吴汝纶序》）；东汉史学家“班孟坚曰：不能爱则不能群，不能群则不胜物，不胜物则养不足。群而不足，争心将作”(32)。

其八，西汉武帝时抵抗匈奴的李广将军，“必取灞陵尉而杀之，可谓过矣。……其憾之者，尤人情也”(31)。

其九，元代青吉斯（即成吉思汗），“凶贼不仁，杀人如剃，而得国幅员之广，两海一经”(60)。

第三，介绍西方国家历史人物。

其一，恺彻（即凯撒）。“悬想二千年前，罗马大将恺彻未到时，此间有何景物”(1)。

其二，撒孙尼人（即撒克逊人）。“往尝见撒孙尼人击羊，每月三次置羊于几，体段毛角，详悉校品，无异考金石者之玩古器也”(18)。

其三，拿破仑。1796 年“拿破仑第一入埃及时，法人治生学者，多挟其数千年骨董归而验之，觉古今人物，无异可指，造化模范物形，极渐至微，斯可见矣”(41)。

其四，亚烈山大（即亚力山大）。“马基顿名王亚烈山大生日”，建造了“壮

丽过前”的“宇内七大工之一”，即亚烈山大的灯塔。(78)

第四，介绍中国历史沿革。综观《天演论》的内容，中国主要王朝及帝系几乎都涉及了。如谈到优生之时，说：“惟牉合有宜不宜，而后瞽瞍生舜，尧生丹朱，而汉高、吕后之悍鸷，乃生孝惠之柔良，可得而微论也”。(41) 又如谈到苦乐与善恶之关系时说：“然则，禹、墨之胼茧非，而桀、跖之姿横是矣。”(46) 再如谈到“佛生卒年月，迄今无定说”时，提到夏桀、商代第二十七君武乙；提到周代之昭王、穆王、平王、桓王、庄王、襄王、匡王、定王、景王、元王、考王、威烈王、安王、显王、赧王等15王，占周代38位帝王的三分之一强；提到春秋时期鲁国的昭公、定公、哀公、庄公、僖公、文公、宣公；提到“秦始皇”，“东汉明帝”，“隋代翻经学士费长房撰《开皇三宝录》”，“唐太宗贞观三年”等。(55—57)

第五，介绍西方国家历史沿革。从古希腊、罗马，到中世纪历代王朝，再到近代欧洲各国，几乎都有所涉及，但主要还是介绍英国。如将近代英国和都铎尔王朝进行比较，说：“持今日之英伦，以与图德之朝（译者注：自查理第七至女主额勒查白是为图德之代，起明成化二十一年至万历卅一年）相较，则贫富强弱，相殊远矣。而民之官骸性情，若无少异于其初”(39)。“自额勒查白(1533—1603) 以至维多利亚 (1819—1901)，此两女主三百余年之间，英国之兵争盖寡，无炽然用事之天行也”(40)。原书中凡是西历年代都改用中国的帝号。

由上可见，严复具有深厚的历史知识基础，因此，在译述《天演论》时，能将中西历史的年代、人物、事件相对应，相比附，使人读西方人写的《天演论》，就像读中国人写的《天演论》一样，容易把握其精神实质。

9. 地理学。

从洲名来说，不仅提到“五洲”、“二洲”，说“诚使五洲有大一统之一日……而人外之争，尚自若也，过庶之祸，莫可逃也”(45)。“密理图……希腊全盛之时，跨有二洲”(77)。而且具体地提到欧洲、美洲、亚洲、澳洲、非洲(20)。从海洋名来说，提到大西洋、北海、西海（地中海)、白令海、南洋（包括东南亚十几个国家）等。从江河名来说，提到中国的长江、黄河支流渭水，印度的殑伽河（恒河之古称)，意大利的提婆河（通译台伯河）等。如说“天演者又如江流然，始滥觞于昆仑，出梁益，下荆扬，洋洋浩浩，趋而归海，而兴云致雨，则又反宗”(50)。这里提到了新疆和西藏间的昆仑山、陕西汉中的梁州、四川的益州、湖北的荆州、江苏的扬州，江虽未提名，实际上就是指我国的长江。

从国家名来说，提到24个以上国家，如希腊、罗马、英国、苏格兰、法国、普鲁士、德国、义大利（意大利）、突厥（土耳其）、荷兰、蒲陀牙（葡萄牙）、日斯巴尼西（西班牙）、丹麦、奥地利、俄罗斯、米利坚（美国）、澳大利亚、新西兰、吕宋或斐立宾（菲律宾）、身毒（印度）、伊兰（伊朗）、波斯、埃及、倭（日本）等，西方人称中国为中土、泰东、秦、震旦等。此外，还提到“宇内七大工”，即世界七大奇迹——埃及的金字塔，巴比伦城墙和空中花园，奥林匹亚的宙斯神像，罗德岛的太阳神像，亚历山大的灯塔，埃菲塞斯的阿提米丝神庙，哈利卡内塞斯的王陵。(78)

由此可见，严复不仅对于“上下六千余年之”历史有所了解，而且对于当时的世界五大洲六十多个国家的地理布局、政治形势是比较了解的，特别是欧洲的古代希腊和中古末期西班牙以及近代英国的向外扩张，了解得更加深入。第一，古代希腊地跨二洲。“希腊全盛之时，跨有二洲，其地为一大都会，商贾辐辏，文教休明……”(77) 第二，中古末期西班牙地跨三洲。“西班牙民最信教，而智识卑下。故当明代嘉靖、隆庆年间（1522—1572），得斐立白第二（1527—1598）为之主而大强。通美洲，据南美，而欧洲亦几为混一。南洋吕宋一岛，名斐立宾者，即以其名名其所得地也”(22)。第三，近代英国地跨五洲。“英伦之民，西有米利坚，东有身毒，南有好望新洲，计其幅员，几与欧洲埒”(20)。还分析了英国能“霸天下之世”的原因、前途、作用。其原因有三：一是“英民习海擅商，狡黠坚毅为之”；二是“其民能自制治，知合群之道胜耳”；三是“制度厘然”。(20) 其前途也有三种可能：“或小胜而仅存；或大胜而日辟；抑或负焉以泯而无遗”(19)。其作用则是双重的——它既是白种人欺压美洲之红种人、澳洲之黑种人、亚洲之黄种人，是世界范围内的民族压迫和殖民掠夺，使殖民地人民遭受“驱斥”、乃至“灭亡之祸”；又是将当时欧洲先进的近代文明传播到当时落后的非洲、澳洲、南美洲、亚洲等地，在客观上起了某些积极作用，因为两者“不独民种迥殊，动植之伦，亦以大异”，“由来垦荒之利不利，最觇民种之高下”。(19、20) 据此，严复在译述《天演论》时，能以世界的眼光观察中国的形势，了解中国发展的趋向，提出解决问题的方略，并使其具有前瞻性和震撼力。

10. 翻译学。严复在《译例言》中，总结自己翻译的实践经验，提出了翻译学的诸多理论问题。

第一，译书标准：诚、达、文与信、达、雅。“译事三难：信、达、雅”。“《易》曰：‘修辞立诚’。子曰：‘辞达而已’。又曰：‘言之无文，行之不远’。三者乃文章正轨，亦即为译事楷模。故信、达而外，求其尔雅”。诚、达、文相对于信、达、雅。

第二，译书文体。“故信、达而外，求其尔雅。此不仅期以行远已耳，实则精理微言，用汉以前字法、句法，则为达易；用近世利俗文字，则求达难。”这样做，“固有所不得已也，岂钓奇哉！”

第三、译书方式。“题曰达旨，不云笔译，取便发挥，实非正法”。所谓“达旨”式的意译，是“在译者将全文神理融会于心，则下笔抒词，自善互备”。

第四，译书态度——严谨认真。“一名之立，旬月踟蹰”。

第五，即义定名。西文中有些新理之名目，中文中没有，怎么办？“译者遇此，独有自具衡量，即义定名。顾其事有甚难者”。

第六，翻译思想来源。一是他从《周易》等经书所说“文章正轨”推论出“译事楷模”。二是他引佛教大翻译家鸠摩罗什的话：“什法师有云：‘学我者病。’来者方多，幸勿以是书为口实也。”

11. 逻辑学（名学）。

第一，逻辑学的首创者和代表人物。“芝诺芬尼，创名学（逻辑学）”(56)。“穆勒约翰”为“英国名学家”。(《译〈天演论〉自序》，68)

第二，逻辑学的归纳法与演绎法。“及观西人名学，则有内籀之术焉，有外籀之术焉”。内籀与外籀之含义与作用，“二者即物穷理之最要途术也”。(《译〈天演论〉自序》)严复特别推崇柏庚（培根）、特嘉尔（笛卡儿）等人的归纳理论，说“洎有明中叶，柏庚起英，特嘉尔起法，倡为实测内籀之学”(80)。

第三，将西方逻辑学与中国之《易》、《春秋》相比附。西方逻辑学“是固吾《易》、《春秋》之学也”。《易》“所谓本隐之显者”，“外籀也”；《春秋》“所谓推见至隐者”，“内籀也”。(《译〈天演论〉自序》)

第四，逻辑实证方法：“实测、会通、实验”。“三者之中，则试验为尤重”(44)。

第五，“名学（逻辑学）之理，事不相反之谓同，功不相毁之谓同”(15)。

三、哲学

包括哲学概述、天演哲学、西方哲学的发展及其特点、中国古代哲学、印度哲学、哲学基本观点等。

1. 哲学概述。

赫胥黎“原书多论希腊以来学派”（《〈天演论〉译例言》），“博涉乎希腊、竺乾、斯多噶、婆罗门、释迦诸学”（《吴汝纶序》）。“合全地而论之，民智之开，莫盛于春秋战国之际：中土则孔、墨、老、庄、孟、荀，以及战国诸子，尚论者或谓其皆有圣人之才。而泰西则有希腊诸圣者。印度则有佛”(55)。“原书多论希腊以来学派，凡所标举，皆当时名硕……讲西学者不可不知也”（《译例言》)。

2. 天演哲学。

“斐洛苏非,英语 Philosopy 的译音,今通译哲学。斐洛苏非者,即爱慕知识(智慧)之谓”(65)。学术界一般称严复哲学为天演哲学,这里称为天演哲学,主要是阐述《天演论》中的哲学思想,概括地说,天演哲学包括竞争论与变易论,变易论中又包括进化和退化。

(1) 竞争论——物竞天择。

“以天演为体,而其用有二:曰物竞,曰天择”(2、3)。可见,天演与物竞天择是联系在一起的,“天演既兴,三理不可偏废,无异、无择、无争,有一然者,非吾人今者所居世界也”(9),“专就人道言之,以异、择、争三者明治化之所以进”(34)。总之,物竞天择、竞争进化是天演哲学的一项基本内容。

第一,物竞天择的提出。“晚近天演之学,倡于达尔文”(90)。“物竞天择二义,发于英人达尔文”(2、3)。虽然,天演之学、物竞天择之义,倡、发于达尔文,但天演、物竞天择之名,则为严复所独创。

第二,物竞天择的含义。“物竞者,物争自存也;天择者,物争焉而独存”(2、3)。物竞即达尔文所说的生存斗争,天择即达尔文所说的自然选择。

第三,物竞天择的普遍性。

其一,自然界和人类社会都存在物竞天择。达尔文所说物竞天择,“以考论世间动植物类所以繁殊之故”,一般称之为生物进化论。斯宾塞则将物竞天择扩展到整个自然界、生物界和人类社会,“举天、地、人、形气、心性、动植之事而一贯之”(4、5),一般称之为普遍进化论。赫胥黎认为,“物竞天择,此万物莫不然,而于有生之类为尤著”(2);“自禽兽以至为人,其间物竞天择之用,无时而或休”(29)。

其二,天行之物竞与人治之物竞。如说两者都不可避免:“天行物竞,既无由绝于两间,诚使五洲有大一统之一日,人群太和,而人外之争,尚自若也,过庶之祸莫可逃也”(45)。又如说两者的区别:“前论谓治化进而物竞不行固矣,然此特天行之物竞耳。天行物竞者,救死不给,民争食也,而人治之物竞犹自若也。人治物竞者,趋于荣利,求上人也。惟物竞长存,而后主治者可以操砥砺之权,以砻琢天下”。“人治天演,其事与动植不同。事功之转移易,民之性情气质变化难”(38—39)。

其三,物竞天择用于人类社会之弊病。《天演论》中还提出物竞天择用于人类社会有很大的弊病。“物竞、天择”,用于“世间生类”“有功”,用于“牧民进种”,“其蔽甚矣”。“故天行任物之竞,以致其所为择,治道则以争为逆节,

而以平争济众为极功”。(91)

第四，物竞天择的起源。为什么出现竞争？《天演论》中反复讲了这个问题。

其一，争起于不足。书中反复说明，“争常起于不足”(21)，“争固起于不足也”(9)，“群而不足，大争起矣”(36)。

其二，为何不足而争起？书中反复说，“以有涯之资生，奉无穷之传衍，物既各爱其生矣，不出于争，将胡获耶？”(9) “人理虽异于禽兽，而孳乳寖多，则同生之事无涯，而奉生之事有涯，其未至于争者，特早晚也”(91)。“洎新治出，物竞平”，人口又成倍增长，“以有限之地产，供无穷之孳生，不足则争，干戈又动。周而复始，循若无端”(23)。

其三，争起于不足的思想渊源。一是英国马尔萨斯《人口论》。如说“英国计学家马尔达有言：‘万类生生，各用几何级数’……物类之生乳者至多，存者至寡，存亡之间，间不容发”(10)。二是中国古先哲人及东汉班固所言。如严复引班固的话说：“班孟坚曰：‘不能爱则不能群，不能群则不胜物，不胜物则养不足。群而不足，争心将作。’”并认为这些话“必古先哲人所已发”。(32)

第五，物竞天择的表现形式。《天演论》中提出的关于物竞天择的表现形式是多方面的，既有横向的，又有纵向的，既有传统的，又有近代的，或是二者交错的。

其一，物与物争。“物竞者，物争自存也，以一物以与物物争，或存或亡，而其效则归于天择。物争焉而独存”，“而后独免于亡，而足以自立”。独存免亡的条件有三：一是“得天之分”，二是“致一己之能”，三是“与其所遭值之时与地，及凡周身以外之物力，有其相谋相剂者焉”。(2—3)“物各争存，宜者自立。且由是而立者强，强皆昌；不立者弱，弱乃灭亡”(17)。这里，从横向说明竞争之形式，取胜者，既有天之分，又有己之能，既有相互竞争，又有相谋相剂。

其二，人与物争。人类初期，“与万物争存，战胜而种盛者，中有最宜者——独善自营在也”。“其始能战胜万物，而为天之所择以此，其后用以相贼，而为天之所诛亦以此”。(29)“民之初生，与草木禽兽樊然杂居，乃岿然独存于物竞最烈之后，且不仅自存，直褒然有以首出于庶物。则人于万类之中，独具最宜而有以制胜也审矣”(52)。

其三，人与天争。首先，说明“天人互殊，二者之事，固不可终合也”(53)。其次，说明天人互争：“小之则树艺牧畜之微，大之则修齐治平之重，无所往而非天人互争之境”(15)。再次，说明天人交相胜：“前篇皆以尚力为天行，尚德为人治，争且乱则天胜，安且治则人胜。此其说与唐刘、柳诸家天论之言合，而与宋以来儒者以理属天、以欲属人者，致相反矣”(92)。如草木，人择其美、利之草木而爱护保持，“此人胜天之说也”，如大的自然灾害，又破坏了草木的生长，“此天胜人之说也”。“天人之际，其常为相胜也若此”。(18)这里，是纵横交错，传统与近代结合的。

其四，人与人争。一是种族之争。“美洲之红人”，“澳洲之黑种”，“亚洲之黄种”，与欧洲白种人之争，“物竞既兴，负者日耗，区区人满，乌足恃也哉”。(14) 二是经济、政治、军事、文化领域之争。“今天下非一家也，五洲之民非一种也，物竞之水深火烈，时平则隐于通商庀工之中，世变则发于战伐纵横之际”(35)。“欧墨物竞炎炎，天演为炉，天择为冶，所骎骎日进者，乃在政治、学术、工商、兵战之间”(40)。三是强调内和、外争。就某一人群来说，“惟泯其争于内，而后有以为强，而胜其争于外也”(28)。“既欲其民和其智力以与其外争矣，则其民必不可互争以自弱也”(21)。四是人择人之术不可行。“今者统导言十四之所论而观之，知人择人之术，可行诸草木禽兽之中，断不可用诸人群之内”(35)。这种横向竞争形式，具有鲜明的近代特色。

第六，物竞天择的结果。物竞天择的结果，是适者生存，优胜劣败。生物界如此，人类社会亦然。

其一，最宜者存。《天演论》中说，物竞天择的结果是“存其最宜者”(3)。所谓“存其最宜者”，也就是适者生存之意，但他没有明确提出“适者生存”四字口号。《天演论》中，讲到宜者生存时，讲了如下几点：

一则，强弱善恶，各有所宜：“宜之为事，本无定程，物之强弱善恶，各有所宜，亦视所遭之境以为断耳。”(91)

二则，最宜最善是相对的。一是今日与他日之宜者不同：“最宜者即最善者，今日之最宜，所以为今日之最善也，今之所善，又未必他日之所宜也。”(91) 二是旧种与新种之宜者不同：所谓“最宜者，仅就本土所前有诸种中，标其最宜耳。其说自不可易”，但是，如果此种“与未经前有之新种角，则其胜负之数，其尚能为最宜与否，举不可知矣”。(13) 三是独善自营之宜与不宜：“自禽兽以至为人，其间物竞天择之用，无时而或休，而所以与万物争存、战胜而种胜者，中有最宜者在也。是最宜云何？曰独善自营而已。”就是说，人性本恶、人有原罪：“古人有言，人之性恶。又曰人为孽种，自有生来，便含罪恶，其言岂尽妄哉！是故凡属生人，莫不有欲，莫不求遂其欲”，所以人之独善自营，在人类初期能“战胜万物”，故“为天之所择”，所以是“最宜”的，但后来人类“相贼”，即互相残杀，又“为天之所诛”，所以又成为不宜的了，因为

“自营大行，群道将息，而人种灭矣”。(29)

三则，自然与社会的宜者不同。《天演论》中说，人与动物不同之处有二：一是“形定”与“天固未尝限之以定分”。动物一生只为一职，人则士与农、小人与君子，均可为。(28—29) 二是“自营”与“制此自营”。动物自营，不能限制自营。人则能知是非羞恶，有天良，能制私，能保群。(31—32) 在自然界宜者是强与众，在社会中，是伦理上最优秀的人得以继续生存，“其宜而成者，不在宜于天行之强大与众也。德贤仁义，其生最优”(91)。这里，所说社会中的“最宜”即“最善”，也即“最好”、“最优”的意思，而“最好”、“最优”又具有相对性，并带有一种伦理道德的意味，强调“德贤仁义，其生最优”，从而表现出与社会达尔文主义若即若离的情状。

其二，优者胜而劣者败。严复在 1898 年 6 月的《保种余义》中说，物竞天择的结果还有两种可能：一个是“优者胜而劣者败”，另一个是“劣种反传，优种反灭”。① 在《天演论》中重点发挥了“优者胜而劣者败”的思想，但没有提出“优胜劣败”四字口号，主要是讲“优者胜而劣者败”的条件。

一则，内和外争与优者胜劣者败。《天演论》中反复说明内和外争之必要。(21、28、33)

二则，“三民”与优者胜劣者败。《天演论》中反复说明智德力大者胜。一是“三民”皆大：“人欲图存，必用其才力心思，以与是妨生者为斗。负者日退，而胜者日昌，胜者非他，智德力三者皆大是耳。”(37) 二是“三民”为本：“故欲郅治之隆，必于民力、民智、民德三者之中，求其本也。”三是将“三民”与学校、智仁勇联系起来：“学校痒序之制善，而后智仁勇之民兴，智仁勇之民兴，而有以群力群策之资，而后其国乃一富而不可贫，一强而不可弱也。”(21—22) 四是突出民智、教民：“泰西言治之家，皆谓善治如草木，而民智如土田。民智既开，则下令如流水之源，善政不期举而自举，且一举而莫能废”，否则，“人存政举，人亡政息”，所以“言治”应“自教民始”；(22—23) “举凡水火工虞之事，要皆民智之见端，必智进而后事进也。事既进者，非智进者莫能用也”，所以，从事农、工、商之人都要学习、求进，“进者存而传焉，不进者病而亡焉”。(36、37)

三则，能群、合群、善群、保群者存。《天演论》中反复说明群己关系，强调能群、善群、合群、保群者存。一是能群。首先，能群之重要：“人之所以为人者，以其能群也。”(27) 其次，能群之原因：亚丹·斯密认为是“以感通为

① 严复：《保种余义》，《严复集》第 1 册，第 87 页。

人道之本”；赫胥黎说是“由人心善相感而立”；斯宾塞说“人之由散入群，原为安利，初非由感通而立也”；严复说“赫胥黎言群理不若斯宾塞之密也”。再次，能群者存：“既以群为安利，则天演之事，将使能群者存，不群者灭”。（32）最后，能群与忧患：“人非能为群也，而不能不为群。有人斯有群矣，有群斯有忧患矣，故忧患之浅深，视能群之量为消长。”（52）

二是善群。先是“善群者存，不善群者灭”（32）；次是“善群进种之至术”在于：一为“赫胥黎所谓去其所傅”；二为“斯宾塞所谓功食相准者”。这样，既可“富强”，又可“进种”（43）。只要能“去其所傅者”，“则国无不强其群无不进者”，如“英伦民气最伸，故其术最先用，用之亦最有功，如广立民报，而守直言不禁之盟；保公二党，递主国成，以互相稽察。凡此之为，皆惟恐所傅者不去故也”（43—44）。三为公道、尚贤：“善群进化，园夫之术必不可行，故不可以力致。独主持公道，行尚贤之实，则其治自臻。”（44）

三是合群。首先，合群则强胜：“盖惟一群之中，人人以损己益群，为性分中最要之一事，夫而后其群有以合而不散，且日以强大也。”（85）《天演论》中，比较了中英民种之高下，说明英国殖民地遍布全球的原因之一，就是“其民能自制治，知合群之道胜耳”（20）。其次，合群制治、屈己为人：“前圣人合群制治，使之相养相生，而不被天行之虐矣”。为了合群，就要“屈己为人”，不能“任性之行”。（92）再次，“民既合群，必有群约”。群约必“行于平等”，是“为公”的，而不是“为私”的，“幸今者民权日伸，公治日出，此欧洲政治所以非余洲之所及也”（58）。最后，合群敌外：“合群者所以平群以内之物竞，即以敌群以外之天行”（33）。四是保群。《天演论》中提到“保群进化之图”（12）。“善保群者，常利于存；不善保群者，常邻于灭，此真无可如何之势也”（91）。

（2）变易论——进化与退化。

“天演者，以变动不居为事者也”（9）。“天演者如网如箑，又如江流然……始以易简，伏变化之机，命之曰储能。后渐繁殊，极变化之致，命之曰效实。储能也，效实也，合而言之天演也”（50）。总之，天演之义中包含着变动、变化，可以说，天演与变易是同义词，变易是天演哲学的重要内容。《天演论》35篇，从“察变”开头，到“进化”结尾，通篇讲天演、变化、进化，但天演与进化不同，天演是讲演化、变易，它包括进化与退化，所以叫天演哲学，而不叫进化哲学。

第一，变易的原因。一则，事物变化之内因——内竞。一是“一争一择，变化之事出”（3）；“第一篇，明天道之常变，其用在物竞与天择”；“第三篇，专就人道言之，以异、择、争三者明治化之所以进”。(34）二是“质力杂糅，相剂为变”(6—8)。这些说明是事物内部的“质力杂糅”和内外结合的“一争一择”，必然引起天道、治化等的变化、进化，“万类之所以底于如是者，咸其自己而已，无所谓创造者也”(4)。二则，事物变化之外因——外境。“物形之变，要皆与外境为对待……惟外境既迁，形处其中，受其逼拶，乃不能不去故以即新”(41)。就是说，事物的“外境既迁”终会引起事物本身的“去故以即新”。

第二，变易的普遍性。一则，天演即变化。“天演者，以变动不居为事者也”(9)。“储能也，效实也，合而言之天演也”。何谓储能？“始以易简，伏变化之机，命之曰储能”。何谓效实？“后渐繁殊，极变化之致，命之曰效实”(50)。二则，变化是无限的。一是处处在变化。“天道变化，不主故常是已”，“万物莫不然”。天演、变易在天地“二仪之内，所莫能外也”。(50）二是时时在变化。“特据前事推将来，为变方长，未知所极而已”(2)。何谓世变、运会？“自递嬗之变迁，而得当境之适遇，其来无始，其去无终，曼衍连延，层见迭代，此之谓世变，此之谓运会”(5)。就是说，“为变方长，未知所极”，“变迁”是“无始”、“无终”的。三则，古今东西人士都讲变化。古希腊赫拉克利特说：“世无今也，有过去有未来，而无现在。譬诸濯足长流，抽足再入，已非前水。”近代英国赫胥黎也说：“人命如水中漩洑，虽其形暂留，而漩中一切水质刻刻变易”，此话“一时推为名言”。他还说明事物之恒变不居，人眼所见的“静者未觉之动也，平者不喧之争也”。古代中国孔子在川上曰：“回也见新，交臂已故”。三者说明“东西微言，其同若此”(50)，即都以水为例说明变易之速、静、恒、新，人们不易察觉。

第三，变易的方式。“自皇古迄今，为变盖渐”(2)。“此自无始来，累其渐变之功，以底于如是者”(28)。

第四，变易的途径。变易的途径是曲折的，既有进化，又有退化。比如，天演界说中，就包含了进和退两层意思——“物至于画，则由壮入老，进极而将退矣”(7)。“人择一术，其功用于树艺牧畜，能驭其种而进退之”(18)。“天演者如网，如箑，又如江流然”，还如“抛物曲线”，“前半扬而上行，后半陁而下趋”。(50)“万化周流，有其隆升，则亦有其污降”，比如宇宙是一个终始循环的时空存在，不断地正向前行，好像太阳，先沿轨道朝上移动，过了中午就西斜，最终会到达它的极点而后逐渐向下斜行。自然界如此，人类社会的发展，也不是一帆风顺、能迅速改变的。(94）这都说明，社会发展的道路是曲折的，而非直线前行的。

第五，变易的趋向和目标。一是由简入繁。“自吾党观之，物变所趋，皆由简入繁，由微生著。运（运者以明其迁流）常然也；会（会者以指所遭值）乃大异”(5)。“万物皆始于简易，终于错综”(7)。二是背苦趋乐。“人道所为，皆背苦而趋乐”(46)。“世变无论如何？终当背苦而向乐”(41)。三是“世道必进，后胜于今”(47)。四是日进善、郅治臻。“民群任天演之自然，则必日进善不日趋恶，而郅治必有时而臻”(89)。五是终达仙乡。“吾辈生当今日，固将沉毅用壮，强立不反，可争可取而不可降，合同志之力，转祸为福，因害为利”，最终能“达仙乡”。(95)

第六，批判神创论、不变论、循环论。一则，批判神创论。“自达尔文出，知人为天演中一境，且演且进，来者方将，而教宗抟土之说，必不可信”(4)。“故用天演之说，则竺乾、天方、犹太诸教宗所谓神明创造之说皆不行”(6)。二则，批不变论。“特自皇古迄今，为变盖渐，浅人不察，遂有天地不变之言”。“故知不变一言，决非天运，而悠久成物之理，转在变动不居之中”。(2) 三则，批循环论。“古以谓天运循环，周而复始，今兹所见，于古为重规，于今为叠矩”，并说明这是不对的，事实并非如此。(5)

综上所述，争与变是天演哲学的核心内容，所以它能“使读焉者怵焉知变”(《吴汝纶序》)。

3. 西方哲学的发展及其特点。

第一，古希腊哲学及其代表人物和特点。一则，学派。“希腊文教，最为昌明”(75)，学派很多，主要有以下三派。一是什匿克学派。“倡其学者，乃苏格拉第弟子名安得臣者。什匿克宗旨，以绝欲遗世，克己励行为归”(79)。二是爱奥尼亚学派。其初祖为德黎，“希腊理家，德黎为首”(56)。三是斯多噶学派。“芝诺称祭酒，始于希腊，成于罗马，而大盛于西汉时，罗马著名豪杰，皆出此派，流风广远，至今弗衰”(79)。二则，代表人物。对十多位古希腊哲学家的代表人物，如德黎（泰勒士）、亚诺芝曼德（阿那克西曼德）、毕达哥拉斯、芝诺芬尼、巴弥匿智（巴门尼德）、安那萨哥拉（阿那支萨哥拉）、额拉吉来图（赫拉克利特）、德谟吉利图（德谟克利特）、苏格拉第（苏格拉底）、亚利大各（柏拉图）、亚里斯大德勒（亚里士多德）、伊壁鸠鲁、阿塞西烈（阿塞西劳斯）、吉里须布、波尔仑尼、安得臣（安提西尼）、知阿真尼（第欧根尼）等人的生平、学说，均有详细介绍。(25、50、53—57、75—81、81—83、62) 三则，特点。希腊哲学“贵独获创知，而述古循辙者不甚重”(57)。

第二，文艺复兴以后的欧洲哲学。(80) 一则，近世经验哲学之始祖英国培根。英人“柏庚言曰……天之生物，本无贵贱轩轾之心”(49)。“柏庚起英，倡为实测内籀之学”(80)；引培根之原话，论学与教。(54) 二则，近世唯理派哲学的创始者法国笛卡儿。“法人特嘉尔者，生于1596年……倡尊疑之学，著《道术新论》，以剽击旧教”(69—70)。“特嘉尔起法，倡为实测内籀之学”(80)。笛卡儿主张“积意成我”说。(69—71) 三则，不可知论。一是西方不可知论的代表人物。“宋元以来，西国深识之士，明揭天道必不可知之说。远如希腊之波尔仑尼，近如洛克、休蒙，汗德诸家，反复推明，皆此志也”(62)。晚近英国哲学家“比圭黎所主之说者，又何所据以排其说（事止于果，未尝有因）乎?”(68) 佛教之不可思议，也可属于不可知论。(73、47) 二是不可知论的具体观点。如说“是故物之本体，既不敢言其有，亦不得遽言其无，故前者之说，未尝固也。悬揣微议，而默于所不可知”(68)。“由是总之，则石子本体，必不可知，吾所知者，不逾意识，断断然矣”。“必有外因，始生内果，然因同果否，必不可知”。“人之知识，止于意验相符”。(71)

4. 中国古代哲学。

第一，春秋战国时期。“合全地而论之，民智之开，莫盛于春秋战国之际：中土则孔、墨、老、庄、孟、荀，以及战国诸子，尚论者或谓其皆有圣人之才”(55)。

第二，汉唐时期哲学家。如唐代哲学家刘禹锡、柳宗元，“专言由纯之杂，由流之凝，而不言由浑之画，则凡物之病且乱者。如刘柳元气败为痈痔之说，将亦可名天演”(7)。

第三，宋代理学家。“宋代诸儒言性，其所云明善复初诸说，多根佛书”(65)。宋代诸儒是指周敦颐、程颢、程颐、朱熹、陆九渊等理学家。如说“程子有所谓气质之性”，“朱子主理居气先之说”(85)。“赫胥黎尝云：天有理而无善。此与周子所谓诚无为，陆子所称性无善无恶同意”(92)。

5. 印度哲学。

印度有“婆罗门、释迦诸学”(《吴汝纶序》)，“印度则有佛”(55)。“不可思议四字，乃佛书最为精微之语”(73)。

6. 哲学基本观点。

第一，宇宙论。“宇者太虚也，宙者时也”(73)。“宇，庄子谓之有实而无去处，处界域也，谓其有物而无界域，有内而无外者也”。“宙，庄子谓之有长（长度）而没有本剽，剽，末也，谓其有物而无起讫也，二皆甚精界说”。(73、74)“广宇悠宙之间，长此摩荡运行而已”(50)。

第二，辩证法。一则，对立统一论。忧患与美丽“同尽”，(53) 善与恶、乐与忧、善乐与恶忧“皆对待意境”。(46)“无平不陂，无往不复”(33)。“静者未觉之动也，平者不喧之争也”(50)。“恶根常含善果，福地乃伏祸胎，而人常生于忧患，死于安乐，夫宁不然”(82)。“以矛陷盾，互相牴牾，是果僢驰而不可合也”。“同原而相反，是所以成其变化者耶”。(15、16) 二则，变易发展论。如将赫拉克利特的“无今”说、赫胥黎的“刻刻变易”说、孔子的“回也见新”说三者相比较，说明在发展变易方面，“东西微言，其同若此”。(50)

第三，历史观。一则，社会进化论。如说“世道必进，后胜于今”(47)。二则，时势造英雄。“世运出圣人，非圣人铸世运”(52)。

第四，人生观。对待世界和人生的态度，主要有三说：一则，悲观。“闵世之教，婆罗门、乔答摩、什匿克三者是已”(88)；“乔答摩悲天悯人，不见世间之真美”(83)。二则，乐观。“乐天之教，如斯多噶是已”；“斯多噶乐天任运，不睹人世之足悲”。(83) 三则，哀乐相伴。赫胥黎说：“合前二家之论而折中之，则世固未尝皆足闵，而天又未必皆可乐也。夫生人所历之程，哀乐亦相伴耳。”(88) 严复认为，赫胥黎的“哀乐相伴”说，和“悲观”与“乐观”两说相比，太肤浅了，“赫氏此语取媚浅学人，非极挚之论也”(88)。《天演论》中强调，“吾辈生当今日，固不当如鄂谟所歌侠少之轻剽；亦不学瞿昙黄面，哀生悼世，脱屣人寰，徒用示弱，而无益来叶也；固当沉毅用壮，强立不返，可争可取而不可降，合同志之力，谋所以转祸为福，因害为利而已矣”(95)。

第五，学术观。一则，“学术如废河然”。河流“方其废也”，广阔沙地，黄芦遍长，“迨一日河复故道”，它又弯曲地朝前流去，直达大海。“天演之学犹是也，不知者以为新学，究切言之，则大抵引前人所已废也”。(87、88) 二则，学术传承与影响大小。“学术相承，每有发端甚微，而经历数传，事效遂巨者”，如斯多噶创设的上帝主宰万物的言论就是这样，开始时影响很小，后来的功效却很大。(81) 三则，论东西学术关系的三种观点：一是东西学术不同、各自独立说。“说者谓彼都学术，与亚南诸教，判然各行，不相祖述”(75)。二是西学东来说。“或则谓西海所传，尽属东来旧法，引绪分支”(75)。三是赫胥黎的折中说。“欧洲学术之兴，其始皆自伊兰旧壤而来。迨源远支交，新知踵出，则冰寒于水，自然度越前知，今观天演学一端，即可思而得其理矣”(75)。四则，希腊学术与印度学术的关系——希腊柏拉图论性与印度三世因果之说相似。那么谁为主、谁为从呢？有两种观点：一是柏氏沿袭印度。“希、印两土相近，柏氏当有沿袭而来”。二是各自独述已见。“欧洲学者，辄谓柏氏所言，为标已见，与竺乾诸教，绝不相谋”。怎么处理呢？严复认为，“二者均无确证，姑存其说，以俟贤达取材焉”(65)。五则，不同学派的相互攻击。如在西方，“后人谓其(希腊学者伊壁鸠鲁) 学专主乐生，病其恣肆，因而有豕圈之诮”；在中国，有人“讥杨朱，以为无父无君，等诸禽兽”。这些都是“门户相非，非其实也”。如伊壁鸠鲁，“实则其教清净节适，安遇乐天，故能为古学一大宗，而其说至今

不坠也”。(83)

总之,《天演论》中的正文和复案、译者注等,涉及的内容是非常丰富而又极为深刻的。该书“横览五洲六十余国”和“上下六千余年之记载”,勾画了中外的地理、历史知识谱系,并具体指出全球五大洲的洲名和24个以上国家的国名,涉及、介绍18门以上的东西方自然科学与哲学社会科学的具体学科、100名以上的中外重要人物,真可谓综论古今中外的百科全书。

在110多年前,当国人初知西方近代自然科学,尚不知西方哲学、社会科学之际,严复译述的《天演论》,就能以传统的民族文化做根基,以世界的眼光审视中国,以敏锐的感觉洞察现实,以开放的心态容纳新知,以实现救亡、启蒙、国家富强、民族复兴、个人全面发展为目标,最终走向太平的理想之仙乡,怎能不叫时人与后人震惊和敬佩!

第二节 《天演论》中对达尔文、斯宾塞的介绍

在达尔文、斯宾塞的著作未译成中文本以前,国人对于他们的学说,一般先是通过严复译述的《天演论》而知晓的。文人学者在19世纪末20世纪初所撰写的论著中,所说达尔文的进化论,实际上是指严复译述的《天演论》中的进化论。如毛泽东在1937年回忆1911—1912年在湖南省立图书馆看书的情形时,说:“我读了许多的书……读了亚当·斯密的《原富》,达尔文的《物种起源》和约翰·穆勒的一部关于伦理学的书。我读了卢梭的著作,斯宾塞的《逻辑》和孟德斯鸠的一本关于法律的书。”① 这里所说达尔文的《物种起源》,实际上是指严复译述的《天演论》。

那么,《天演论》中究竟介绍了达尔文、斯宾塞的哪些内容,这是研究《天演论》时应当弄清的一个问题。

一、达尔文及其《物种由来》

1. 达尔文其人。

“达尔文生嘉庆十四年,卒于光绪八年壬午”(5)。“天演之学,将为言治者不祧之祖。达尔文真伟人哉!”(94)

---

① 埃德加·斯诺:《西行漫记》,三联书店1979年12月版,第120页。

2. 达尔文其书。

(1) 其书之重要性。“其《物种由来》一作，理解新创，而精确详审，为格致家不可不读之书”(90)。

(2) 其书之内容和创见。

第一，生物进化。“达著《物种由来》一书，以考论世间动植物类所以繁殊之故”(3)。

第二，择种留良。“达尔文《物种由来》云：人择一术，其功用于树艺牧畜，至为奇妙。用此术者，不仅能取其种而进退之，乃能悉变原种，至于不可复识”(18)。

第三，天演之学。“晚近天演之学，倡于达尔文”(90)。

第四，物竞天择。“物竞、天择二义，发于英人达尔文”(3)。如说：“地上各种植物，其独存众亡之故，虽有圣者莫能知也，然必有其所以然之理，此达氏所谓物竞也。竞而独存，其故虽不可知，然可微拟而论之也……此达氏所谓天择也。”又如在谈到“万类生生，各用几何级数”时，说：“生子最稀，莫逾于象，往者达尔文尝计其数矣。……如是以往，至七百四十许年，当得见象一千九百万也”。(10、11)

第五，人先为猿。“达尔文《原人篇》……明人先为猿之理。……自兹厥后，生学分类，皆人猿为一宗”(29、30)。

(3) 其书之意义。

第一，生物学意义。“自有达尔文而后生理确也”(3、4)。

第二，人类学意义。“自达尔文出，知人为天演中之一境，且演且进，来者方将，而教宗抟土之说，必不可信”(4)。“十九期民智大进步，以知人道为生类中天演之一境，而非笃生特造，中天地为三才，如古所云云者”(29)。

(4) 其书之影响。

第一，赞同达氏者。“达氏书出，众论翕然。自兹厥后，欧美二洲治生学者，大抵宗达氏”(3、4)。

第二，反对达氏者。“达尔文论出，众虽翕然，攻者亦至众也”(89)。达尔文学说初立，“为世人所大骇，竺旧者至不惜杀人以杜其说”(29)。

第三，达氏之最后胜利。达尔文学说“每经一攻，其说弥固，其理弥明，后人考索日繁，其证佐亦日实(89)”；“卒之证据厘然，弥攻弥固，乃知如如之说，其不可撼如此也”(29)。

二、斯宾塞及其《天人会通论》

1. 斯宾塞其人。

“斯宾氏迄今尚存，年七十有六矣”(5)。“斯宾塞尔者，与达同时”，是“生物名家”。(4)

2. 斯宾塞其书。

(1) 其书之结构包括五部分。斯宾塞“亦本天演著《天人会通论》……其第一书集格致之大成，以发明天演之旨；第二书以天演言生学；第三书以天演言性灵；第四书以天演言群理；最后第五书，乃考道德之本源，明政教之条贯，而以保种进化之公例要术终焉”。(5)

(2) 其书之重要性。

第一，自有生民无此作。《天人会通论》“其说尤为精辟宏富”，“体大思精，殚毕生之力者也”，“欧洲自有生民以来，无此作也”。(5)

第二，晚近之绝作。“贯天地人而一理之，此亦晚近之绝作也”(《译〈天演论〉自序》)。

(3) 其书之难译。“又为论数十万言，以释此界之例，其文繁衍奥博，不可猝译，今就所忆者杂取而粗明之，不能细也”(6)。

(4) 其书之内容和创见。

第一，天人会通。《天人会通论》“举天、地、人、形气、心性、动植之事而一贯之”(4、5)。

第二，天演界说。“斯宾塞尔之天演界说曰：天演者，翕以聚质，辟以散力。方其用事也，物由纯而之杂，由流而之凝，由浑而之画，质力杂糅，相剂为变者也”。“天演之义，所苞如此，斯宾塞氏至推之农商工兵语言文学之间，皆可以天演明其消息所以然之故”。(6、8)

第三，存其最宜。“斯宾塞曰：天择者存其最宜者也”(3)。

第四，体合说。其一，最重体合。斯宾塞于物竞、天择二义之外，最重体合。“而所谓物竞、天择、体合三者，其在群亦与在生无以异”(89—90)。其二，何谓体合？“物自变其形，能以合所遇之境，天演家谓之体合”；“体合者，物自致于宜也”。(36、89) 其三，“体合者，进化之秘机也”(36)。

第五，任天说。其一，斯宾塞提倡任天为治。“赫胥黎此书之旨，本以救斯宾塞任天为治之末流，其中所论，与吾古人有甚合者”(《译〈天演论〉自序》)。“斯宾塞之言治也，大旨存于任天，犹黄老之明自然”。“故曰任天演自然，则郅治自至也”。(16) 其二，斯宾塞并不完全否定人的能动作用。“虽然，曰任自然者，非无所事事之谓也，道在无扰而持公道”(90)，只是说“人事为之辅”而已。(16) 其三，赫胥黎为什么在《天演论》中反对任天之说呢？“赫胥黎氏他所著录，亦什九主任天之说者，独于此书，非之如此，盖为持前说而过者设也”(16)。

第六，自由说。其一，强调个人自由不得妨碍他人自由。“赫胥黎氏欲明保群自存之道，不宜尽去自营也。然而其义隘矣。且其所举泰东西建言，皆非群学太平最大公例也”。“太平公例曰：‘人得自由，而以他人之自由为界。’用此则无前弊矣。斯宾塞《群谊》一篇，为释是例而作也”。(34) 其二，人人自由才是公道。“道在无扰而持公道”，“斯宾塞为公之界说曰：‘各得自由，而以他人之自由为域’”。(90)

第七，群学说。其一，以生学谈群学。“斯宾塞氏得之，故用生学之理以谈群学，造端此事，粲若列眉矣”。其二，何谓群学？“斯宾氏之立群学也，其开宗明义，曰：吾之群学如几何，以人民为线面，以刑政为方圆，所取者皆有法之形”。(89、90)

第八，进种、保种公例说。其一，“斯宾塞《群谊篇》立进种大例三：一曰民既成丁，功食相准；二曰民各有畔，不相侵欺；三曰两害相权，己轻群重。此其言乃集希腊、罗马与二百年来格致诸学之大成，而施诸邦国理平之际”(44)。其二，“斯宾塞立保种三大例：一曰，民未成丁，功食为反比例率，二曰，民已成丁，功食为正比例率，三曰，群己并重，则舍己为群。用三例者，群昌，反三例者，群灭”(90)。其三，赫、斯二氏之理一也。“有国者，诚欲自存，赫、斯二氏之言，殆无以易也。赫胥黎所谓去其所傅，与斯宾塞所谓功食相准者，言有正负之殊，而其理则一而已矣”(44)。

第九，善恶说。其一，善恶皆由演成。“至谓善恶皆由演成，斯宾塞固亦谓尔”。其二，日进善不日进恶，善自日臻。“斯宾塞所谓民群任天演之自然，则必日进善不日进恶，而郅治必有时而臻者，其竖义至坚，殆难破也”。“然民既成群之后，苟能无扰而公，行其三例，则恶将无从而演，恶无从演，善自日臻”。(89、90)

第十，由散入群。斯宾塞认为，“人之由散入群，原为安利，其始正与禽兽下生等耳，初非由感通而立也”。赫胥黎、亚丹·斯密则认为，“群道由人心善相感而立”，即“以感通为人道之本”。严复认为，“赫胥黎执其末以齐其本，此其言群理，所以不若斯宾塞氏之密也”。(32)

第十一，不可思议说。“斯宾塞尔著天演公例，谓教学二宗，皆以不可思议为起点，即竺乾所谓不二法门者也。其言至为奥博，可与前论参观”(61)。

第十二，过庶说。其一，人治穷于过庶吗？“赫胥黎氏是书大指，以物竞为乱源，而人治终穷于过庶。此其持论所以与斯宾塞氏大相径庭”。其二，过庶不足为患。斯宾塞在《天人会通论》之第二书《生学天演》第十三篇《论人类究竟》中曰：“今若据前事以推将来，则知一群治化将开，其民必庶……统此观之，则可知群治进极，宇宙人满之秋，过庶不足为患，而斯人孳生迟速，与其国治化浅深，常有反比例也。斯宾塞之言如此。”其三，斯宾塞之说影响大。“自其说出，论化之士十八九宗之”。“计学家柏捷特著《格致治平相关论》，多取其说”。其四，天演公例。“夫种下者多子而子夭，种贵者子少而子寿，此天演公例，自草木虫鱼，以至人类，所随地可察者。斯宾氏之说，岂不然哉？”(35—38、36)

第十三，郅治一太平说。其一，太平为虚无。赫胥黎“谓太平为无是物也”。其二，郅治必成。“斯宾塞则谓事迟速不可知，而人道必成于郅治”(36)。“斯宾塞所谓民群任天演之自然，则必日进善不日趋恶，而郅治必有时而臻者，其竖义至坚，殆难破也……故曰任天演自然，则郅治自至也（89、90)。其三，郅治难言。严复说：“然其谓郅治如远切线，可近不可交，则至精之譬。又谓世间不能有善无恶，有乐无忧，二语亦无以易。……曰：然则极休，如斯宾塞所云云者，固无有乎？曰：难言也。大抵宇宙究竟与其元始，同于不可思议。不可思议云者，谓不可以名理论证也。吾党生于今日，所可知者，世道必进，后胜于今而已。”(46、47)

总之，《天演论》虽然是严复翻译赫胥黎的著作，但严复却将达尔文、斯宾塞的思想融入其中，不仅准确地阐述了达尔文学说的核心内容，高度地评述了达尔文其人、其书的地位和意义；而且详述了斯宾塞著作的具体观点，并与赫胥黎的思想进行比较分析，更高地肯定了斯宾塞及其著作的地位和意义。他还根据自己的理解和当时形势的需要，对三家学说有所取舍，其中既有他接受、推崇斯宾塞的思想，并用以阐释、补充达尔文的学说（如天演界说、体合、保种公例、进种大例等），和驳难赫胥黎的某些观点（如“过庶”说、“感通”说、“太平为无是物”说），也有他接受赫胥黎的思想（如与天争胜、内合外争、自强保种等），去阐发达尔文学说和纠正斯宾塞的某些观点（如“任天”说），还有他将斯宾塞和赫胥黎的某些观点一致起来，兼收并蓄（如说“赫所谓去其所傅与斯所谓功食相准者，言有正负之殊，而其理则一而已矣”)。严复这种融三家学说于赫氏一书中的改造工作，正是他所译《天演论》的独创性，特别是他将生物进化论抽象化、普遍化，使之成为一种世界观和方法论，创造了中国近代独具特色的天演哲学，更是意义深远。

第三节　《天演论》与哲学思想

一、天演哲学与进化哲学

学术界一般将严复哲学称为天演哲学。1901 年以前，林纾就说，在严复译著中有“欧西哲学天演之学”掺杂其中，林纾对此“层层攻驳，不遗余力”。[①] 这里将“欧西哲学”归为“天演之学”。1901 年，梁启超称严复为“天演严”，说他是“哲学初祖”。[②] 1901 年，蔡元培说，在严复所译“赫胥黎《天演论》、斯宾塞尔诸家之言”中，“哲学亦见端倪矣”。[③] 1905 年，王国维说，严复所奉行的是“英吉利之功利论及进化论之哲学耳”[④]。1910 年，吴敬恒说，《天演论》是“天演哲理之学”[⑤]。1982 年，吴相湘称严复为“天演宗哲学家”[⑥]。冯契说，“严复的哲学思想”是“物竞天择的天演哲学”。[⑦] 至于称严复哲学为进化哲学或者将二者等同的人就更多了，正如李承贵所说：“进化论在严复思想中，自始至终都是作为一种世界观、方法论而存在的。”又说：“有学者认为，严复哲学是天演哲学，或者叫进化论哲学，因为，第一，严复自称天演宗哲学家；第二，严复介绍的所有思想中，进化论是其全部政治理论和哲学思想的基础与核心；第三，严复进化思想贯穿于其宇宙论、历史观、知识论等所有思想领域。”[⑧]

早在 19 世纪 70 年代，西方的自然进化观念和法国拉马克、英国达尔文的名字已经被介绍到中国来。1873 年 8 月 21 日，《申报》发表一篇报道《西博士新著〈人本〉一书》，即介绍了达尔文于 1871 年著、马君武翻译的《人类起源和性的选择》一书的内容梗概。上海江南制造局于 1873 年翻译出版了由英国地质学家赖尔（亦译莱尔）撰著，美国玛高温、中国华衡芳合译的《地学浅释》一书，

---

① 林纾：《上枚如师》，转引自张广敏主编：《严复与中国近代文化》。

② 梁启超：《广诗·八贤歌》，《饮冰室合集》(5)，第 13、14 页。

③ 蔡元培：《译学》，《蔡元培全集》第 1 卷，第 154、155 页。

④ 王国维：《论近年之学术界》，《王国维遗书》第 5 册，第 94 页。

⑤ （英）霍德著、吴敬恒译：《天演学图解》，卷首第 1—3 页。

⑥ 吴相湘：《天演宗哲学家严复》，《民国百人传》第 1 册，第 335—341 页。

⑦ 冯契主编：《中国近代哲学史》上册，第 282—323 页。

⑧ 李承贵：《中西文化之会通——严复中西文化比较与结合思想研究》，江西人民出版社 1997 年 11 月版，第 232、246 页。

不仅将自然进化学说引进中国，而且提到拉马克和达尔文的名字。由在华的英国传教士主办的《格致汇编》1877 年秋季卷，刊登有《混沌说》一文，指出“动物初有甚简、由简而繁”的发展过程，即“动物……初有虫类，渐有鱼与鸟兽，兽中有大猿，猿化为人”。1884 年出版的美国传教士丁韪良在北京同文馆的演讲录《西学考略》，在介绍西方生物学时，提到了拉马克和达尔文的进化学说。这些都是国内书刊中有关进化思想的较早报道。①

但是，许多学者，如鲁迅、林耀华、叶晓青、高捷、杨正典、卢继传、牛仰山、欧阳哲生、费孝通、汪子春、张秉伦、冯契等人，都认为进化论是严复或《天演论》首先传入中国的。早在 20 世纪 30 年代初，鲁迅就说：“进化学说之于中国，输入是颇早的，远在严复的译述赫胥黎《天演论》。”② 林耀华也说，19 世纪末叶，“严复介绍西方‘天演’之说于中土”，国人始“对于西学之兴趣于钦仰”③。高捷在《山西大学学报》1979 年第 1 期上发表《鲁迅与进化论及赫胥黎、严复与进化论》中说：“严复是把进化论引进中国的第一个人。”卢继传认为，“《天演论》是在中国传播达尔文进化论的开始”④。汪子春、张秉伦认为，真正将达尔文学说传到中国来，是从严复翻译《天演论》开始的。⑤ 冯契在《中国近代哲学史》上册中说：“只有到了严复译述《天演论》，才系统地把西方的进化论引进中国来。”欧阳哲生在 1994 年 8 月出版的《严复评传》中说：“进化论之输入中国，是从严复翻译《天演论》开始。”

为什么说西方进化思想是《天演论》首先传入中国的呢？

首先，一般的进化思想和达尔文的进化论不是一回事。在 19 世纪七八十年代传入我国的进化思想，只是一般的零星介绍，不成系统，而且多系传教士所翻译、宣传，甚至扭曲，且回避了达尔文进化论的核心——自然选择理论，在社会上并没有产生多大影响。在中国真正比较完整、系统地介绍达尔文学说，同时亦介绍斯宾塞理论，并在社会上产生巨大影响的，是严复所译赫胥黎的著作《天演论》，《天演论》出版后，进化论一时风靡全国。

其次，严复在 1895 年的《原强》一文中，虽然介绍了达尔文和斯宾塞，说达尔文的著作《物类宗衍》“所称述，独二篇为尤著，其一篇曰争自存，其一篇

---

① 参见汪子春、张秉伦：《达尔文学说在中国的传播》，《进化论选集》，第 9 页。

② 鲁迅：《〈进化和退化〉小引》，《鲁迅全集》第 4 卷，第 250、251 页。

③ 林耀华：《从书斋到田野》，第 37 页。

④ 卢继传：《达尔文进化论在中国的传播》，《进化论的过去与现在》，第 78—90 页。

⑤ 汪子春、张秉伦：《达尔文学说在中国的传播与影响》，《进化论选集》，第 9—17 页。

曰遗宜称”；说斯宾塞之书“大阐人伦之事，帜其学曰群学”，“精深微妙，繁富奥衍”。但对两人的介绍都比较简略，影响也不大。

第三，1896—1898年，严复翻译、出版的《天演论》，较系统、完整地介绍了西方的进化思想。

在《天演论》中，如前所述，简述了西方进化思想的发展历程，全面、系统地介绍了英国达尔文、斯宾塞、赫胥黎等人的天演进化思想，重点是达尔文的“物竞天择”说，斯宾塞的“天人会通论”，赫胥黎的“进化与伦理”等，其中所述进化的具体内容，主要有以下几个方面。

一，进化的普遍性——宇宙过程、园艺过程、伦理过程。（6、12、39、40、44）李中平在《周末文汇·学术导刊》2006年第2期上发表《严复之困顿——试析严复的译著及其思想》中，提出“进化范畴的三重领域——自然的领域、人为的领域和社会组织的领域”。进化的普遍性，除了体现在横向上三个方面外，还体现在纵向上进化不已。

二，进化的动力——“质力相推”。严复在《译〈天演论〉自序》中说：“大宇之内，质力相推，非质无以见力，非力无以呈质”。所谓质，是指具有一定质量的物体、原子（质点），泛指物质；所谓力，既指物体之间的吸引和排斥，原子之间的化合和分解，又指机械运动所生产的能量，泛指运动。质和力不能分割，“力既定质，质亦范力”，质力相推形成各种形态的运动，强调“质力杂糅，相剂为变”，（6、7）即物质与运动的紧密关系和相互作用，是“天演最要之义”。就是说，进化的动力是物体自身的运动，由于事物内部引力和斥力相互矛盾，促成事物不断变化、发展。①

三，进化的过程。万物进化分做三个时期：“积聚”、“划分”、“安定”。一是“积聚”，即“翕以聚质”。如太阳系，初为“星气”布满，后来便积聚成“太阳”和许多“星球”。二是“划分”，即“辟以散力”。许多积聚“由纯之杂”，“由流之凝”，“由浑之画”，如太阳系，由“星气”变成“星球”，质点在集聚过程中产生热、光、声、动，“未有不耗本力者”，但其力又“不可以尽散”。三是“安定”，即‘质力杂糅，相剂为变’。有了凝固的质后，“必有内涵之力，以与其质相剂，力既定质，而质亦范力”。（6、7、8）这样才保存一种均和；不过这种均和不是永久的，将来终要被破坏而再遵循上述三个时期进

① 参见李维武编著：《中国哲学史纲》，巴蜀书社1988年1月版，第459—468页。

行的。①

四，进化的方式——为变盖渐。《天演论》中在讲到动植物之变化时说，“特自皇古迄今，为变盖渐”，“天道变化，不主故常”，“知动植庶品，率皆递有变迁，特为变至微，其迁极渐……而悠久成物之理，转在变动不居之中”。(2)在讲到蜂群之物竞天择时说，“使肖而代迁之种，自范于最宜，以存延其种族，此自无始来，累其渐变之功，以底于如是者”(28)。萧公权说：“严氏深信人类求存不可不适境自变，而一切改变又当循序渐进，不容躐等。此二者乃其学说之基本，殆始终未尝动摇。”②

五，进化的道路——循环进化。《天演论》中说，“易道周流，万物一圈”，“天演者如网如箑，又如江流然”。(50)这里所讲循环进化、“万物一圈”，不是指循环论，而是否定之否定，它所谓“反宗”，不是简单地回到原点，而是更高层次的回复；它承认事物发展的曲折性，有“隆升”、有“污降”，有“上行”、有“下迤”，(94)有“进”、有“退”，有“新”、有“旧”。(7)它还批判了循环论，说“但古以谓天运循环，周而复始，今兹所见，于古为重规，后此复来，于今为叠矩。此则甚不然者也”。“自吾党观之，物变所趋，皆由简入繁，由微生著，运常然也，会乃大异”。(5)“吾党生于今日，所可知者，世道必世，后胜于今而已”(47)。

六，进化的趋向——事物发展的总趋势是前进的，后胜于今，要力争向上发展、前进。在前面叙述进化的过程和道路时，已涉及进化的趋势——“物变所趋，皆由简入繁，由微生著”；“由纯而之杂，由流而之凝，由浑而之画”；“世道必世，后胜于今”。就是说，通过“翕以聚质，辟以散力”的形式，宇宙间的事物由单纯变为复杂，由流质变为凝聚，由笼统混乱而至定形分类，坚信生物界和人类社会都是不断前进、由低级向高级发展的，进化的前景是今胜于古，后胜于今，最终达到仙乡愿境。

在《天演论》的最后，讲了对待人生和人类发展的三种情况：一是“如鄂谟所歌侠少之轻剽”；二是如“瞿昙黄面，哀生悼世，脱屣人寰，徒用示弱”；三是“沉毅用壮，强立不反，可争可取而不可降”。文中主张人们“不当如”第一种，“亦不学”第二种，而要做到第三种，“所遇善，固将宝而维之，所遇不善，亦无慬焉。早夜孜孜，合同志之力，谋所以转祸为福，因害为利而已矣”。

---

① 参见郭湛波：《近五十年来中国思想史》，北平人文书店1936年再版，第356、357页；周振甫：《严复思想述评》，第14、15页。

② 萧公权：《中国政治思想史》，第535—550页。

文中还引了英国丁尼孙之诗，说明人类奋斗之前景有两种——“或沦无底，或达仙乡”，应力争实现第二种好的愿境。

在《天演论》中，虽说社会不能“速化”，但对于光明前景却充满信心：“不见夫叩气而吠之狗乎？其始，狼也，然而积其驯伏，乃可使牧羊，可使救溺，可使守藏，矫然为义兽之尤。民之从教而善变也，易于狗。诚使继今以往，用其智力，奋其志愿，由于真实之途，行以和同之力，不数千年，虽臻郅治可也”(95)。“斯宾塞所谓民群任天演之自然，则必日进善不日趋恶，而郅治必有时而臻者，其竖义至坚，殆难破也”(89)。

《天演论》的出版，使西方的进化思想更加完整地输入我国，并得以广泛传播，在传播中有所发展，有所创新。如有的学者提出了“西—中—新”的简单图式：“天演论（西方固有）——公羊三世说（中国固有）——进化三段论（当时新创)”，“用以表达吸收、融会与创造的关系”。并解释说：“西方的进化论，当时颇为盛行，激起儒学中的公羊说复活；再由公羊学的‘据乱、升平、太平’的三世说，形成解释政治、社会、人类、知识的进化三段论说，几为当时学者解释一切人文社会进化现象的管钥”。还举出六个方面的例证加以说明，如“谈人类，梁启超分有野蛮之人，半开之人，文明之人；谈历史，梁启超分有上古、中国之中国，中古、亚洲之中国，近世、世界之中国；谈政治，麦孟华分有代权之世，争权之世，平权之世；谈知识，孙文分有不知而行，行而后知，知而后行；孙中山创说三民主义，也是本着进化三段论作解释；孙中山的人类进化学说，所谓‘人与天争，人与兽争，人与人争’的三段进化论”，等等，“都是显明的例证”。①

总之，西方进化思想是严复译述《天演论》首先传入我国的。正如汪子春、张秉伦所说，“真正将达尔文学说传到中国来，是从严复翻译《天演论》开始的。虽然早在19世纪70和80年代，传教士就已经将进化论的某些观点介绍到中国来，但是他们的那些介绍都是非常简单和不得要领的，更重要的是他们回避了达尔文进化论的核心——自然选择理论，所以传教士的那些介绍，并没有在中国产生多大影响。直到严复翻译《天演论》，达尔文学说才真正产生重要的影响”。与传教士传播的进化论不同，严复抓住了达尔文学说的最基本精神。只是从《天演论》开始，中国人才真正知道自然界里还存在有物竞天择，进化不

① 参见王尔敏：《晚清政治思想史论》，第15、17页。

已这样的客观规律。严复对达尔文学说在中国的传播，有着不可磨灭的贡献。①

学术界一般都认为天演论中的进化思想是竞争进化，那么，书中有没有互助思想呢？竞争与互助是如何演变的呢？

《天演论》中包含了互助的思想。在《天演论》中提到“辅相匡翼”，“相谋相剂”，“通力合作”，“群力群策”，“内和外争”，“善群”、“合群”，“德贤仁义”等等，就是互助的思想。如说在天择之外有人择，天择是择其“强大与众”者，“至美而适用”，人择则是择其“德贤仁义，其生最优”者，“可久可大”，伦理的作用更大了。(90—91) 又如说“天行者以物竞为功，而人治则以使物不竞为的”，“至于人治则不然，立其所祈向之物，尽吾力焉，为致所宜，以辅相匡翼之，俾克自存，以可久可大也”。(17) “物争而独存”的条件之一是该物“与其所遭值之时与地，及凡周身以外之物力，有其相谋相剂者”，只有这样，才能“独免于亡，而足以自立”。(3) 当物竞之时，“善保群者，常利于存，不善保群者，常邻于灭，惟治化进，而后天行之威损”(91)。“合群者所以平群以内之物竞，即以敌群以外之天行”(33)。“翕然通力合作，凡以遂是物之生而已”(49)。“智仁勇之民兴，而有以为群力群策之资，而后其国乃一富强而不可贫弱”(21)。一些学者也撰文探讨《天演论》中包含的互助理论。如罗耀九、林平汉在1997年的文章中，有一个标题叫“《天演论》包含的互助理论”，其中说：“‘生存斗争’与‘互助’，二者的含义简单看来是对立的，然而都是进化的原则。因为有机界中，除了为生活而斗争外，还有和谐的合作。严复译的赫胥黎《天演论》，基调是捍卫达尔文主义，然而他们对生存斗争的公式都有所补充，把和谐与合作的观点加进去了”。“《天演论》中虽然没有明显的互助言论，然而在字里行间，或隐或现的可看出含有互助的思想（如合群、体合、内和外竞）。赫胥黎反对斯宾塞‘任天为治’的观点为后人宣扬互助思想铺平了道路”。② 又如李强在《中国书评》1996年2月总第9期上发表《严复与中国近代思想的转型——兼评史华兹〈寻求富强：严复与西方〉》中所说：“严复所谓适者，不仅意味着拥有富强，而且还意味着得到‘天之所厚’。而一个国家如果企望得到‘天之所厚’，就必须遵循某种天理、天道。仅有富强，若无德行，若行不义，不是自强之道，而是自灭之道。从而将传统儒家学说中的道德主义塞进达尔文

① 汪子春、张秉伦：《达尔文学说在中国的传播与影响》，《进化论选集》，第9—17页。

② 罗耀九、林平汉：《从严译天演论到孙中山的互助思想》，《严复与中国近代化学术研讨会论文集》。

的理论之中”。“有的学者注意到，儒学中天的观念与达尔文主义中天的观念的根本区别在于，达尔文的天保佑强者，而儒家的天则保佑有德行者。社会达尔文主义的核心是强权即公理，而儒家政治伦理的核心则是仁者无敌。在这一至关重要的问题上，严复站在儒家立场上，而不是社会达尔文主义的立场上”。

竞争与互助并行。如蔡元培说，“《天演论》出版后，‘物竞’、‘争存’等语，喧传一时，很引起一种‘有强权无公理’的主张”。与此同时，“有一种根据进化论而纠正强权论”的《互助论》“从法国方面输进来”，“克鲁泡特金的互助论，李煜瀛虽然没有译完，但是影响很大。李煜瀛信仰互助论，几与宗教家相像。李煜瀛的同志如吴敬恒、张继、汪精卫等等，到处唱自由，唱互助，至今不息，都可用1906年创刊的《新世纪》作为起点”。① 又如郭湛波说，严复介绍的“进化思想，风行一时，引起‘有强权无公理’的思想”；同时“纠正这‘强权论’的思想‘互助论’，由李石曾氏从法国介绍到中国来；人类及动物因相互竞争而生存或相互扶助而生存，而其所以生存，则全赖于相互扶助的进行；《互助论》除李氏介绍外，还有周佛海氏译的克氏《互助论》，对于中国近代思想都有大的影响”。②

二、唯物与唯心

如第一章所述，学术界对《天演论》中的哲学性质有三种观点，第一，上半部是唯物论、下半部是唯心论。第二，上半部与下半部都有唯物论和唯心论。第三，天演论是唯物派名著。

笔者认为，《天演论》上下两部分，均有唯物论和唯心论的观点。

1. 上半部分的唯物论与唯心论观点。

天演论上半部分，虽然主题是讲自然界的生物进化，具有自发的唯物主义倾向和观点，但其内容无不涉及人类社会的进化发展，也反映出一些唯心主义的观点。

第一，唯物论的思想。

《天演论》上半部，主要是讲生物进化，所介绍的主要代表人物，都是自然科学上自发的唯物主义者。如法国拉马克基本上是一个唯物主义者，英国达尔文是唯物主义生物学和关于物种起源与发展的唯物主义学说的创始人，德国海

① 蔡元培：《五十年来中国之哲学》，《蔡元培全集》第4卷，第350—355页。

② 郭湛波：《近五十年中国思想史》，北平人文书店1936年再版，第55—63、347—368页。

克尔捍卫自然历史的唯物主义，赫胥黎在自然科学上是一个自发的唯物主义者，而在哲学上则企图采取介于唯物主义和唯心主义之间的中间立场。此外，像波兰天文学家哥白尼是当时自然科学上最伟大的唯物主义者，意大利天文学家伽利略也是机械唯物主义，等等。

至于唯物主义的观点，《天演论》上半部也比较明显。如说“万类之所以底如是者，咸其自己而已，无所谓创造者也”(4)。“人择而有功，必能尽物之性而后可”(18)。“天演之说，滥觞隆古，而大畅于近五十年，盖格致学精，时时可加实测故也”(6)。又如主张“形气、道德合而为一”，强调“形上之言”如“道德治化”，所经由的途径，是科学家用来推论证实物质原义的理路，即三句话：“始于实测，继以会通，而终于试验”，“三者之中，则试验为尤重”。“凡政教之所施”，必须以“实测、会通、试验”三者“考核扬榷之”，以验证“保民养民、善群进化”之事是否行之有效，是否达到施政的目的。(44) 这种实证论，也是一种唯物主义的观点。另如生物进化论、太阳中心论等，也是自然科学中的唯物主义表现。

第二，唯心论的思想。

《天演论》上半部，在宣传达尔文学说的同时，也宣扬了社会达尔文主义观点。指出斯宾塞将天演、物竞天择的适用范围由生物界延展到“农、商、工、兵、语言、文学之间”，以为这些“皆可以天演明其消息之所以然之故”。(8) 在《天演论》上半部还将斯宾塞的社会达尔文主义和种族主义相结合，由物种的物竞天择延伸到人种的物竞天择，优胜劣败，白种战胜黑种、红种乃至黄种，致使黑种、红种日益减少，黄种也岌岌可危。这种普遍进化论，天地人一贯之论，民种高下论，种族优劣论等，多处可见。如说“斯宾塞尔者，与达同时，亦本天演著《天人会通论》，举天、地、人、形气、心性、动植之事而一贯之，其说尤为精辟宏富……欧洲自有生民以来，无此作也”(4—5)。又如记述英人在澳洲的殖民活动，把英国殖民主义者的对外侵略扩张，叫做“垦荒之事”，说“由来垦荒之利不利，最觇民种之高下”，并将英国殖民者在海外掠夺获利，归结为英人属“民种”之至“高”，(19、20) 认为掌管“垦荒之事”的头领，“其措施之事当如何？无亦法园之治园已耳”(21)，等等。这些论断，显然是历史唯心主义的观点。斯宾塞所说的“人道必臻于郅治”，也不意味着人类社会将按其客观规律逐步向共产主义阶段前进，而是表明种贵者才能进入“郅治”境地，那些“不善自存者”，则必然要被淘汰，(36) 这实际上是在贩卖“物竞天择，优胜劣败，适者生存”的社会达尔文主义观点，也是唯心主义的具体表现。此外，还提及英国柏克莱的唯心主义观点等。(68)

2. 下半部分的唯物论与唯心论观点。

《天演论》下半部分，虽然主题是讲人类社会中的诸多问题，具有明显的唯心主义观点，但也不乏其唯物主义成分。

第一，唯物论的思想。

《天演论》下半部在介绍古希腊17位哲学家中，就有多位是唯物主义哲学家，如泰勒士、阿那克西曼德、赫拉克利特、德谟克利特、伊壁鸠鲁等人。另有近代英国的培根、洛克等人，也是唯物主义哲学家。

《天演论》下半部的唯物论观点也很明显，如火是万物之源、水是万物之源、经验论、原子论、以太说等。特别是时势造圣人，而不是圣人造时势的观点，"转移世运，非圣人之所能为也，圣人亦世运中之一物也。世运至而后圣人生，世运出圣人，非圣人铸世运也，使圣人而能为世运，则无所谓天演者矣"(52)，这是唯物史观的突出表现。此外，在论及天刑问题时，否定统治者宣扬的人间吉凶祸福是天之刑赏的观点。(59—61) 在谈到天难问题时，对"斯多噶之为天直讼"、认为上帝从无过错的观点，提出质疑，说：如果有人"询其所以然，吾恐芝诺、朴伯之论，自号为天讼直者，亦将穷于置对也。……是故用斯多噶、朴伯之道，势必愿望都灰，修为尽绝，使一世溃然萎然，成一伊壁鸠鲁之豕圈而后可"(81—83)。这些都具有唯物主义因素。

第二，唯心论的思想。

《天演论》下半部介绍的希腊17位哲学家中，也有多位是唯心主义哲学家，如芝诺、毕达哥拉斯、苏格拉底、柏拉图等人，亚里斯多德动摇于唯物主义和唯心主义之间，但归根到底还是倾向于唯心主义。近代英国的休谟、德国的康德等人，是不可知论者，也是唯心主义哲学家，还有法国笛卡儿的唯心主义，佛教哲学等。

《天演论》下半部的唯心论观点比较鲜明，如积意成我论、不可知论、不可思议说、轮回说等，在论及轮回因果问题时，对宗教之为天讼直、轮回因果表示怀疑，最后却以不可知了结，从而陷入唯心主义。(61—63) 严复阐明的古希腊及欧洲哲学家言性的两种理论，即"无真非幻"和"幻还有真"，都是唯心的观念，后者略含唯物的成分，至谓"造化必有真宰"，则又属神学说教。严复否认"幻还有真"中含有物的成分这一合理内核，陷入不可知论，婆罗门教与佛教的论理，都是宗教哲学上唯心主义的体现。(67—71)

三、哲学知识

有人说："严译的书目，表明严复介绍西方的哲学很少。其中真正与哲学有关的只有耶方斯《名学浅说》与穆勒《名学》，前者只是原著摘要，后者还没有译完。严复推崇斯宾塞的《天人会通论》，说：'欧洲自有生民以来无此作也'。可见他的西方哲学知识是很有限的。"① 这种论断是不正确的，实际上，严复当时已具有西方哲学思想的知识谱系，在他译述的《天演论》中已较系统地介绍了西方从古代到近代的主要哲学家及其观点。

1. 介绍古希腊的哲学家及其观点。

《天演论》中对 17 位古希腊哲学家代表人物的生平、学说，均有详细介绍，兹举其中 6 人的观点如下：

第一，赫拉克利特。其一，其哲学观点主要有两个方面：一是"以火化为万物根本"。万物"皆出于火，皆入于火，由火生成，由火毁灭，递劫盈虚，周而复始"(77)。二是"世无今也"。"有过去，有未来，而无现在。譬诸濯足长流，抽足再入，已非前水，是混混者未尝待也。方云一事为今，其今已古"(50)。其二，"其学苞六合，阐造化，为数千年格致先声"(76)。所以，严复说：赫拉克利特"为欧洲格物初祖"。他"以常变言化，故谓万物皆在已与将之间，而无可指之，今以火化为天地秘机，与神同体，其说与化学家合"(78)。

第二，德谟克利特。其一，传承。"额拉吉来图为天演学宗，其滴髓真传，前不属于苏格拉第，后不属之雅里大德勒，传衣所托，乃在德谟吉利图"(77)。其二，其学。"以觉意无妄，而见尘非真为旨，盖已为特嘉尔嚆矢矣。又黜四大之说，以莫破质点言物，此别质学种子，近人达尔敦演之，而为化学始基云"(81)。其三，德谟克利特与赫拉克利特之比较。西方人称赫拉克利特"为哭智者"，德谟克利特"为笑智者"，因为"德谟善笑，而额拉吉来图好哭"，"犹中土之阮嗣宗（作者按：三国时魏国人，驾车出行，任意而为，路尽则大哭而归）、陆士龙（作者按：晋朝人，云有笑疾，在船上见水中人影，因大笑落水，被人救起）也"(80)。

第三，苏格拉底。其一，他是"当代硕师"、"欧洲圣人"，其学"以为天地六合之大，事极广远，理复繁赜，决非生人智虑之所能周。所以存而不论，反以求诸人事交际之间，用以期其学之翔实"(76)。"其学以事天、修己、忠国、爱人为务，精辟肫挚，感人至深，有欧洲圣人之目"(78)。其二，宗旨。"夫薄格致气质之学，以为无关人事，而专以修己治人之业，为切要之图者，苏格氏之宗旨也"(76)。其三，"不信旧教，独守真学。为雅典王以非圣无法杀之，天下以为冤"(78)。其四，"其教人无类，无著作，死之后，其学生柏拉图为之追

① 冯友兰：《中国哲学简史》，第 280 页。

述言论，纪事迹也”（78）。

第四，柏拉图。其一，他是苏格拉底的弟子，“其著作多称师说，杂出已意”。其二，“其文体皆主客设难，至今人讲诵勿衰”。其三，“讲学于雅典亚克特美园，今泰西大学，称亚克特美，自柏拉图始”，谈道说理，“精深微妙，善天人之际”。其四，“为人制行纯懿，不愧其师，故西国言古学者称苏、柏”。（78，79）

第五，亚里士多德。其一，他是“柏拉图的高足弟子”，“聪颖特达，命世之才”，“当代硕师”。“察其神识之所周，与其解悟之所入，殆所谓超凡入圣，凌铄古今者矣”（77）。其二，“其学自天算格物，以至心性、政理、文学之事，靡所不赅，虽导源师说，而有出蓝之美”。“其言理也，分四大部，曰理、性、气、命，推此以言天人之故”。其三，“新学未出”以前，“其为学者崇奉笃信，殆与中国孔子侔矣”。明中叶以后，新学兴起，“雅里氏二千年之焰，几乎熄矣”。“百年以来，学者取雅里旧籍考而论之，别其芜类，载其菁英，其真乃出，而雅里氏之精旨微言，卒以不废”。（80）其四，“苏格拉第、柏拉图、亚里大德勒者，三世师弟子，各推师说，标新意为进，不墨守也”（57）。

第六，伊壁鸠鲁。其一，宗旨。“其学以惩忿瘠欲，遂生行乐为宗，而仁智为之辅”。其二，发明。“所讲名理治化诸学，多所发明，补前人所未逮”。其三，讽为猪圈。“后人谓其学专主乐生，病其恣肆，因而有豕圈之诮，犹中土之讥杨、墨，以为无父无君，等诸禽兽”。其四，“门户相非，非其实也”。“豕圈之诮”是不同学派之间的相互攻击，不是伊壁鸠鲁学说的真实情况。“实则其教清净节适，安遇乐天，故能为古学一大宗，而其学至今不坠也”。（83）

2. 介绍文艺复兴以后的欧洲哲学。

第一，介绍英国近世经验论者培根和法国近世唯理论者笛卡儿。一则，培根和笛卡儿“倡为实测内籀之学”（80）。二则，培根的平等、教学论。“柏庚言曰……天之生物，本无贵贱轩轾之心”（49）。引培根之原话，论学与教。（54）三则，笛卡儿的“尊疑”、“唯意”论。（69—71）

第二，提及近代诸多不可知论者。其一，英国洛克、休谟和德国康德。如说“宋元以来，西国深识之士，明揭天道必不可知之说。远如希腊之波尔仑尼，近如洛克、休蒙、汗德诸家，反复推明，皆此志也”（62）。晚近英国哲学家“比圭黎所主之说者，又何所据以排其说乎？”（68）其二，英国赫胥黎和斯宾塞。一则，赫胥黎之不可知论。如说“是故物之本体，既不敢言其有，亦不得遽言其无，悬揣微认，而默于所不可知”（68）。二则，斯宾塞之不可知论。如说“斯宾塞尔著天演公例，谓教学二宗，皆以不可思议为起点，即竺乾所谓不二法门者也。其言至为奥博，可与前论参观”(61)。其三，佛教之不可思议，是“谓不可以名理论证也”，即指其境“既不可谓谬，而理又难知”。“不可思议之云，与云不可名言、不可言喻者迥别，亦与云不能思议者大异”。如在人世间，“有圆形之方，有无生而死，有不质之力，一物同时能在两地诸语，方为不可思议”。在宗教中，“佛所称涅槃，即其不可思议之一”。在“理学中，不可思议之理，亦多有之，如天地元始，造化真宰，万物本体是矣”。在“物理”之中，“不可思议，则如宇如宙，宇者太虚也，宙者时也”。其他方面，“如万物质点，动静真殊，力之本始，神思起讫之伦，皆真实不可思议者”。(73、74、47)

以上是就狭义的哲学而言，严复对西方哲学的了解，已经不是很有限了，而是从古代到近代较为系统的了，只是由于《天演论》内容的限制，没有更详细地展开而已。

如果从广义的哲学来说，那严复对西方哲学的介绍就更丰富了，它包括名学（逻辑学）、经济哲学、法律哲学，等等。如前面所引冯友兰的话，说：“严复的译书中，真正与哲学有关的只有耶方斯《名学浅说》与穆勒《名学》”。蔡元培在《五十年来中国之哲学》中说，严复除了翻译《天演论》、《群学肄言》外，“同时又译斯密的《原富》，以传布经济哲学，译孟德斯鸠的《法意》，以传播法律哲学”。蒋维乔说：“严氏介绍西哲学说，于我国有重大之影响者，首推《天演论》”。“又译孟德斯鸠《法意》，以介绍法律哲学，盖皆我国所需要之学说也”。[①] 从而形成了严复所译《天演论》中的西方哲学知识谱系。所以蔡元培明确地指出：“五十年来，介绍西洋哲学的，要推侯官严复为第一。”[②]

蔡元培在《五十年来中国之哲学》中又说：“严复、李煜瀛两家所译的，是英、法两国的哲学，同时有介绍德国哲学的，是海宁王国维。”冯友兰在《中国哲学简史》中说：“与严复同时有另外一位学者，在哲学方面理解比较透彻，见解比较深刻……他在三十岁以前，已经研究了叔本华和康德，在这方面与严复不同，严复研究的几乎只是英国思想家。”

事实上，如上所述，严复在介绍英国哲学的同时，还详细介绍了希腊哲学，并提到法国哲学，绝不只是限于英国哲学，这是显而易见的。

那么，严复是否了解和介绍了德国哲学呢？回答也是肯定的。

第一，在《天演论》中就介绍了德国康德的不可知论。在谈到不可知论的代表人物时，包括“汗德”，即德国近代著名哲学家康德。(62)

---

① 蒋维乔：《近三百年中国哲学史》，第137、142页。

② 蔡元培：《五十年来中国之哲学》，《蔡元培全集》第4卷。

第二，严复还介绍了德国哲学、特别是黑格尔的哲学思想。严复在 1906 年发表的《述黑格儿惟心论》一文中，介绍了德国哲学的发展历程及诸多哲学家。

其一，介绍德国哲学的发展历程及其代表人物。“严复曰：欧洲之言心性，至迪迦尔为一变；至汗德而再变；自是以降，若佛特，若觊林，若黑格儿，若寿朋好儿，皆推大汗德之所发明者也。然亦人有增进，足以补前哲之所未逮者，而黑、寿二子所得尤多，故能各有所立，而德意志之哲学，遂与古之希腊，后先竞爽矣。”这里，认为近代德国哲学与古希腊哲学“后先竞爽”，并提出了三段、六位代表人物，将德国古典哲学的来龙去脉综述得非常简明扼要，实属难能可贵。

其二，康德为近代哲学不祧之宗。严复说：“考汗德所以为近代哲学不祧之宗者，以澄沏宇宙二物，为人心之良能。其于心也，犹五官之于形干，夫空间、时间二者，果在内而非由外矣，则乔答摩境由心造，与儒者致中和天地为万物育之理，皆中边澄沏，而为不刊之说明矣。”

其三，介绍了黑格尔哲学的师承关系及其独特观点。一则，师承关系。“黑格儿本于此说（按指康德之学说），故唯心之论兴焉”。“黑格尔则以谓一切惟心，特主客二观异耳。此会汗德、迪迦尔二家之说以为说者也”。二则，“三心”。严复指出黑格尔《精神哲学》中言三心：“主观心、客观心，终之以无对待心”。并说“其论至深广”。但他只介绍了主观心和客观心，“尚有无对待心者，则未暇及也”。三则，天演思想。“黑格儿曰：‘人之所以为人，唯心。’心之德曰知觉，曰自由。方其始也……万物为天演所弥纶，而人心亦如此……天演之行既久，其德形焉。心德者，天演之产物也，而天演之迹，历史载之”。“黑格儿曰：‘民族朝代相传，以后者受前之文物，此历史之相生名学也。夫相生名学（严复注：黑氏之言名学也，谓理之相克者恒相生……），于寻常理想，着人心思想天演之情态耳。而于历史则著世界思想天演之情态。’……两军交绥之间，以黑格氏之法眼观之，皆新旧教化之争，宜孰存立而已（严复按：此节已开斯宾塞天演学之先声）”。[①] 贺麟在 1945 年就说：“《述黑格儿惟心论》这篇文章是我国最早介绍和研究黑格尔哲学思想的论文，在历史上是有价值的。在文章最后按语里，严复简述了德国哲学发展过程以及黑格尔哲学的根本性质……诚为不易，其在中国最早传播黑格尔哲学的功劳不能不载入史册。”[②]

① 严复：《述黑格儿惟心论》，《严复集》第 1 册，第 210—218 页。

② 贺麟：《严复与康德、黑格尔的哲学》，《贺麟选集》，第 427 页。

四、名、易、群三个世界与严复哲学的关系

汪晖在 1997 年阐述了严复的“三个世界”说，[①] 在 2004 年做了进一步的阐释。[②] 汪晖从三个方面研究和展示严复以认知为中心建立起来的含政治、道德与自然为一体的公理观的内涵和逻辑：一是易的世界：天演概念与民族—国家的现代性方案；二是群的世界：实证性的知识谱系与总体性问题；三是名的世界：归纳法与格物程序。“从时间顺序来看，严复的翻译实践是从赫胥黎的《天演论》始，中间是斯宾塞的《群学肄言》等，而后才是《穆勒名学》。所有这三个方面的问题及其相关关系，不仅在严复写于 1895 年的几篇重要论文中即已奠定，而且在严译《天演论》中也已得到了初步的表达”。“易的世界，群的世界，名的世界，不仅是相互关联的，而且也都服从天演的运行。严复的天演范畴不仅包含着进化与循环的双重特性，而且也始终存在着自然主义和道德主义的冲突”。

汪晖先生从古今中外的宏观和微观视野系统完整地阐述了严复的三个世界说，笔者知识浅薄，不敢妄加评论，只就其与《天演论》有关的哲学问题，略表已见，以求教于汪晖先生与学界同仁。

1. 三个世界与哲学的关系。

汪晖先生说：“对于严复来说，名的世界是一个科学的世界，易的世界也同样是一个科学的世界，而群的世界则是在科学方法和科学知识谱系中呈现其内在结构的。这三个相互关联又相互区别的世界——名的世界，易的世界，群的世界，包含了严复对整个世界的理解，从而构成了一个完整的世界观。”这显然是从哲学世界观的角度来阐明严复的三个世界的。从广义的哲学世界观来说，这种说法也是可以的。如易的世界包括易学，一般人都把易学看成是一种哲学宇宙观，有人还称其为“东方天演论”。[③] 汪晖说：“严复用赫胥黎、斯宾塞、穆勒等人的理论重新诠释易理，从而在新的知识条件和社会状况下，发展了易学的宇宙论。”又如名的世界包括名学即逻辑学，也与哲学有关。汪晖说：“在严复那里，名的世界具有广泛的包容性。‘故名学之所统治者不独诸科学已也，即至日用常行之事，何一为名学之所不关乎？’这里所说是名学，但用之于他的名

① 汪晖：《严复的三个世界》，《学人》第 12 辑，江苏文艺出版社 1997 年 10 月出版。

② 汪晖：《现代中国思想的兴起》（下卷第一部），三联书店 2004 年版，第 833—923 页。

③ 韩连武：《东方“天演论”——世界上第一部不用文字的哲学著作》，《南都学坛》2001 年 7 月第 21 卷第 4 期；王天根《易学与社会兴衰论——以严复译〈天演论〉文本解读为中心》，《史学史研究》2006 年第 3 期。

的世界也完全是恰当的。”至于群的世界则包括群学，在严复那里，群学也不是指一般的社会学。汪晖说：“在严复的时代，社会学具有世界观的特征，它尚未退化为一种专门的学科”。“群学的核心是‘宗天演之术，以大阐人伦治化之事’。但从知识论的角度看，群学是用方法论的原则将各种知识组织成为一个有机的、连续性的谱系。”正如严复在阐释斯宾塞的社会学时所说：“又用近今格致之理术，以发挥修齐治平之事……通天地人禽兽昆虫草木以为言，以求其会通之理，始于一气，演成万物。继乃论生学、心学之理，而要其归于群学焉。”①

总之，三个世界的部分内容，是属于哲学内容或与哲学世界观相关联的，所以放在哲学思想中加以介绍，以供学界同仁进一步探讨研究。

2. 三个世界与《天演论》的关系。

汪晖先生说：“所有这三个方面的问题及其相关关系，不仅在严复写于1895年的几篇重要论文中即已奠定，而且在严译《天演论》中也已得到了初步的表达。”这一论断是符合实际的。

严复在《原强》一文中，在介绍斯宾塞学说时，重点介绍了斯宾塞的群学，提及名学，说：“斯宾塞的《劝学篇》者，劝治群学之书也”，“人学者，群学入德之门也”。并说明群学的提出、含义、地位、意义，及其与诸学之关系，“非为数学、名学，则其心不足以察不遁之理，必然之数也；非为力学、质学，则不知因果功效之相生也”。“唯此数学者明，而后有以事群学，群学治，而后能修齐治平，用以持世保民以日进于郅治馨香之极盛也”。② 在《原强修订稿》中进一步指出，“其名、数诸学，则藉以教致思穷理之术；其力、质诸学，则假以导观物察变之方”。

严复在他译述的《天演论》中，更是全面论及易学、名学和群学，即所谓“三个世界”。

在名学方面，《天演论》中说“芝诺芬尼，创名学”(56)，“穆勒约翰”为“英国名学家”(《译〈天演论〉自序》，68)。“及观西人名学，则有内籀之术焉，有外籀之术焉”，“二者即物穷理之最要途术也”。(《译〈天演论〉自序》)严复特别推崇培根、笛卡儿的归纳理论，说二人“倡为实测内籀之学”(80)，“名学之理，事不相反之谓同，功不相毁之谓同”(15)。

在易学方面，《天演论》中说《易》是孔子六经之一。严复把孔子之《易》和《春秋》与西方名学之内籀和外籀直接联系起来，说：“西人名学，有内籀之

① 严复：《原强修订稿》，《严复集》第1册，第29页。

② 严复：《原强》，《严复集》第1册，第6、7页。

术焉，有外籀之术。……是固吾《易》、《春秋》之学也。”严复还把《易》与“名、数、质、力四者之学”联系起来说：“吾《易》则名、数以为经，质、力以为纬，而合而名之曰《易》。”特别是严复把《易》与“天演界说”直接联系起来说：“斯宾塞为天演界说曰：翕以合质，辟以出力，始简易而终杂糅。而《易》则曰：‘坤其静也翕，其动也辟。’”（《译〈天演论〉自序》）

在群学方面，斯宾塞曰：“吾之群学如几何，以人民为线面，以刑政为方圆，所取者皆有法之形。”（90）严复说：“人道始群之际，其理至为要妙。群学家言之最晰者，有斯宾塞氏之《群谊篇》，柏捷特的《格致治平相关论》二书，皆余所已译者。”（30）

3. 三个世界的时序。

“从时间顺序来看，严复的翻译实践是从赫胥黎的《天演论》始，中间是斯宾塞的《群学肄言》等，而后才是《穆勒名学》”。汪晖先生这个论断，从严复译著的出版时间来说是对的。《天演论》始译于1896年，正式出版于1898年；《群学肄言》始译于1898年，出版于1903年；《穆勒名学》始译于1900年，出版于1905年。但从严复思想体系和翻译实践来说，却是同时储备、同时释放的。如严复在1895年的《原强》和1896年后的《原强修订稿》等文中，就阐述了斯宾塞所著《明民论》和《劝学篇》中的群学思想，并提及名、数、质、力等学。又如严复在《天演论》中说：“不佞近译《群学肄言》一书，即其第五书中之一编也。”（5）就是说《群学肄言》一书虽出版于1903年，但在1898年就已译出。如前所说，严复在《天演论》中，除了继续谈及《群谊篇》中的群学思想外，还重点论述了孔子六经中的《易经》和西方穆勒等人的名学，也就是较完整地阐述了所谓“三个世界”的思想。总之，严复的“三个世界”的体系性思想，在1895年前就已形成，1895至1898年就已陆续表述出来，1898至1905年则先后分别出版其有关的翻译专著，详加论述。

五、《天演论》是否宣传了庸俗进化论

严复说：“物形之变，要皆与外境为对待，使外境未尝变，则宇内诸形，至今如其朔焉可也。惟外境既迁，形处其中，受其逼拶，乃不能不去故以即新。”（41）冯友兰据此说，这是“庸俗进化论思想的表露”，因为“庸俗进化论注重事物变化的外因”，而“渐进论与外因论是违反唯物辩证法的”。① 徐立亭也说：这里，“严复承认了生物与环境相统一的进化论思想，同时又夸大了环境的作

① 冯友兰：《从赫胥黎到严复》，1961年3月8至9日《光明日报》。

用，陷入外因决定论，则是错误的，成为庸俗进化论的观点”①。

以上看法是值得商榷的。

第一，关于外因论问题。

从严复译述的《天演论》全书来看，他是强调内因，同时也注重外因的。一是内因——“万类之所以底于如是者，或其自己而已，无所谓创造者也”(4)。所谓“质力杂糅，相剂为变”(6)，也是强调变化的内因。二是外因——“物形之变，要皆与外境为对待……外境既迁，形处其中，受其逼拶，乃不能不去故以即新”(41)。三是内外因结合——“一争一择，而变化之事出”，是讲内因（物既争存）和外因（天又择之）相结合引起事物之变化。(3)

从严复的其他论著来看，他也是强调内因的。如严复在《〈庄子〉评语》中“夫吹万不同，而使其自己也”一段上批语：“一气之转，物自为变，此近世学者所谓天演也。”②

如前所述，严复有时也强调外因的作用，一则，他是在肯定内因作用的前提下重视外因作用的；二则，唯物辩证法认为，外因在一定条件下也是可以起决定作用的。

第二，关于渐进论的问题。

一般人认为，渐进论就是只主张量变，不主张质变，在思想上就是庸俗进化论，在政治上就是改良主义；而突变论就是主张质变，主张飞跃，在思想上就是革命进化论，在政治上就是革命主义。这是一种误解。

实际上，渐进论也主张质变，即由量的逐渐积累，最终实现质的突破，由旧质转变为新质。如物种方面，由旧物种到新物种的转变，是一种质变；由类人猿转变为人，是一种质变。又如政治方面，维新派主张通过变法实现由君主专制到君主立宪制的转变，也是一种质变。

第四节 《天演论》与社会达尔文主义

一、《天演论》中接受的社会达尔文主义观点

1. 物竞天择、宜者生存。

社会达尔文主义作为一种文化理论，主要包含两方面的内容，即社会进化

① 徐立亭：《严复》，哈尔滨出版社 1996 年 3 月版，第 270 页。

② 严复：《〈庄子〉评语》，《严复集》第 4 册，第 1106 页。

论和社会有机体论。在《天演论》中，淡化了社会有机体论，集中宣传了物竞天择的思想。在1896年译成的《天演论》手稿本《卮言一》中，不仅明确提出了“物竞”、“天择”等词，而且加了达尔文的一句话“达尔文曰：天择者，存物之最宜者也”①。1898年正式出版的《天演论》中则改为“斯宾塞尔曰：天择者，存其最宜者也”。并在复案中说：“物竞、天择二义，发于英人达尔文。”严复把达尔文生物进化论的基本观点，概括为“物竞天择”，并把达尔文和斯宾塞的观点融合在一起，形成后人所说的竞争进化论，认为这种观点也适用于人类社会。可以说，后人谁要是谈到严复，就必然要提到《天演论》，提到《天演论》，就必然要提到“物竞天择”。所谓物竞，即生存斗争，所谓天择，即自然选择，从正面讲是适者生存，从反面讲是天然淘汰。所以，后来者往往是将物竞天择和生存斗争、自然选择、适者生存、天然淘汰等等概念，混合交替使用，频频出现在报纸杂志和著作当中，而这正是达尔文主义的基本观点，也是社会达尔文主义的基本内容。

在《天演论》中关于物竞天择的介绍和宣传，主要有以下六个方面：物竞天择的含义，物竞天择的缘由，物竞天择的普遍性，物竞天择的表现形式，物竞天择的结果，物竞天择的作用。(详见本章第一节)

关于物竞天择的缘由。《天演论》中说：“人理虽异于禽兽，而孳乳寖多，则同生之事无涯，而奉生之事有涯，其未至于争者，特早晚也。”(91)就是说，人类社会虽不同于生物界，但同样存在生存竞争，其缘由是人口无限增长，而资源却是有限的。

关于物竞天择的普遍性。《天演论》中说：“物竞天择”，“此万物莫不然，而于有生之类为尤著”(2)。“天演之义，所苞如此，斯宾塞氏至推之农商工兵语言文学之间，皆可以天演明其消息所以然之故”(8)。“物竞之水深火烈，时平则隐通商庀工之中，世变则发于战伐纵横之际”(35)。“欧墨物竞炎炎，天演为炉，天择为冶，所骎骎日进者，乃在政治、学术、工商、兵战之间”(40)。“自禽兽以至为人，其间物竞天择之用，无时而或休”(29)。

关于天行之物竞与人治之物竞。《天演论》中说，两者都不可避免，“天行物竞，既无由绝于两间，诚使五洲有大一统之一日……人群太和，而人外之争，尚自若也，过庶之祸，莫可逃也”(45)。两者的区别在于：“前论谓治化进则而物竞不行固矣，然此特天行之物竞耳。天行物竞者，救死不给，民争食也，而人治之物竞犹自若也。人治物竞者，趋于荣利，求上人也。惟物竞长存，而后

---

① 《严复集》第5册，第1414、1415页。

主治者可以操砥砺之权，以砻琢天下”（38—39）。“人治天演，其事与动植不同。事功之转移易，民之性情气质变化难”（39）。

关于物竞天择用于人类社会之弊病。《天演论》中说，物竞天择用于“世间生类”“有功”，用于“牧民进种”，“其蔽甚矣”。“故天行任物之竞，以致其所为择，治道则以争为逆节，而以平争济众为极功”。（91—92）

关于旧种与新种之宜者不同。所谓“最宜者，仅就本土所前有诸种中，标其最宜耳……其说自不可易”，但是，如果此种“与未经前有之新种角，则其胜负之数，其尚能为最宜与否，举不可知矣”。（13）

《天演论》中宣传的社会进化论，即竞争进化论，尽管并不科学，甚至包含严重的谬误，但却十分适合时代的需要，成为国人寻求救亡图存道路的思想指针，也为学术思想界提供了一种新的宇宙观、历史观，其影响遍及各个领域，在中国近代历史发展的长河中曾起过某些积极作用，它不仅激发了国人的爱国热情、民族情怀，而且促进了人们的思想解放，促进了社会的进步，为中国的近代化，为我们民族的振兴作出过贡献，这是我们应该承认的。但是，竞争进化论也有它的负面效应，主要是在竞争中，强调物质，强调力量，并从力本论发展到强权论，致使物欲横流，道德沦丧，人心变坏，这也是我们必须高度警惕、认真对待的。

2. 种族之高下、优劣。

从19世纪后期起，社会达尔文主义主要被用于解释不同种族或民族间的关系，它同种族主义相结合，可称之为社会达尔文主义优等民族论。在《天演论》中主要是种族高下论、种族优劣论，却淡化了白种优越论。

第一，种族之高下。《天演论》中反复谈及民种之高下：“由来垦荒之利不利，最觇民种之高下”（20）。“种下者多子而子夭，种贵者少子而子寿，此天演公例，自草木虫鱼，以至人类，所随地可察者”（38）。“其种愈下，其存弥难，此不仅物然而已。墨、澳二洲，其中土人日益萧瑟，此岂必虔刘朘削之而后然哉”（11—12）。

第二，种族之优劣。《天演论》中比较了中英民种之高下，在说明英国殖民地遍布全球的原因时，讲了两点：一是“习海擅商，狡黠坚毅为之”；二是“其民能自制治，知合群之道胜耳”。在说明英国在中国的租界时又说，英国人很少，约100—1000人，“而制度厘然，隐约敌国”；而“吾闽粤民走南洋非洲者，所在以亿计，然终不免为人臧获，被驱斥也。悲夫!”（20）这显然是说英国人优，中国人劣。不仅如此，白种英国人还优于“日益萧瑟”的“墨、澳二洲之土人”（11），优于“岁有耗减”、“存者不及什一”的“美洲之红人，澳洲之黑种”(14) 等。严复深有感触地说：“丰者近昌，啬者邻灭。此洞识知微之士，所为惊心动魄”，那些“大谈于夷夏轩轾之间者”，以“人满”为“恃”者，“于保群进化之图，无益于事实也”。(12、14) 就是说，我们光讲夷夏优劣、光讲人多，是不行的，必须努力争为“丰者”、“昌者”，才能由“负者”变为“胜者”，才能“保群进化”。

第三，保种与进种。《天演论》中提到保种和进种时说：“斯宾塞群学保种公例二，曰：凡物欲种传而盛者，必未成丁以前，所得利益，与其功能作反比例；既成丁之后，所得利益，与功能作正比例，反是者衰灭”。“《群谊篇》立进种大例三：一曰民既成丁，功食相准；二曰民各有畔，不相侵欺；三曰两害相权，已轻群重。此其言乃集希腊、罗马与二百年来格致诸学之大成，而施诸邦国理平之际……诚欲自存，赫、斯二氏之言，殆无以易也”。(44)

《天演论》中的确宣传了种族之高下、民种之优劣、乃至保种与进种等种族主义观点，造成某些负面影响，如宿命论，命定论，种族劣败论、民族自卑论，等等。但其出发点和落脚点都是为了救亡保种，具有鲜明的爱国色彩，其中一些具体观点还具有某些积极因素（如“已轻群重”等），文中并未明确提出白种优胜论，甚至认为“欧洲中国之优劣尚未易言”(87)，这些都是应该加以区分的。

3. 强昌弱亡，弱者先绝，强者后亡。

19 世纪末期以后，各资本主义国家内部的矛盾激化起来，由于社会发展和科技进步带来的战争规模和激烈程度也在不断提升，信奉弱肉强食的社会达尔文主义思潮便弥漫开来。

严复早在 1895 年 3 月的《原强》中就提出了“弱者当为强肉，愚者当为智役”的观点；但在 1896 年译述、1898 年正式出版的《天演论》中，则淡化了弱肉强食的思想，只是在讲到自然界时，才提到强昌弱亡，说：“数亩之内，战事炽然，强者后亡，弱者先绝，年年岁岁，偏有留遗”(1)。“天行者，物各争存，宜者自立，且由是而立者强，强皆昌，不立者弱，弱乃灭亡”(17)。

二、《天演论》中改造和抵制的社会达尔文主义观点

在《天演论》中，除了淡化社会有机体论、白种优胜论、弱肉强食论等社会达尔文主义的重要观点之外，还改造了社会达尔文主义的某些观点，如改造竞争论和天择论等。

在《天演论》中，明确地说：“天行者以物竞为功，而人治则以使物不竞为的”(17)。在讲到现实的人治时，既说明了人类社会与生物界之同，即生存斗

争，也说明了人类社会与生物界之异，在天择之外有人择，天择是择其“至美而适用”、“强大与众”者，人择则是择其“德贤仁义，其生最优”者，“可久可大”，伦理的作用更大了。既讲了竞争的一面，这是主要的，也看到了互助的因素，如提出“辅相匡翼”(17)、“相谋相剂”(3)等命题。

《天演论》中抵制的社会达尔文主义观点，主要是任天为治说和择种留良说。

1. 反对任天为治说，宣传与天争胜说。

社会达尔文主义宣扬的一个重要观点就是自然选择、天然淘汰、适者生存、任天为治，名词虽异，意思相同，就是否定人的主观能动性，一切听从天运的安排。严复在《译〈天演论〉自序》中说：“此书之旨，本以救斯宾塞任天为治之末流，其中所论，与吾古人有甚合者。”这里，既批判了任天为治说，又张扬了与天争胜说，因为所谓“吾古人”之论，是指唐代刘禹锡、柳宗元等人的“人定胜天”之说。他还明确地提出了“与天争胜”的口号，说：“今者欲治道之有功，非与天争胜焉，固不可也”。“以已事测将来，吾胜天为治之说，殆无以易也”。所谓与天争胜并不是说要违背自然规律去做那些不吉祥、不顺利的事情，而是“在尽物之性，而知所以转害而为利”，以造福于人类。(93)

2. 强调人类社会与自然界的区别，反对择种留良说。

在严复译述的《天演论》中，虽然承认人类社会有实行择种留良的事实，但又明确指出：“今者统十四篇之所论而观之，知人择之术，可行诸草木禽兽之中，断不可用诸人群之内……人择求强，而其效适以得弱”。(35)具体论述如下：

第一，园夫治园与人治之二事，前者赞成，后者反对。

《天演论》中说：“前言园夫之治园也，有二事焉：一曰设其宜境，以遂群生；二曰芸其恶种，使善者传。自人治而言之，则前者为保民养民之事，后者为善群进化之事。”对于“设其宜境，以遂群生”的“保民养民之事”，表示赞成；而对于“芸其恶种，使善者传”的“善群进化之事”，则不赞成，认为“善群进化，园夫之术必不可行，故不可以力致”。(44)这里，认为“芸其恶种，使善者传”的治园之法不可行于人治，就是反对在人类社会中行择种留良之法。

第二，没有人择人的主治者，要行人择人之术，是其不知量也。

在什么情况下可以择种留良呢？关键在看有没有进行人择人的主治者。如果有“前识独知必出人人、可独行而独断”或“前识如神明，抑必极刚戾忍决之姿”之人，则可以。如“欧洲，天听民听，天视民视，公举公治之议院，为独为聚，圣智同优。夫而后托之主治也可，托之择种留良也亦可”。或如“亚洲诸国，亶聪明作元后，天下无敢越志之至尊”，也可行择种留良之术。但是，

“横览此五洲六十余国之间……尚断断乎未尝有人也”。“今乃以人择人，此何异上林之羊，欲自为卜式，汧、渭之马，欲自为其伯爵，多见其不知量也已”。(25—26)“故首出庶物之神人既已杳不可得，则所谓择种之术不可行”(26)。

第三，择种留良之术间有行者，绝其种嗣俾无遗育者之真无当也，行不通也。

《天演论》中反复地说：“择种留良之术，虽不尽用，间有行者。”比如刑罚规定，“害群之民，或流之，或杀之，或锢之终身焉”。又如“振贫之令曰，凡无业仰给县官者，男女不同居”。“凡此之为，皆意欲绝不肖者，传衍种裔，累此群也”。然而，由于诸多原因，这些政令难以实施。“由此观之，彼被刑无赖之人，不必由天德之不肖，而恒由人事之不详也审矣，今而后知绝其种嗣俾无遗育者之真无当也”(40)。“今吾群之中，是饥寒罹文网者，尚未为最弱极愚之种者也”(42)。“议者曰：‘圣人治民，同于园夫之治草木’，‘去其不善而存其善’，‘去不材而育其材’，对于‘罢癃、愚痴、残疾、颠丑、盲聋、狂暴之子，不必尽取而杀之也，鳏之寡之，俾无遗育，不亦可乎？使居吾土而衍者，必强佼、圣智、聪明、才杰之子孙，此真至治之所期，又何忧乎过庶?’主人曰：‘唯唯，愿与客更详之’”(24—25)。这种说法，与希腊柏拉图所持论相仿，瑞典也曾实行过“嫁娶程限之政”，结果带来一些副作用，如“俗转淫佚，天生之子满街，育婴堂充塞不复收”，于是“其令寻废也”。(25)

第四，人种之良莠难分，择种留良之术难行。

《天演论》中说：“从来人种难分”。比如，有的小孩，“父母视之为庸儿，戚党且之为劣子”，可后来呢，经过磨炼，事业有成，“国蒙其利，民载其功”。又如，现有百十儿童，要你抉择，谁“为贤为智，可室可家”；谁“为不肖为愚，当鳏当寡”，你能“应机断决，无或差讹，用以择种留良”吗？“若今日之能事，尚未足以企此也”。(26)

第五，贤者执政，与时偕行，不必择种留良。

《天演论》中说：“由吾之术，不肖自降，贤者自升，邦交、民政之事，必得其宜者为之主，且与时偕行，流而不滞，将不止富强而已，抑将有进种之效焉。此固人事之足恃，而有功者矣，夫何必择种留良，如园夫之治草木哉?”(43)

《天演论》中反对择种留良说，与反对任天为治说一样，是严复抵制社会达尔文主义的又一重要表现。

《天演论》中对待社会达尔文主义观点的选择性特点，是我国国情、民情所决定的。社会达尔文主义在理论上与我国主流传统文化是不相容的，中国人知足常乐、求安求稳的社会心态，同社会达尔文主义宣扬的无情的竞争、鄙视和淘汰弱者，是格格不入的，所以在《天演论》中对于任天为治和择种留良等进行了抵制和批判。但物竞天择、最宜者存、优者胜劣者败等社会达尔文主义的基本观点，却又大受国人欢迎，一个很重要的原因是由于在严复译述的《天演论》中对它们进行了改造，使之尽量适合中国社会的需要，尽量同中国传统文化中的某些因素相吻合，如强调群学、合群，既是为了御侮，也与我国以群体为本位的传统文化相契合。总之，用社会达尔文主义的某些观点解释中国近代的危机及其原因和出路，在理论上具有较强的说服力，在现实上具有较高的合理性，因而容易被国人所接受。

笔者认为，关于生物界的物竞天择（即生存斗争、自然选择、适者生存）与人类社会的物竞天择的关系问题，一般应分为三种情况：一是照搬，即将达尔文关于生物界的物竞天择规律完全适应于人类社会，这应该属于社会达尔文主义；二是应用，即将达尔文关于生物界的物竞天择规律应用于人类社会，这要具体分析，它可能是和照搬一样，也可能是应用社会达尔文主义的某些观点来分析人类社会，这和前者应该有所区别；三是联系，即受达尔文生物进化论的启示，联想人类社会的物竞天择规律，探讨人类社会不同于生物界的特点，这应该不属于社会达尔文主义范畴。

根据这种分析，斯宾塞的观点是属于社会达尔文主义，这已为学界所公认，《天演论》中也有明确表述，如说“晚近天演之学，倡于达尔文”，“斯宾塞亦本天演著《天人会通论》，举天、地、人、形气、心性、动植之事而一贯之”。(3—5)“天演之义，所苞如此，斯宾塞氏至推之农商工兵语言文学之间，皆可以天演明其消息所以然之故”(8)。可以说，斯宾塞是把达尔文的生物进化规律照搬到人类社会来了，所以说他是社会达尔文主义者。而赫胥黎应该属于第三种情况，他虽然承认人类社会中存在着生存斗争，但与生物界的生存斗争具有不同的特点，理应属于非社会达尔文主义范畴。《天演论》中也有明确表述，如严复说：“斯宾塞之言治也，大旨存于任天，犹黄老之明自然。”(16)又说：“赫胥黎此书（即《天演论》)之旨，本以救斯宾塞任天为治之末流，其中所论，与吾古人有甚合者。”(《译〈天演论〉自序》)就是说，赫胥黎著书的宗旨就是为了抵制斯宾塞的任天为治说，而任天为治说正是社会达尔文主义的重要观点之一，所以说赫胥黎应属于非社会达尔文主义范畴。至于严复，应属于第二种情况，他处于赫胥黎和斯宾塞之间，较倾向于斯宾塞，宣传了社会达尔文主义的某些观点，但他对于社会达尔文主义观点，有接受，有淡化，也有改造，还有抵制，所以不能说他是社会达尔文主义者，也不能说他“深深信仰”社会达尔文主义，更不能说“构成《天演论》中心思想的”，是“社会达尔文主义的口号”。

第五章 《天演论》的影响问题

第一节 《天演论》的传播方式及其特点

《天演论》的传播，一百多年来，一直未断，而且越到后来传播越为深广。本节仅就百年来《天演论》的两种传播方式及其主要特点略而述之，以供学界同仁研究参考。

一、人际传播

所谓人际传播，是指人们之间传递或交换知识、意见、感情、愿望等社会行为。人际传播又有两种：一是直接传播，即个体之间互通信息、一般无须传播媒体的居间作用即可进行，如谈话、演讲、上课等等；二是间接传播，即传播媒体成为基本的交往手段，如信件、电话、电报等等。《天演论》通过人际传播方式进行传播时，既有直接传播，又有间接传播，包括个人阅读、背诵、回忆，集体讨论，手稿传阅、传抄，学堂宣讲，等等。

1. 个人阅读、背诵、回忆《天演论》。

第一，个人阅读《天演论》。一百多年来，不同时期各阶层、各派别的人物，特别是知识阶层，都陆续不断地阅读《天演论》。有的是严复寄送的《天演论》手稿，如梁启超、吴汝纶等人。有的是严复寄送的《天演论》正式稿本，如张元济为慎始基斋本《天演论》亲笔题签的内容，表明1898年戊戌政变前夕，严复曾寄送张元济一册《天演论》；黄遵宪在1902年《致严复书》中，说明1898年冬严复曾赠送他一本《天演论》。有的是读者自己购买的《天演论》。如鲁迅于1901年在南京路矿学堂读书时，“知道了中国有一部书叫《天演论》。星期日跑到城南去买了来”，一口气就将它读完了。胡适于1905年在上海澄衷学堂读书时，购买、阅读了吴汝纶节本《天演论》。蔡元培购买阅读《天演论》正式稿本后，还于1899年写了一篇《严复译赫胥黎〈天演论〉读后感》。1899年1月4日郑孝胥在日记中说，他买了一册《天演论》送给张之洞，也应为正式稿本《天演论》。周作人在《旧日记里的鲁迅》之1902年2月2日日记中说，该日鲁迅送他一本《天演论》。英敛之在1901年11月3日日记中说，该日他在上海登上回天津的船，他在船上读《天演论》。1903年或之后，普通人刘英读了癸卯本《天演论》，还写了近十条批注，现藏于南京大学图书馆。1935年王蘧常在《严几道年谱·跋》中说，他“从十四五起，即读《天演论》而好之，服膺严先生几二十年”。吴虞在1941年8月26日的日记中，记载他读完“吴汝纶节本《天演论》”。郑重于1997年12月4日在严复研究座谈会上的发言中说，“我参加革命，也是先接受《天演论》思想，以后才发展到学习马克思主义”。

第二，背诵《天演论》。刘梦溪在《中国现代学术经典·总序》中说：“《天演论》那段著名的开场白，五四前后一代知识分子许多都能背诵。”不仅如此，有的人如鲁迅、许寿裳等人，还能背诵《天演论》中好几篇，如许寿裳在1947年的《杂谈名人》中说：“有一天，我们谈到《天演论》，鲁迅有好几篇能够背诵，我呢，老实说，也有几篇能背的，于是二人忽然把第一篇《察变》背诵起来了。”有的人如周越然的同乡、佐禹等人，甚至还能背诵《天演论》全书，如周越然在1945年的《追忆先师严几道》中说：“我有个同乡，出入无不以此书（指《天演论》）自随。他亲口对我说道，‘我已经唸过五十余遍。我能背诵全书，一字不漏。”佐禹在1947年的《严复与黑格尔》中说：“高级小学教师李某，授余等严译《天演论》，余读而好之，几能全篇背诵。”

第三，回忆阅读和传播《天演论》的情况。曹聚仁在1970年的《中国学术思想史随笔》中说：“近二十年中，我读过的回忆录，总在五百种以上，他们很少不受赫胥黎《天演论》的影响，那是严氏的译介本。”本杰明·史华兹在所著《寻求富强：严复与西方》一书中说：“翻译《天演论》是严复的最大成功。该书不仅在严复同时代的文人学士阶层中引起了震动，而且对一代青年发生了巨大影响，他们的传记和回忆录都证明了这一点。”后人引用比较多的是两个人，一是鲁迅在《朝花夕拾·琐记》一文中，回忆1901年在南京路矿学堂读书时购买、阅读《天演论》的情形：“看新书的风气便流行起来，我也知道了中国有一部书叫《天演论》。星期日跑到城南去买了来，翻开一看，是写得很好的字，一口气读下去，‘物竞’‘天择’也出来了，苏格拉第、柏拉图也出来了，斯多噶也出来了。一有闲空，就照例地吃侉饼，花生米，辣椒，看《天演论》。”二是胡适在《四十自述·在上海》一文中，回忆1905年在上海澄衷学堂读书时读《天演论》情况："《天演论》出版之后，不上几年，便风行到全国，竟做了中学生的读物了。在中国屡次战败之后，在庚子、辛丑大耻辱之后，这个'优胜劣败，适者生存'的公式确是一种当头棒喝，给了无数人一种绝大的刺激。几年之中，这种思想像野火一样，延烧着许多少年人的心和血。'天演'、'物竞'、'淘汰'、'天择'等等术语都渐渐成了报纸文章的熟语，渐渐成了一班爱国志士的口头禅。还有许多人爱用这种名词做自己或儿女的名字。"这两篇文章，既概述了《天演论》在20世纪初的传播情况，又被后人反复引用，起到了进一步传播《天演论》的积极作用。

此外，还有很多人曾回忆起他们青少年时期接受《天演论》的情景。如郭沫若在1930年的《黑猫》一文中，回忆1912年回到家乡峨眉山下大渡河畔的沙湾，在老家的厢房里，"桌上堆着一些我们平时喜欢看的书"，其中有"严几道译的《天演论》、《群学肄言》"。据埃德加·斯诺《西行漫记》中记载，毛泽东"在湖南省立图书馆读了许多的书"，其中有"亚当·斯密的《原富》，达尔文的《物种起源》和约翰·穆勒的一部关于伦理学的书"。这里所说达尔文的《物种起源》，实应为严复译述的《天演论》。吴玉章在他所撰、人民出版社1961年出版的《辛亥革命》一书中回忆他在戊戌政变后阅读《天演论》的情形时说，那时候，"《天演论》替我们敲起了警钟，使我们不得不奋起图存"。包天笑在《钏影楼回忆录》中，回忆1902年前后他在南京金粟斋译书处工作时的情形说："那时严又陵的《赫胥黎天演论》早已轰动一时，我购买了两册，带到南京，赠送朋友"。"《天演论》一出版，这个新知识传诵于新学界，几乎人手一编"。《陈立夫访谈录》中记载，陈立夫晚年回忆自己青少年时代读严复译著情形时说："我们这代人有许多理由要感谢严复。记得自己小时候接触的有限西学，大多源自严复译著，印象最深的还是《天演论》，故大家尊其为'严天演'或'天演先生'，因为他将国人在中日战役前西方的认识终点引向西学这一新的起点，体悟西方何以恃强的文化内涵。"

2. 集体讨论《天演论》。

集体讨论《天演论》主要有三次：

第一次是讨论《天演论》上卷的名称等问题。据严复在《天演论·译例言》中记载，上卷的名称，"始翻卮言"，时任天津育才学堂总办、《国闻报》创办人之一夏曾佑认为"病其滥恶，可名悬谈"；时任保定莲池书院主讲吴汝纶则认为"卮言既成滥词，悬谈亦沿释氏，不如随篇标目为佳"；夏曾佑又表示不同意见。最后，严复"乃依其原目，质译导言"，了结了这场争论。除了名称问题外，还讨论了《天演论》每篇的标题、换例译法、信与达和雅关系、文字句法等问题。据黄克武在《走向翻译之路：北洋水师学堂时期的严复》中所述，严复经常与吕增祥"商榷文字"，《天演论》初稿完成之后，严复亦曾请吕增祥修改。严复与吴汝纶两人在1897至1898年期间，也通过书信的方式，反复交换意见，吴主张将翻译文本与个人的论述严格区分，"凡己意所发明，归于文后案语"。吴汝纶还斟酌字句得失，删除了一些原稿中不妥之处。严复几乎完全接受了吴汝纶的建议，并且接受了大部分吴汝纶所拟定的小标题。

第二次是讨论《天演论》的销售问题。1898年，严复曾请吕增祥、吴汝纶找人"代为销售"《天演论》。吴汝纶在给吕增祥的信中说，现在"阅报者尚不能多"，又不"深通中国古学"，对新思想还感到"惊奇"，所以《天演论》"难冀不胫而走"。吴汝纶在信中向严复建议，仿效《时务报》请湖广总督张之洞"札饬各属购阅"的办法，请直隶总督王文韶也札饬各属购阅《国闻汇编》，以使《天演论》"畅行"。

第三次是讨论《天演论》再修改的问题。据《严复集补编》一书所录严复与熊季廉的书信中所述，1900年，严复从天津南下上海后，还与江西南昌的熊季廉等人讨论修改《天演论》的问题。严复在1901年春写的四封《与熊季廉书》中，先后提到"《天演论》已校改数番"；"拙稿收到，别纸示悉。容即复校，迟日奉呈"；"《天演论》点句既毕，谨以奉呈"；"《天演论》取影上石后，其钞本倘犹无恙，望以见还"。严复此时校改的《天演论》，后刊印成两种版本《天演论》，均注明"后学庐江吴保初、门人南昌熊师复覆校"。

3. 手稿传阅、传抄。

根据严复于1896年10月15日写的《〈赫胥黎治功天演论〉序》，1896年10月严复已完成了《天演论》的初稿。1898年8月23日，严复在《与五弟书》中说："《天演论》索观者有数处，副本被人久留不还。……颇有人说其书于新学有大益也。"① 《天演论》手稿的传阅，在19世纪末已经比较广泛，许多学界名人都读过《天演论》手稿。

至于《天演论》手稿的传抄、刊印，则主要是三个地方最为突出：一是保定莲池书院。主讲吴汝纶早在1896年就对《天演论》有所了解，1897年已得阅严复派吕增祥送来的《天演论》手稿，并在日记中抄录《天演论》附本，秘藏于枕中，后取名《吴汝纶节本天演论》出版。② 二是陕西味经书院。1897年，

① 严复：《与五弟书》，《严复集》第3册，第733页。

② 吴汝纶：《致严复书》，《严复集》第5册，第1560、1561页。

陕西学政叶尔恺得到《天演论》手稿本，并将其交给陕西味经书院传阅，该院孝廉刘古愚及“院中诸生”，不但读过《天演论》，而且校勘并出版了味经本《天演论》重印本。[①] 三是湖北沔阳卢氏慎始基斋。1897 年，天津武备学堂算学总教习卢靖得到《天演论》手稿后，将其寄给他在湖北沔阳的弟弟卢弼，后经严复反复修改，卢弼乃用“慎始基斋丛书”的名义刻印了《天演论》校样本，后寄至天津覆校，约在 1898 年夏季刻印了《天演论》的第一个正式版本。

4. 学堂宣讲《天演论》。

在清末，《天演论》传播的重要途径和阵地，是一些地方的学堂，如天津的北洋水师学堂、育才学堂、武备学堂，保定的莲池书院，上海的爱国学社、澄衷学堂，长沙的时务学堂，杭州的求是书院等。其中最突出的是天津北洋水师学堂、保定莲池书院、上海爱国学社、上海澄衷学堂、杭州求是书院。

天津北洋水师学堂：严复是该学堂的总教习、帮办、总办，《天演论》曾作为该学堂的教材使用，所以他“固取此书，日与同学诸子相课”。因此，北洋水师学堂的学生受《天演论》的影响是最直接的。

河北保定莲池书院：吴汝纶是该书院的主讲，他对严复和《天演论》又钦佩至极，不仅亲自传授《天演论》，而且将《天演论》纳入他所拟的“学堂书目”之中，令学生阅读。[②]

上海爱国学社：蒋愤吾在《爱国学社史外一页》中回忆说，1902 年 11 月 16 日爱国学社成立后，“由蔡元培任总理的爱国学社，‘把《天演论》作为课本，讲猴子进化为人’”。柳亚子在《自传·年谱·日记》中回忆说，他于 1902 年 11 月至 1903 年 6 月在爱国学社读书，“刚进去的时候，国文教师吴稚晖先生把《天演论》做课本，讲猴子进化为人，非常有趣”。

上海澄衷学堂：胡适回忆 1905 年他进入上海澄衷学堂学习时的情形说：“有一次，国文教员杨千里教我们班上买吴汝纶删节的严复译本《天演论》来做读本，这是我第一次读《天演论》，高兴的很。”

杭州求是书院：许寿裳在《宋平子先生评传序》中回忆说，1901 年他在杭州求是书院学习时，先师宋恕鼓励他读《天演论》。许说，“生平粗知学问，盖自兹始也”。

---

① 叶尔恺：《与汪康年书》（十四、十七），《汪康年师友书札》（三），第 2473、2476、2477 页。

② 吴汝纶：《与陆伯奎学使》（1903 年），《桐城吴先生全书·尺牍三》，第 97 页。

二、大众传播

所谓大众传播，是指特定的社会集团通过文字（报纸、杂志、书籍）、电波（广播、电视）、电影以及通讯卫星等大众传播媒介，以图像、符号等形式，向不特定的多数人表达和传递信息的过程。《天演论》的大众传播主要是通过报纸、杂志、特刊、书籍等文字传播媒介进行的。

1. 报刊。

《天演论》手稿完成和正式版本出版后，不仅在严复、王修植等人创办的天津国闻报社，汪康年、梁启超等人创办的上海时务报社，叶瀚等人创办的上海蒙学报社的内部进行传阅，而且在《国闻汇编》、《国闻报》、《知新报》、《申报》、《清议报》、《新民丛报》、《东方杂志》、《江苏》、《外交报》、《民报》、《国粹学报》、《政艺通报》、《汇报》、《新世纪》、《民铎》、《庸言》、《科学》、《新潮》、《学衡》等20种以上的报刊上，都曾发表过宣传《天演论》的文章。其中主要的有四种：

第一，天津《国闻汇编》。1897年12月18日至1898年2月15日《国闻汇编》第二、四、五、六册上公开刊登了《天演论悬疏》。这是在《天演论》手稿本的基础上进行修改、尚未完成的稿本，是戊戌前后唯一的一种登载《天演论》原文的报刊。1898年2月26日《国闻报》发表“启事”，其中提到要将《治功天演论》等全书印出，进一步张扬《天演论》的这部著作。

第二，澳门《知新报》。在1897年5月17日出版的《知新报》第18册上发表梁启超的《〈说群〉序》和《说群一·群理一》等文，宣传《天演论》及其“合群、变法”思想。

第三，上海《申报》。1922年《申报》创刊50周年之际，《申报》馆于1923年出版了纪念特刊，收录了胡适的《五十年来中国之文学》、蔡元培的《五十年来中国之哲学》、梁启超的《五十年中国进化概论》、张君劢的《严氏输入之四大哲学家学说及西洋哲学之变迁》等文，宣传了严复的思想，特别是《天演论》。

第四，上海《民铎》杂志。1922年《民铎》第三卷第四、五号开辟了“进化论特刊”，内有陈兼善的《进化之方法》、《进化论发达略史》、《达尔文年谱》等，宣传了《天演论》和进化思想。正如潘光旦在1925年5月12日的《二十年来世界之优生运动》一文中所说，“自严复译赫胥黎《天演论》后，屡经生物学及社会学界为国人介绍，二三年来杂志文字中尤数见不鲜，《民铎》至有‘进化论’专号之印行，其引人注目盖可想见”。

2. 各类书籍。

各类书籍，包括《天演论》各种版本，直接注释《天演论》的著作，有专题阐述《天演论》的其他著作等。这些著作对于《天演论》的传播，起了稳定的、持久的、完整理解的作用。

第一，出版《天演论》的各种版本。

自1898年由湖北沔阳卢氏慎始基斋出版《天演论》正式版本后，在天津、南京、杭州、上海等地不断刊印，先后出现了30多种版本，使《天演论》更加广泛的传播开来。以这些版本影响较大：1898年天津两次石印侯官嗜奇精舍本《天演论》；1901年南京富文书局石印本《赫胥黎天演论》；1903年两种癸卯本《天演论》，1903年上海文明书局出版《吴京卿节本天演论》；1905年6月上海商务印书馆铅印出版《天演论》，1931年商务印书馆将《天演论》等八种严译书籍汇为"严译名著丛刊"行世，1981年商务印书馆重印。

第二，直接注释《天演论》的著作。

这类著作主要有三本：冯君豪注解《天演论》，中州古籍出版社1998年出版；李珍评注《天演论》，华夏出版社2002年出版；欧阳哲生导读《天演论》，贵州教育出版社2005年出版。

第三，有专题阐述《天演论》的其他著作。

这类著作很多，不能一一列举，在不同时期的主要著作如下：1949年以前，如1932年由林耀华撰著的《严复研究》中的《社会演化原理》，1940年由周振甫撰著、昆明中华书局出版的《严复思想述评》中之《演化论》。1949年以后，如1957年由王栻撰著、上海人民出版社版出版的《严复传》中之"《天演论》敲起祖国危亡的警钟"；1964年由美国史华兹撰著的《寻求富强：严复与西方》一书中的"《天演论》"；1971年由科学出版社翻译出版的《进化论与伦理学》。1978年改革开放之后比较多。如1979年由李泽厚著、上海人民出版社出版的《中国近代思想史论》一书中《论严复》之"《天演论》的独创性"；1982年由商务印书馆编辑出版的《论严复与严译名著》中对严译《天演论》的评价；1985年由陈越光、陈小雅著、四川人民出版社出版的《摇篮与墓地——严复的思想和道路》一书中的"《天演论》"；1988年由李华兴著、浙江人民出版社出版的《中国近代思想史》一书中的"《天演论》——改良派的理论基石"；1996年由徐立亭著、哈尔滨出版社出版的《晚清巨人传——严复》一书中的"《天演论》敲响警钟"；1998年由沈苏儒著、商务印书馆出版的《论信雅达——严复翻译理论研究》；2003年由皮后锋著、福建人民出版社出版的《严复大传》中的"天演惊雷"；2003年由俞政著、苏州大学出版社出版的《严复著译研究》中的"《天演论》"；2006年由皮后锋著、南京大学出版社出版的《严复评传》中的"救亡警钟：《天演论》”；2006年由苏中立、涂光久著、北京中国文史出版社出版的《严复思想与近代社会》中的“天演·进化”；2006年由王天根著、合肥工业大学出版社出版的《天演论传播与清末民初的社会动员》，等等。

第四，纪念研讨《天演论》的文章著作及相关会议。

以1998年为例，有崔永禄在《天津外国语学院学报》1998年第1期上发表的《纪念严复天演论译例言刊行一百周年》；许钧在《中国翻译》1998年第2期上发表的《纪念严复天演论译例言刊行一百周年》；王东风在《福建外语》1998年第3期上发表的《论达——为纪念严复〈天演论〉问世100周年而作》；张汝伦在《华东师范大学学报》1998年第5期上发表的《理解严复——纪念〈天演论〉发表100周年》；秦威在《学会》1998年第5期上发表的《福建省翻译工作者协会纪念严复翻译出版〈天演论〉100周年》等文。

1998年天津召开了“纪念《天演论》出版100周年学术研讨会”，景林在对此次学术研讨会的综述（《历史教学》1998年第9期）中说：该会于“1998年6月17日在天津社会科学院召开。天津市社会科学界和教育界专家、学者30余人参加了会议。……学者们提出了许多引人注目的新观点：如有的学者提出，严复不仅是西学大师，同时也是中学大师；严复晚年对传统文化的归复，不是倒退、反动，而是在探索救国救民道路上新的升华；有的学者提出严复不仅在政治学、经济学、伦理学、教育学诸方面造诣颇深，而且他是中国图腾文化的开拓者；在文学上，严复是中国近代小说理论最早也最重要的开拓者之一，是中国近代译介西方诗歌作家之一”。1998年，福建省翻译工作者协会还召开了“纪念严复翻译出版《天演论》100周年”的会议。

2001年福建省召开纪念严复逝世80周年大会。福建省严复学术研究会编印了《严复逝世80周年纪念活动专辑》，同时由清华大学出版社出版了《严复思想新探——科学与爱国》一书，共收录了40篇文章，其中有16篇直接或间接地涉及或论述了《天演论》，占三分之一强。

2004年福建省又召开纪念严复诞辰150周年大会。政协福建省委员会文史委于2005年7月编印了《“纪念严复诞辰一百五十周年”特刊》，在研讨会上发言的文章，共有43篇收入《严复诞辰一百五十周年纪念论文集》，由北京方志出版社出版，其中有22篇直接或间接地涉及或论述了《天演论》，占二分之一强。大会还赠送了卢美松主编的《严复墨迹》，罗耀久主编的《严复年谱新编》，孙应祥所著的《严复年谱》，皮后锋所著的《严复大传》，俞政所著的《严复著译研究》等新著，其中都有关于《天演论》的内容，可谓盛况空前。

此外，2006年天津还召开了“纪念〈天演论〉翻译110周年国际学术研讨会”，郭晓勇在《历史教学》2006 年第 1 期上发表的研讨会综述中说：此时“《天演论》及其评价再次成为与会学者关注的热点。关于《天演论》的译述时间、内容的考评，有华中师范大学苏中立的《严复译述〈天演论〉的时间和天演内涵研究述评》，苏州大学俞政在《评〈天演论〉中严复的几个法学观点》；关于《天演论》特点、历史地位的评价，有厦门大学周济的《〈天演论〉的显著特征及其启示》，北京大学欧阳哲生的《中国近代思想史上的〈天演论〉》，华东师范大学谢俊美的《纪念严复翻译〈天演论〉110 年》，福建师范大学苏振芳《严复的天演思想及其历史功绩》；关于《天演论》与《进化与伦理》的比较，有江苏省社会科学院皮后锋的《论〈天演论〉的独创性》，复旦大学王天根的《严复对〈天演论〉诠释与中西文化会通》；关于《天演论》的传播，有武汉理工大学李银波和华中师范大学苏中立的《严复译述〈天演论〉的传播方式及其特点》”等。

三、传播特点

1. 人际传播和大众传播既相互交融，又各有侧重。

一百多年来，《天演论》的传播，从时间上说大致可分为三个大的阶段。

第一阶段从 1896 年到 1905 年，主要是人际传播，如关于《天演论》问题的直面交谈、学堂宣讲、书信通报、手稿传抄、集体讨论等等。同时又有大众传播，如《国闻汇编》刊登《天演论》的部分内容，《国闻报》、《知新报》宣传《天演论》的某些观点，商务印书馆等单位出版《天演论》的不同版本。

第二阶段从 1906 年到 1949 年，主要是大众传播，特别是《天演论》的石印本、铅印本的不断出版与翻印；还出版了一些宣传《天演论》的著作，许多报刊也发表了宣传《天演论》的各类文章。同时也有人际传播，如周越然、吴虞、郭沫若、毛泽东等人对《天演论》的了解和阅读等。

第三阶段从 1950 年以后，《天演论》的传播，主要靠大众传播。以商务印书馆和中华书局为主的各地出版社，出版了《严复集》和《天演论》以及大量宣传严复和《天演论》的各类图书；在各种学术刊物上发表了大量有关《天演论》的各类文章；福建省严复学术研究会、福建师大严复研究会、天津南开大学、北京清华大学、北京大学等单位，在举办纪念严复或纪念《天演论》的学术研讨会的基础上出版了一系列有关的论文集，等等，使《天演论》的传播呈现出空前的广泛和深入。

2. 传播地区分三级不断扩大。

一百多年来，《天演论》的传播，从空间上说可分三级不断扩大。

第一级传播是以天津为发源地，向河北保定、上海、湖北沔阳、陕西等地传播，主要是传播《天演论》手稿，时间约在19世纪末。

第二级传播则是以上海为中心，向江苏南京、江西南昌、浙江杭州与绍兴，乃至湖南长沙、广东广州、澳门等地不断伸展，主要传播《天演论》的各种版本，时间约在20世纪初。

第三级传播则是以福州、天津、北京、上海为中心，向全国各地辐射，既传播《天演论》的各种版本，又传播宣传《天演论》的各种著作和文章。

三级既分阶段，又交叉进行，天津、上海、北京、福州，可以说是严复和《天演论》传播的四大基地。

此外，在我国台湾、香港、澳门以及美国、日本、韩国等地，也有关于研究严复和《天演论》的著作与文章出版发行，并产生了不同种程度的影响。

3. 传播技术不断提高。

《天演论》最初版本是以传统的雕版印刷的木刻版本类型出现的，后来出现了石印本，它具有快捷、成本降低等特点，到铅印本的出现，上述特点更为明显，特别是据富文书局石印本摄影缩小后的石印本，更具有携带方便的特点。总之，19世纪末20世纪初，《天演论》由手抄本到木刻本，再到石刻本，最后到铅印本，随着印刷技术的提高，越来越便于书籍的流传，以至各种版本达30多种。之后，不仅铅印本广为流行，还出现了电子版，传播更为广泛快捷。《天演论》传播的时间之长，版本之多，重印率之高，在中国近代出版史上都是空前的。

4. 受众广泛、影响深远。

第一，受众广泛。

严复译述《天演论》时，认为该书是“学理邃赜之书”，因此他确定的传播对象是“多读中国古书之人”，“非以饷学僮而望其受益也”。[①] 然而，《天演论》在传播过程中却形成两级受众，首先是具有古文基础和影响力的少数人，这些人可称为富有传播能量的“意见领袖”；其次是这些“意见领袖”周围的普通大众，这些大众受到间接的影响；最终将《天演论》宣传的西方思想文化传播到社会的各个阶层，从而对中国近代社会的历史发展进程产生了巨大影响。

有不少材料可以说明《天演论》受众的广泛性，如胡适在1921年回忆说：“《天演论》出版之后，不上几年，便风行到全国，竟做了中学生的读物了……几年之中，‘优胜劣败，适者生存’的思想像野火一样，延烧着许多少年人的心

① 严复：《与梁启超书》，《严复集》第3册，第516、517页。

和血。'天演'、'物竞'、'淘汰'、'天择'等等术语都渐渐成了报纸文章的熟语，渐渐成了一班爱国志士的口头禅。"① 这里说明：第一，受众的对象不断扩大。即由多读古书又愿意接受新学的文人志士向爱国志士、中小学生、青少年扩展。第二，受众接受的内容比较集中。主要是接受"物竞天择"，"优胜劣败，适者生存"，"天演淘汰"等警世内容，这些适应当时挽救祖国和民族危亡的时代需要的内容得以广泛传播。第三，受众接受《天演论》的速度非常快。"《天演论》出版之后，不上几年，便风行到全国"，特别是上述内容，像"野火延烧"一样，"几年之中"，就成了报纸文章的"熟语"和人们的"口头禅"。总之，受众接受《天演论》的主动性和快速度都是史无前例的，严复译介的《天演论》，也因此成为中国西方思想传播史上的一座里程碑。

第二，影响既广泛又深远。

其一，从横的方面即领域而言，《天演论》的影响非常广泛。

一则，从学科来说，如前所述，《天演论》对哲学、逻辑学、社会学、伦理学、翻译学以及政治学、教育学、文学、史学、科学、宗教学等诸多领域都产生了深刻的影响。正如陈兼善所说："现在的进化论，已经有了左右思想的能力，无论什么哲学，伦理，教育，以及社会之组织，宗教之精神，政治之设施，没有一种不受它的影响"。②

二则，从行业来说，《天演论》的影响还渗透到各行各业之中。比如，《天演论》与年鉴，③《天演论》与收藏界，④《天演论》与技术革命，⑤《天演论》与企业⑥等。还有"天演"命名的公园、学校。这些都说明了一点：《天演论》已深入人心，融入国人的血液之中。

其二，从纵的方面而言，《天演论》的影响极其深远。

一则，从人物来说，几代爱国、革新、开明人士均受到《天演论》的影响。

如戊戌维新和立宪志士康有为、梁启超、黄遵宪、夏曾佑、张元济、欧榘甲、杨度等人；辛亥革命志士陈天华、邹容、胡汉民、刘师培、章太炎等人；五四新文化运动之激进人士鲁迅、胡适、陈独秀、李大钊、吴虞、蔡元培等人；

---

① 胡适：《四十自述·在上海》，《胡适文集》(1)，第46、47页。

② 陈兼善：《进化论发达略史》，《民铎杂志》1922年第3卷第5号"进化论号特刊"。

③ 汪家熔：《〈天演论〉、年鉴及其他》，《百家书话·出版史料》2004年第1期。

④ 张继孝：《一卷生花〈天演论〉天下谁人不识君》，《收藏界》2003年第8期。

⑤ 姜奇平：《技术革命的思想解放作用——重读〈天演论〉》，《互联网周刊》2000年第20期。

⑥ 姜奇平：《企业天演论——读〈e变〉》，《经理世界》2002年第6期。

新民主主义革命时期的吴玉章、毛泽东等；中国近现代文化名人，如王国维、柳亚子、郭沫若、茅盾、冯友兰、费孝通等人；其他科学家、思想家如孙宝瑄、钱基博、钱锺书、曹聚仁、郭湛波、周振甫、王栻等人。正如王民、王亚华在《福建论坛》1996 年第 3 期上发表的《〈天演论〉与近代中国社会》中所言，"不管是资产阶级维新派、革命派、早期马克思主义者、近代文化名人，都不同程度地接受过《天演论》宣传的进化论思想"。王汝丰在 1957 年的《严复思想试探》一文中形象地说，《天演论》震动着三种人，一是"震动着封建官僚、统治者"，二是"更震动着当时中国的思想界"，三是"震动着一切爱国的人士"。

二则，在社会风潮中，《天演论》成为直接或间接的理论武器。

一是唤醒国人救亡图存。如梁启超在 1901 年《本馆第一百册祝辞并论报馆之责任及本馆之经历》中的"棒喝"说："以天演学物竞天择优胜劣败之公例，疾呼而棒喝之，以冀同胞之一悟……广民智，振民气……厉国耻"。吴玉章在 1961 年《辛亥革命》一书中，回忆 1902 年前后学习《天演论》时的"警钟"说："《天演论》所宣扬的'物竞天择'、'优胜劣败'等思想，深刻地刺激了我们当时不少的知识分子，它好似替我们敲起了警钟，使我们惊怵于亡国的危险，不得不奋起图存。"胡适在《四十自述》中说："这个'优胜劣败，适者生存'的公式确是一种当头棒喝，给了无数人一种绝大的刺激……'天演'、'物竞'、'淘汰'、'天择'等等术语都渐渐成了一班……爱国志士的口头禅。"

二是呼吁变法维新。如梁启超在 1897 年《〈说群〉序》中所说，读了《天演论》等书后，"惟自谓视变法之言，颇有进也"。日本稻叶君山在 1915 年说，天演论是"近代之革新之思潮之源头，而注以活水者也。"① 王民、王亚华在《〈天演论〉与近代中国社会》中说："《天演论》是戊戌变法维新运动的理论基础之一。"曹聚仁在《中国学术思想史随笔》中说："中国只能顺应天演规律，实行变法维新，才能由弱变强。"史全生在《南京大学学报》1975 年第 2 期上发表的《论严复的进化论历史观》中说：严复在《天演论》中"提出世变和力今以胜古的进化论历史观，为维新变法运动提供了思想武器"。

三是间接的促进辛亥革命。梁启超在 1902 年《释革》中说，"革也者，天演界中不可逃避之公例也"②。邹容在 1903 年《革命军》中说，"革命者，天演之公例也"③。胡汉民在 1906 年说，"我汉族之外竞求存，不能不脱异种之驾驭者，

① 转引自贺麟：《严复的翻译》，《东方杂志》1925 年 11 月第 22 卷第 21 号。

② 梁启超：《释革》，《梁启超选集》，第 368、369、372 页。

③ 邹容：《革命军》，《辛亥革命前十年间时论选集》第 1 卷下册，第 651 页。

一皆天演自然，而无容心其间耶。……故知排满革命为吾民族今日体合之必要，严氏征据历史而衡以群学进化之公例，其意盖有可识者”。“所谓言合群，言排外，言排满者，固为风潮所激发者多，而严氏之功盖一匪细”。① 就是说，宣传革新、革命和排满革命，也有严复的一份功劳，这是就《天演论》的间接影响而言的，所以有人说，“《天演论》是辛亥革命民族解放思想的重要来源”②。王森然还说：“戊戌政变后，严复所为诗歌，多讽吊时事之作。有告刚毅者，谓《天演论》实宣传革命，宜拿办。赖荣禄、王文韶救，得免。”③ 这也从反面说明严复思想的客观效果与主观动机相背离。

四是为五四新文化运动进行启蒙。新文化运动的倡导者们多谈到《天演论》对他们的影响。如李大钊在1916年说，“青春之国民与白首之国民遇，白首者必败，此殆天演之公例，莫或能逃者也”。④ 胡适在1916年说：“革命潮流，即天演进化之迹。自其异者言之，谓之革命；自其循序渐进之迹言之，即谓之进化”。文学革命即使“吾国之语言成为言文一致之语言”，“文学革命至元代而极盛”，自明代起，“五百余年来‘半死文学’遂苟延残喘以至今日。文学革命何可更缓耶!”⑤ 很多学者也谈及《天演论》对新文化运动的影响。如梁启超在1922年说，“中国人从文化根本上感觉不足”，是在辛亥革命之后的第三期，“严复翻译的几部书”，“播殖”了“新运动的种子”。⑥ 林基成在《读书》1991年第12期上发表《天演＝进化？＝进步?》中说：“五四前后，‘唯新论’、直线发展成为普遍风气”，“‘弃旧图新’、‘一代胜过一代’作为一种基本思维方式深深影响了几代中国人”，也影响到新文化运动的倡导者们。王民、王亚华在《天演论与近代中国社会》中说，“《天演论》是五四新文化运动提倡科学精神的最初启蒙”。胡伟希在2001年强调《天演论》对五四时期中国近现代伦理思想的影响，说：“到了五四新文化运动时期，严复的进化论思想，尤其是《天演论》真正的思想影响开始出现。这表现在：五四新文化运动提倡的口号就是伦理的革命。所谓伦理革命，不仅以进化论为旗帜，而且其伦理革命的内容与严复当年的提法有相当惊人的相似性。其伦理革命的理论基础和前提就是《天演论》中提出的伦理进化观（如说道德乃进化而非一成不变，道德发生进化亦必应其自然进

---

① 胡汉民：《述侯官严氏最近政见》，1906年1月《民报》第2号。

② 参见王民、王亚华：《天演论与近代中国社会》，《福建论坛》1996年第3期。

③ 王森然：《近代二十家评传》。

④ 李大钊：《青春》，《新青年》1916年9月1日第2卷第1号。

⑤ 陈金淦编：《胡适研究资料》，第394、395页。

⑥ 梁启超：《五十年来中国进化概论》，《梁启超选集》，第834页。

化之社会）。不仅如此，其伦理革命的具体主张，与严复在《天演论》中发挥的观念也有惊人的相似之处（如合群与国家主义，已轻群重与牺牲个人以保全体国民，背苦而趋乐与求幸福而避痛苦）。五四新文化运动之所以出现一个声势浩大的道德革命，其思想资源早就存在于严复翻译的《天演论》及其案语中。"①

五是《天演论》激励人们实现现代化。任继愈在 1996 年 10 月 13 日《光明日报》上发表《重读〈天演论〉》中，谈到《天演论》激励人们实现现代化时，讲了奋发图强、索取要有限度、竞争要合理合法等问题。他说："《天演论》敲起的警钟，如果能经常在耳边回荡，上下一致，不忘奋发图强，同心合力促进社会主义祖国的现代化，我们的宏伟目标一定能达到"。"人向自然索取要有一个限度，无限索取，必遭自然界的报复，比如滥伐林木，滥垦荒地，滥捕鸟兽，破坏生态平衡，会造成洪水、沙漠化，自然界和人类都受到损害"。"社会生活的竞争，只有在一定的社会规范内开展，竞争要合法……提倡什么，反对什么，什么行为受鼓舞，什么行为受限制，要由社会群体作出规范，前者，古人谓之教化，后者，古人谓之刑罚，这是人类群体，不分古今中外，都应遵循的通则，缺了社会规范制约的竞争，必然出现强凌弱，大欺小，劣等品排斥优等品的现象，造成社会混乱以至危机"。这些忠告，是极具远见和前瞻性的，在强调生态文明建设的今天，尤显得难能可贵。

《天演论》不仅在国内传播，产生广泛而又深远的影响，在国外也得到了一定范围的传播，产生了一定的影响。如孙中山于 1908 年在新加坡发表文章，提到并评论了《天演论》。康有为于 1900 年前后，在新加坡等地与华侨邱菽园等人谈及天演思想等问题。日本《万朝报》主笔、专研中国历史的学者内藤虎次郎，早在 1899 年 9 月到天津访问严复等人前，就知道严复"已将赫胥黎之书翻译、印行，名为《天演论》"。两人在天津见面时，又采取笔谈的方式论及《天演论》的翻译问题，内藤氏说，阅读《天演论》之后，觉得"文字雄伟，不似翻译，真见大手笔"。严复对"不似翻译"予以回答："因欲使观者易晓，不拘原文句次，然此实非译书之正法眼藏"。"近所译（计学）一书，则谨守绳墨，他日书成，当有以求教"。② 在韩国，最早介绍进化论的人是俞吉浚，他发表了《竞争论》，提出："如果在人生没有竞争，怎么获得智德与富强？如果在国家没有竞

① 胡伟希：《严复〈天演论〉与中国近代伦理思想观念的变迁》，习近平主编：《科学与爱国——严复思想新探》。

② 转引自黄克武：《走向翻译之路：北洋水师学堂时期的严复》，《近代史研究所集刊》2006 年第 49 期，第 22、23 页。

争，怎么增进光威与富强?”此后在韩国也开始流传严复翻译的《天演论》。美国本杰明·史华兹所著《寻求富强：严复与西方》一书，1964 年由美国哈佛大学出版社出版英文版。本书出版后曾对西方学术界产生较大影响，70 年代又被翻译和介绍到日本，90 年代在中国出现了两个中译本，即 1990 年滕复等译、北京职工教育出版社出版的《严复与西方》和叶凤美译、1996 年南京江苏人民出版社出版的《寻求富强：严复与西方》。正如叶凤美译本中所说，“本书是美国著名汉学家史华兹研究近代中国哲学、政治思想史的一部具有较高声誉和广泛影响的著作”。

第二节　天演惊雷与辛亥思想的多元趋向

一百多年前，严复译述的《天演论》一问世，就像一声春雷，轰动全国，惊醒国人，至今警钟长鸣。它虽然出版在戊戌时期，但真正广泛的传播则是在辛亥革命时期（1901—1912 年）。使辛亥革命时期的哲学、民族学、政治学、科学、文学等诸多学科和思想领域，出现了多元化的趋向。本节从三个方面论述《天演论》对辛亥时期思想多元趋向的指向作用。

一、《天演论》中的哲学底蕴与辛亥时期哲学思想的分化

如第四章第三节所述，《天演论》中包含的哲学思想是非常丰富的，① 从对辛亥时期的影响来看，主要是天演哲学或进化哲学及其内涵的竞争说。据已查阅的辛亥时期的资料来看，在 1901—1903 年间，含有“天演”的文章、著作、日记、回忆录有 43 篇，讲进化的文章、著作有 28 篇，1903 年尤其是 1905 年之后，内含天演的文章少了，直接提进化的文章多了，时人又往往将天演与进化两个概念对等看待，一律呼之曰进化，因而如鲁迅所说，“进化之语，几成常言”②。

天演、进化思想在 20 世纪初年兴起以后，在思想界出现了分化，主要是天演与大同，竞争与互助的对立与争辩。由于接受和传播《天演论》的人士，把天演与物竞天择、适者生存、优胜劣败、弱肉强食等等联系在一起，如梁启超

---

① 详见严复译：《天演论》，商务印书馆 1981 年版，第 4，53—57、71—81、83、90 页。

② 鲁迅：《人之历史》，《鲁迅全集》第 1 卷，第 8 页。

在1899年的《论近世国民竞争之大势及中国前途》中说："以天演家物竞天择、优胜劣败之公例推之，盖有欲已而不能已者焉。"在1902年的《新民说》中又说："今日列强并立弱肉强食优胜劣败之时代"，"竞争之例与天演相终始"。在1903年的《本馆第一百册祝辞并论报馆之责任及本馆之经历》中还说："物竞天择之公例，惟适者乃能生存。"从而在社会上产生了正负两方面的影响，其正面影响是主要的，推动了当时救亡图存和立宪、革命运动的发展。如梁启超在《新民说》中说："以天演学物竞天择优胜劣败之公例，疾呼而棒喝之，以冀同胞之一悟。"胡汉民说："自严氏之书出，而物竞天择之理厘然当于人心，中国民气为之一变"。"言合群、言排外、言排满者"，都受到《天演论》中的"物竞天择"的影响。① 胡适说："在中国屡次战败之后，在庚子、辛丑大耻辱之后，这个'优胜劣败，适者生存'的公式确是一种当头棒喝，给了无数人一种绝大的刺激。"②

但是，这种宣传也使社会达尔文主义流行起来，使人感到整个社会好似只有强权，没有公理等等，于是一部分人起来用大同思想与之对立。君平在《觉民》1904年第9、10期合本上发表的《天演大同辨》一文中所说："天演家之言曰：'物竞天择，优胜劣败。'大同家之言曰：'众生平等，博爱无差。'"作者提出了自己的见解及解决这一矛盾的办法："总之，大同者，不易之公理也；而天演者，又莫破之公例也。……当事者亦惟循天演之公例，以达大同之公理耳。"这一矛盾是一时难一解决的，因此，随着天演思想的不断传播，从戊戌时期兴起的大同思想，此时也日益发展起来，并与近代各种社会主义思想结合起来，主张限制以至"绝灭竞争，废除私有财产制，以救贫富悬隔之弊"③，甚至认为"社会主义者，即大同主义也"④，等等。

与此相联系，进化中的两种因素，即竞争与互助，也有各种不同的主张，有各持一端的，有主张并重的，有的认为是分别适用于物种和人类的，他们从不同的角度批判社会达尔文主义观点，而无政府主义者更是积极翻译介绍克鲁泡特金的《互助论》，认为"在人类社会的进步中，起主导作用的是互助而不是互争，扩展互助的范围，就是我们人类更高尚的进化的最好保证"⑤。

① 胡汉民：《述侯官严氏最近政见》，《民报》1905年第2号

② 胡适：《四十自述》，《胡适文集》(1)，第47页。

③ 朱执信：《社会革命当与政治革命并行》，《民报》1906年第5期。

④ 漱铁和尚：《贫富革命》，《复报》1906年9月第4期。

⑤ 克鲁泡特金著、李平沤译：《互助论》，商务印书馆1963年版，第265页。

这样，天演思想、进化思想、竞争思想、互助思想、大同思想、社会主义思想、无政府主义思想等等，在辛亥革命时期均日益发展起来，形成多姿多态、相互争辩的兴盛局面。

二、《天演论》中的保种呼唤与辛亥时期民族思想的不同模式

如前所说，《天演论》中还从生物学、人种学的范围谈到了种族问题。

梁启超在利用《天演论》宣传种族和种族主义的同时，也宣传了民族和民族主义思想。他在1899年写的《东籍月旦》中使用了“东方民族”、“拉丁民族”、“民族竞争”等词汇；在1901年写的《国家思想变迁异同论》中又使用了“民族主义”、“民族帝国主义”等概念；[①] 在1902年写的《民族竞争之大势》中，又把天演和建设民族国家联系起来，“今日欲救中国，无他术焉，亦先建设一民族主义国家而已”[②]。据已有的研究成果，梁启超是最早使用具有近代意义的“民族”和“民族主义”等词的。孙中山在1894年兴中会成立后，也曾讲过“种族”、“汉种”、“黄种”等问题；1902年在他《与刘成禺的谈话》中，使用“民族”一词；[③] 在1903年写的《支那保全分割合论》中，又提到“支那民族”；[④] 1903年《在檀香山正埠的演说》中提到“民族主义精神”和“中华民族”。[⑤] 由于梁启超、孙中山的宣传和影响，使民族主义与种族主义思想同时迅速高涨起来，如杨度在1902年把天演和民族竞争、支那人种存亡联系起来，说现在处于“黄白存亡亚欧交代之过渡时代”，“现在之世界，举天下之各民族群起而相竞争，观其谁优谁劣谁胜谁败，以待天演之裁判之世界也，而又数千年文明繁盛之支那人种存亡生死之关头也”。“其存其亡，争此一时，国民，国民，能不努力!”[⑥] 又如邹容在1903年《革命军》中把天演与黄白种族之竞争进化联系起来，“地球之有黄白二种……交战于天演界中……为终古物竞进化之大舞台”。陶成章在1904年谈到天演与异族、种族问题时也说，“秦汉以降，与塞外诸异族日相接触，日相驱逐交战于天演界物竞界中；六十年来，万国俨若比邻，

---

① 梁启超：《国家思想变迁异同论》，《梁启超选集》，第189页。

② 梁启超：《民族竞争之大势》，《新民丛报》1902年第5号，《饮冰室合集》(2)，第35页。

③ 孙中山：《与刘成禺的谈话》，《孙中山全集》第1卷，第217页。

④ 孙中山：《支那保全分割合论》，《孙中山全集》第1卷，第223页。

⑤ 孙中山：《在檀香山正埠的演说》，《孙中山全集》第1卷，第227页。

⑥ 杨度：《〈游学译编〉叙》，《游学译编》1902年11月第1期。

黄白登于一堂，我中国与白色人种共逐太平洋之浪，而交战于学术界、工艺界、铁血界中，求争存于世”。并详细分析了“黄、白、黑、红、棕”五大人种。[①] 陈天华在1904年《狮子吼》中谈到物竞天择与种族竞争，还说他看了《天演论》后，懂得了“物竞天择，适者生存”的道理，知道了“优胜劣败”的证据，进而说明什么是种族竞争：那“同祖先、同姓氏的同种”和那“不同祖先、不同姓氏的异种”相争，“是为种族的竞争；愚弱的种族被那智强的种族所吞灭，如那下等动物被那中等动物所吞灭一般”。他叹曰：“大中华沉沦异种，外风潮激醒睡狮”。[②] 这些论述，都是直接受《天演论》中种族思想影响而又把种族和民族混在一起的。

实际上，种族和民族是有区别的。种族属于生物学、人种学的范畴，民族则属于社会历史的范畴；种族主要是以体质特征的差异而区分，民族则主要是以语言文化的差异而区分。20世纪初年，民族主义思想也逐渐兴盛起来，不同的人物和派别，对民族主义和国内民族特别是满汉关系问题，进行了不同的诠释，主要有大民族主义和小民族主义两种模式，梁启超说：“吾中国言民族主义者，当于小民族主义之外，更提倡大民族主义。”[③] 所谓小民族主义是指汉族对国内的其他民族，大民族主义是指国内各民族团结起来一致对国外民族。这两种民族主义模式又是和变革的两种政治形式——立宪和革命紧密联系在一起的，立宪派主张通过立宪改良的方式，以求国内各民族合群，共同抵御帝国主义侵略，争取民族独立自主；革命派则主张通过国内的反满民族革命，推翻清朝封建专制统治，将民族革命和民主革命合而为一，争取中国的独立自由民主。两派虽然在民族主义问题上存在着分歧，但反帝爱国思想却又是一致的，立宪派直接反对帝国主义侵略，革命派的反满从主流来说也是为了反帝，因为清政府已经成了“洋人的朝廷”，帝国主义的“鹰犬”，“故欲免瓜分，非先倒满洲政府，别无挽救之法也”。[④]

在民族与国家的关系上，二者本是既有联系又有区别的，既有一族一国，又有多族一国，还有一族多国等复杂情形，而许多志士仁人为了使民族主义与爱国主义相结合，往往把二者混淆起来，有的甚至说，“言民族主义即为爱国主

---

① 陶成章：《中国民族权力消长史》，《陶成章集》，第212、213、215页。

② 陈天华：《狮子吼》，《陈天华集》，第106、107、108、111页。

③ 梁启超：《政治学大家伯伦知理之学说》，《饮冰室合集》(2)，第76页。

④ 孙中山：《驳保皇报书》，《孙中山全集》第1卷，第234页。

义”，有的还提出“民族爱国主义”的口号。①

这样，种族主义、民族主义、爱国主义、内合外争、排满革命等等交织在一起，使辛亥思想更加错综繁杂。

三、《天演论》中的怵焉知变与辛亥时期变革思想的分野

19 世纪末，变与不变的论争，成为时代的主脉；进入 20 世纪，变与不变之争，虽然仍在延续，但怎样变，即主张渐变还是主张激变，成为时代的主潮。

一般来说，维新派人物较早直接受到《天演论》的影响，并主张渐变；而革命派也从天演说中推论出革命之必要性。梁启超在《说群》的序中说，除了“合群”思想之外，就是“变法之言，颇有进也”。在 1902 年他思想激进之时，还专门写了《释革》一文，把天演与“革”字联系起来，“革也者，天演界中不可逃避之公例也”。“革也者，含有二义，曰改革、革新，曰革命”。“所谓变革云者，即革命之义也”。“革命为今日救中国独一无二之法门”，“国民如欲自存，必自力倡大变革、实行大变革始”。② 这里，梁启超对“革”字作了中性的阐释，并倾向于大变革以挽救民族危亡。邹容在 1903 年《革命军》中更是直接把天演与革命联系起来，说“革命者，天演之公例也”。主张革命的《江苏》杂志在 1903 年第 1、3 期上发表一篇署名竞盦的文章《政体进化论》，说“生存竞争天演公理……争机益启，优胜劣败，地大物博有时不能保；我不自变人将代我而变也，其变异，其所以变则同，归天演而已矣”。这就是说，变是天演之规律，如不自变，则将由列强来代我主持变革，那就将会“使国随亡”。该文最后，主张反满革命，以“建民族之国家，立共和之宪章”。主张无政府主义的《新世纪》在 1907 年 11 月 2 日第 20 期上发表《进化与革命》，把天演、进化与革命联系起来，“进化者，前进而不止，更化而无穷之谓也。无一事一物不进者，此天演之自然”。“革命即革去阻进化者也，故革命亦即求进化而已”。“进化之理为万变之原”。就是说，革命不仅是社会进化所致，而且促进社会进化，天演、进化、革命、变化，是激变思想的几个层次。以上从“天演”演绎出变革的主张是一致的，但变革之道有渐、激之分，随着国内外形势的发展，渐进和激进的分野日益鲜明，终于形成君主立宪说与革命共和说的激烈论争，辛亥时期两大主导思想也由此得以发展。

---

① 《陶成章集》卷四说明，第 211 页。

② 梁启超：《释革》，《梁启超选集》，第 368、367、372 页。

总之，《天演论》中的进化发展观、种族思想、变革主张等等，既具有超时空的普遍意义，又适应了辛亥革命时期形势急剧发展的需要，因而得到各阶层、各派别人士的关注，他们都利用这些思想为各自的不同主张进行论证，并延伸出一些与此相关的社会思想，从而使《天演论》成为辛亥革命时期社会思想发展的渊源之一，在我国近代社会思想的发展历程中，在某些方面具有开先河的重要地位和导航的巨大作用。

附录一：《天演论》各类版本索引

1.《天演论》手稿——《赫胥黎治功天演论》（光绪丙申重九，现存中国历史博物馆），收入王栻主编《严复集》第5册，中华书局1986年版，还收入王庆成等编《严复合集》，第7册，辜公亮文教基金会1998年9月出版发行。

2.《天演论悬疏》（前9篇，丁酉十一月二十五日—戊戌正月二十五日），天津《国闻汇编》（旬刊）第2、4、5、6册，1897年12月18日—1898年2月15日。第2册，光绪二十三年十一月二十五日（1897年12月18日）出版，刊登有严复的《译天演论自序》、《天演论悬疏》（未完）。第4册，光绪二十三年十二月十五日（1898年1月7日）出版，刊登有严复的《天演论悬疏》（续第二册）。第5册，光绪二十四年正月十五日（1898年2月5日）出版，刊登有严复的《天演论悬疏》（续）。第6册，光绪二十四年正月二十五日（1898年2月15日）出版，刊登有严复的《天演论悬疏》（续）。

3. 慎始基斋本《天演论》（校样本），光绪二十三年十月中旬以后至二十四年四月二十日以前（1897年11月中旬至1898年6月8日以前）刻成。藏天津南开大学图书馆。

4. 慎始基斋本《天演论》（正式版本），光绪二十四年（1898年）湖北沔阳卢氏慎始基斋刊行，藏于北京图书馆和上海图书馆，收入王栻主编《严复集》第5册。

5. 侯官嗜奇精舍本《天演论》，题光绪戊戌十有一月（1898年12月），又题“侯官嗜奇精舍第二次石印本”。

6. 富文书局石印本《赫胥黎天演论》，光绪辛丑（1901年）仲春，有上海版本和南京版本，藏于国家图书馆。已收入王庆成等编《严复合集》第7册。

7. 杭州史学斋癸卯本《天演论》（1903年），署“赫胥黎《天演论》，侯官严几道先生达旨”。

8.《吴汝纶日记：严幼陵观察所译天演论》，收入沈云龙主编《近代中国史料丛刊》第 37 辑第 367 号（二）。

9.《吴京卿节本天演论》，光绪二十九年六月（1903 年 7—8 月）上海文明书局出版活字印刷版。

10.《天演论》，商务印书馆 1905 年 6 月铅印初版。

11.《天演论》（“严译名著丛刊”），商务印书馆 1931 年版。

12.《天演论》（“严译名著丛刊”），商务印书馆 1981 年 10 月版。

13. 冯君豪注解：《物竞天择　适者生存〈天演论〉》（“醒狮丛书”），中州古籍出版社 1998 年 5 月版。

14. 李珍评注：《严复〈天演论〉》（“影响中国近代史的名著”），华夏出版社 2002 年 10 月版。

15. 欧阳哲生导读：《天演论》（“二十世纪中国人的精神生活丛书”），贵州教育出版社 2005 年 8 月版。

16. 杨和强、胡天寿白话今译：《天演论》（全译彩图本），人民日报出版社 2007 年 10 月版。

17.《天演论》，北京理工大学出版社 2010 年 3 月版。

附录二：题名内含天演的部分文章索引

1. 孙宝瑄：《关于严复及其译述〈天演论〉的日记》（1897—1903 年），苏中立、涂光久主编：《百年严复——严复研究资料精选》，福建人民出版社 2011 年 1 月版，第 247—260 页。

2. 吴汝纶：《天演论·序》（光绪二十四年戊戌正月作序，孟夏完成），《天演论》，中华书局 1981 年 10 月版，卷首第 6—7 页。

3. 蔡元培：《严复译赫胥黎〈天演论〉读后》（1899 年 1 月 28 日）。高平叔编：《蔡元培全集》第 1 卷，中华书局 1984 年 9 月版，第 84 页。

4. 康有为：《写寄观"天演"斋主邱寂园》（1900 年），马洪林等编：《康有为集·诗赋卷》上册，珠海出版社 2006 年 8 月第 1 版，第 222 页。

5. 康有为：《关于译才并世数严林和〈天演论〉的影响》（1900—1914 年），苏中立、涂光久主编：《百年严复——严复研究资料精选》，第 276—278 页。

6. 梁启超：《天演学初祖达尔文之学说及其传略》，《新民丛报》1902 年 3 月 10 日第 3 期。

7. 马君武：《新派生物学（即天演学）家小史》，《新民丛报》1902 年 5 月 22 日（光绪二十八年四月十五日）第 8 号。

8. 李郁：《译〈天演学者初祖达尔文传〉·凡例》（1903 年），《进化论选集》，科学出版社 1983 年版，第 11—12 页。

9. 君平：《天演大同辩》，《觉民》1904 年第 9、10 期合本。

10. 刘师培：《读天演论二首》，1905 年 2 月 18 日《政艺通报》第 1 号。

11. 刘师培：《天演、乐利、大同三个学派之比较》（1905 年），苏中立、涂光久主编：《百年严复——严复研究资料精选》，第 294—298 页。

12. 王国维：《严复译述〈天演论〉的影响及其缺陷》（1905 年），苏中立、涂光久主编：《百年严复——严复研究资料精选》，第 287—291 页。

13. 吴敬恒：《译〈天演学图解〉·序言》（1910 年 10 月），（英）霍德著、吴敬恒译：《天演学图解》（附图一册），上海文明书局辛亥 1911 年 8 月版，卷首第 1—3 页。

14. 大木斋主辑译：《天演论驳义》（1912 年），王天根：《群学探索与严复对近代社会理念的建构》附录，黄山书社 2009 年 11 月版，第 190—204 页。

15. 严复：《天演进化论》，王栻主编：《严复集》第 2 册，中华书局 1986 年版，第 309—319 页。

16. 严复：《进化天演》，孙应祥、皮后锋编：《〈严复集〉补编》，福建人民出版社 2004 年 7 月，第 134—147 页。

17.《今闻类钞》发表严复《进化天演》一文加的“编者按”，1913 年 3 月《今闻类钞》第 2 册，收入孙应祥、皮后锋编：《〈严复集〉补编》，第 134 页注 1。

18. 开洛格著、胡先骕译：《达尔文天演学说今日之位置》，《科学》1915—1916 年第 1 卷第 10 期、第 2 卷第 7 期。

19. 潘光旦：《天演学说在优生学产生中之作用》（1924 年），苏中立、涂光久主编：《百年严复——严复研究资料精选》，第 327—329 页。

20. 鲁迅：《在矿路学堂看〈天演论〉》（1926 年），苏中立、涂光久主编：《百年严复——严复研究资料精选》，第 315—316 页。

21. 胡适：《第一次读〈天演论〉》和《〈天演论〉的深远影响》（1931 年），苏中立、涂光久主编：《百年严复——严复研究资料精选》，第 322—324 页。

22. 林耀华：《社会演化原理》，林耀华：《从书斋到田野》，中央民族大学出版社 2000 年 9 月版，第 37—47 页。

23. 周振甫：《演化论》，周振甫：《严复思想述评》，中华书局 1940 年 8 月版，第 10—21 页。

24. 王栻：《天演论敲起祖国危亡的警钟》，王栻：《严复传》，上海人民出版社 1957 年 2 月版，第 33—39 页。

25. 吴玉章：《〈天演论〉使我们奋起图存》（1961 年），苏中立、涂光久主编：《百年严复——严复研究资料精选》，第 357—359 页。

26. 吴德铎：《天演论在国闻报上发表过吗?》，《历史教学》1962 年第 10 期。

27. 吴德铎：《谈〈天演论〉》，1962 年 7 月 12 日《文汇报》。

28. 罗耀九：《严译天演论与严复的早期思想》，1963 年 2 月 17 日《文汇报》。

29. （美）本杰明·史华兹：《天演论》（1964 年），（美）史华兹著、叶凤美译：《寻求富强：严复与西方》，江苏人民出版社 1996 年 4 月版，第 88—102 页。

30.《进化论与伦理学》翻译组：《进化论与伦理学·出版说明》，《进化论与伦理学》，科学出版社 1971 年 7 月版，卷首第 1 页。

31. 南京大学历史系等单位注释严复《译〈天演论〉自序》等之“说明”，《严复诗文选注》，江苏人民出版社 1975 年 6 月版，第 166、167、210、211 页。

32. 史全生：《论严复的进化论历史观》，《南京大学学报》（哲社版）1975 年第 2 期。

33. 蔡少卿：《民族奋发图强的警钟——读严复的译述天演论》，《南京大学学报》（哲社版），1975 年第 4 期。

34. 王栻：《天演论敲起祖国危亡的警钟》，王栻：《严复传》，上海人民出版社 1976 年 8 月新 1 版，第 40—46 页。

35. 李泽厚：《天演论的独创性》，李泽厚：《论严复》，《历史研究》1977 年第 2 期。

36. 史逸竹：《新春漫话天演论》，1979 年 2 月 3 日《黑龙江日报》。

37. 李锡厚：《从严复译天演论看戊戌时代改良派的特殊性格》，《破与立》1979 年第 5 期。

38. 叶德浴：《鲁迅与〈天演论〉、进化论》，《文学评论》1979 年第 6 期。

39. 卢继传：《天演论激起了巨大反响》，卢继传编著：《进化论的过去与现在》，科学出版社 1980 年 7 月版，第 78—90 页。

40. 吴德铎：《天演论的原书和译本》，《书林》1981 年第 4 期。

41. 殷陆君：《严复〈天演论〉的最早刻本》，《中国哲学》第 8 辑，三联书店 1982 年 10 月出版。

42. 吴相湘：《天演宗哲学家严复》，《民国百人传》第 1 册，台北传记文学出版社 1982 年版，第 335—341 页。

43. 叶晓青：《早于天演论的进化观念》，《湘潭大学社会科学学报》1982 年第 1 期。

44. 商聚德：《〈天演论〉的基本思想辨析》，《河北学刊》1984 年 7 月 20 日第 4 期。

45. 曲辰：《天演论的特色》，《语文教学与研究》1984 年第 6 期。

46. 南京大学历史系：《〈天演论·察变〉“复案”》，《语文教学通讯》1984 年第 5 期。

47. 杨宪邦：《论严复的天演论哲学》，《社会科学辑刊》1984 年第 1 期。

48. 陈越光、陈小雅：《天演论》，陈越光、陈小雅：《摇篮与墓地——严复的思想和道路》，四川人民出版社 1985 年 4 月版，第 46—61 页。

49. 顾农：《鲁迅与〈天演论〉》，《江苏大学学报》（高教研究版）1985年第4期。

50. 吴德：《严复在〈天演论〉中宣扬了些什么》，《中国哲学史研究》1985年第3期。

51. 郑永福、田海林：《〈天演论〉探微》，《近代史研究》1985年5月第3期。

52. 张瑛：《严译〈天演论〉与中国近代文化》，《贵州社会科学》1985年第3期。

53. 王栻等：《〈天演论〉手稿》编者“题解”，王栻主编：《严复集》第5册，第1410—1476页。

54. 王栻等：《天演论》编者“题解”，王栻主编：《严复集》第5册，第1317—1409页。

55. 林志浩：《鲁迅与严复〈天演论〉》，《鲁迅研究月刊》1986年第8期。

56. 蒙树宏：《关于鲁迅的进化论思想》，《思想战线》1986年第5期。

57. 李华兴：《〈天演论〉——改良派的理论基石》，李华兴：《中国近代思想史》，浙江人民出版社1988年9月版，第252—265页。

58. 孙应祥：《关于〈天演论〉的版本问题》，《古典文献研究（1988年）》，南京大学出版社1989年版。

59. 张志建：《天演进化的哲学思想》，张志建：《严复思想研究》，广西师范大学出版社1989年7月版，第76—96页。

60. 冯契等：《严复的哲学思想·物竞天择的天演哲学》，冯契主编：《中国近代哲学史》上册，上海人民出版社1989年5月版，第282—323页。

61. 杨达荣：《严复的天演哲学与老庄思想》，《江西社会科学》1989年第1期。

62. 郑永福、田海林：《关于〈天演论〉的几个问题》，《史学月刊》1989年第2期。

63. 吴剑杰：《严复及其所译〈天演论〉》，吴剑杰：《中国近代思潮及其演进》，武汉大学出版社1989年12月版，第143—147页。

64. 汪毅夫：《〈天演论〉：论从赫胥黎、严复到鲁迅——鲁迅与新思潮》，《鲁迅研究月刊》1990年第10期。

65. 邬国义：《〈天演论〉陕西味经本探研》，《档案与历史》1990年第3期。

66. 齐国华：《〈天演论〉与严复的政治观》，《史林》1991年第1期。

67. 魏义霞：《浅论严复对“天演”原因的分析》，《求是学刊》1991年第4期。

68. 林基成:《天演=进化?=进步?——重读〈天演论〉》),《读书》1991年第12期。

69. 邬国义:《吴汝纶与严译〈天演论〉》,《江淮论坛》1992年第3期。

70. 董增刚:《试析严复翻译〈天演论〉的主旨》,《北京师范学院学报》(社科版)1992年第1期。

71. 苏中立:《中西进化观和〈天演论〉》,苏中立:《救国·启蒙·启示——严复和中西文化》,东北师范大学出版社1992年6月版,第39—58页。

72. 陈允树:《浅析严复译注天演论的历史意义及其深远影响》,《93年严复国际学术研讨会论文集》,海峡文艺出版社1995年12月版,第121—128页。

73. 汪毅夫:《〈天演论〉:从赫胥黎、严复到鲁迅》,《93年严复国际学术研讨会论文集》,第152—162页。

74. 谢天冰:《崇尚和传播现代理性思维的第一人——兼论严复编译〈天演论〉》,《93年严复国际学术研讨会论文集》,第129—140页。

75. 徐守平、徐守勤:《'雅'义小论——重读〈天演论译例言〉》,《中国翻译》1994年第5期。

76. 黄新宪:《严译〈天演论〉的自强思想及其社会教育意义》,《教育评论》1995年第4期。

77. 叶芳骐:《严复〈天演论〉按语述评——纪念〈天演论〉发表100周年》,《福州师专学报》(社会科学版)1995年6月第15卷第2期。

78. 张志建:《天演进化的哲学思想》,张志建:《严复学术思想研究》,商务印书馆1995年12月版,第87—113页。

79. 徐立亭:《天演论的翻译与出版》,徐立亭:《晚清巨人传——严复》,哈尔滨出版社1996年3月版,第254—267页。

80. 徐立亭:《天演论传播进化论》,徐立亭:《晚清巨人传——严复》,第267—279页。

81. 徐立亭:《天演论的创造性》,徐立亭:《晚清巨人传——严复》,第279—294页。

82. 林秀明:《纪念严复"天演公园"在台江建成》,1996年3月23日《福州晚报》第2版。

83. 任继愈:《重读〈天演论〉》,《光明日报》1996年10月13日第3版。

84. 邹振环:《〈天演论〉:危机意识的产物》,邹振环:《影响中国近代社会的一百种译作》,中国对外翻译出版公司1996年1月版,第116—121页。

85. 王民、王亚华:《〈天演论〉与近代中国社会》,《福建论坛》(文史哲版)

1996 年第 3 期。

86. 耿心:《清末民初〈天演论〉版本及其时代特征》,《文献》1996 年第 2 期。

87. 杨正典:《进化唯物论哲学的理论基础——〈天演论〉的内容及其意义》,杨正典:《严复评传》,中国社会科学出版社 1997 年 10 月版,第 140—155 页。

88. 马克锋:《救亡图存与天演图说》,《福建论坛》1997 年第 1 期。

89. 高时良:《历史的画卷时代的警钟——纪念严复译〈天演论〉100 周年》,《福建论坛》1997 年第 1 期(总第 98 期)。

90. 林京榕:《浅谈严复的译著〈天演论〉》,《福建论坛》1997 年第 4 期。

91. 耿传明:《严复的〈天演论〉与赫胥黎的〈进化论与伦理学〉》,《文艺理论研究》1997 年第 6 期(总第 95 期)。

92. 罗耀九:《严复的天演思想对社会转型的催酶作用》,《厦门大学学报》(哲社版)1997 年第 1 期。

93. 郑重:《从天演论译著初版看严复强烈的爱国主义精神》,《严复与中国近代化学术研讨会论文集》,海峡文艺出版社 1998 年 5 月版,第 22—25 页。

94. 范启龙:《天演论的译著及其伟大影响》,《严复与中国近代化学术研讨会论文集》,第 14—21 页。

95. 牛康:《从社会传播角度来考察分析严复天演论的成功》,《严复与中国近代化学术研讨会论文集》,第 52—61 页。

96. 陈俱:《读〈天演论〉札记》,《严复与中国近代化学术研讨会论文集》,第 86—92 页。

97. 罗耀九、林平汉:《从严译〈天演论〉到孙中山的互助思想》,《严复与中国近代化学术研讨会论文集》,第 62—73 页。

98. (韩)曹世铉:《论严复的〈天演论〉与李石曾的〈互助论〉——中国近代进化论的两种译著》,《严复与中国近代化学术研讨会论文集》,第 74—85 页。

99. 邬国义:《〈天演论〉慎始基斋本探研》,《华东师范大学学报》1998 年第 5 期。

100. 崔永禄:《发扬传统,兼收并蓄——纪念严复天演论译例言刊行一百周年》,《天津外国语学院学报》1998 年第 1 期。

101. 王东风:《论达——为纪念严复天演论问世 100 周年而作》,《福建外语》1998 年第 3 期。

102. 许钧:《在继承中发展——纪念严复天演论译例言刊行一百周年》,《中国翻译》1998 年第 2 期。

103. 沈苏儒:《〈天演论·译例言〉现代汉语译文》,沈苏儒:《论信达雅——严复翻译理论研究》,商务印书馆 1998 年 12 月版,第 37—48 页。

104. 张汝伦:《理解严复——纪念〈天演论〉发表 100 周年》,《华东师范大学学报》1998 年第 5 期。

105. 王庆成等:《天演论汇刊三种》之“编者说明”,王庆成等编:《严复合集》第 7 册,辜公亮文教基金会,1998 年 9 月版,卷首第 4—5 页。

106. 冯君豪:《严译〈天演论〉管窥》,冯君豪注解:《物竞天择、适者生存〈天演论〉》,中州古籍出版社 1998 年 5 月版,卷首第 4—25 页。

107. 秦威:《我们应该向严复学习什么?——福建省翻译工作者协会纪念严复翻译出版天演论 100 周年》,《学会》1998 年第 5 期。

108. 朱苏南:《严译〈天演论〉与戊戌时期的思想解放》,《苏州铁道师范学院学报》1998 年第 5 期。

109. 景林:《“严复与天津——纪念天演论正式出版 100 周年学术研讨会”在天津召开》,《历史教学》1998 年第 9 期。

110. 王刚、邢志华《“天人之辩”与严复的“天演”》,《泰安教育学院学报》1999 年第 3 期。

111. 钟兴锦:《严复的中西文化观及其“天演哲学”》,《武汉大学学报》(社科版)1999 年第 4 期。

112. 邢莲君:《严复及〈天演论〉》,《聊城师范学院学报》1999 年第 5 期。

113. 汪毅夫:《〈天演论〉札记(三则)》,《东南学术》1999 年第 1 期。

114. 李学勇:《人云亦云说“天演”》,《读书》1999 年第 11 期,第 144—146 页。

115. 潘光旦:《演化论与几个当代的问题》,潘乃谷、潘乃和编:《潘光旦选集》,光明日报出版社 1999 年版,第 149 页。

116. 吴展良:《严复〈天演论〉作意与内涵新诠》,《台湾大学历史学报》1999 年第 24 期。

117. 赵文龙:《浅谈中学历史教学对严复〈天演论〉的误解》,《中学历史教学参考》2000 年第 4 期。

118. 葛文光:《〈天演论〉的译者——严复其人》,《党史纵横》2000 年第 1 期。

119. 姜奇平:《技术革命的思想解放作用——重读天演论,兼评世纪初中国十大“迷信妄想”》，《互联网周刊》2000 年第 20 期。

120. 俞政：《试析〈天演论〉的意译方式》，《苏州大学学报》2000 年 4 月第 2 期。

121. 俞政：《关于〈天演论〉译文的修改》，《苏州大学学报》2001 年 7 月第 3 期。

122. 俞政：《从孙宝瑄日记看其对〈天演论〉的解读》，《福建论坛》2001 年第 3 期（总 124 期）。

123. 李敬泽：《浮世、女人与〈天演论〉》，《朔方》2001 年第 1 期。

124. 胡松云：《简论严复翻译〈天演论〉的政治意义》，《铜仁师范高等专科学校学报》2001 年第 2 期。

125. 韩连武：《东方“天演论”——世界上第一部不用文字的哲学著作》，《南都学坛》2001 年 7 月第 21 卷第 4 期。

126. 胡伟希：《严复〈天演论〉与中国近代伦理思想观念的变迁》，习近平主编：《科学与爱国——严复思想新探》，清华大学出版社 2001 年 11 月版，第 158—165 页。

127. 王有朋：《严复与〈天演论〉》，2001 年 11 月 19 日《文汇报》。

128. 汤志钧：《大同三世和天演进化》，《史林》2002 年 2 月第 2 期。

129. 李珍：《〈天演论〉评介》，李珍评注：《严复〈天演论〉》，华夏出版社 2002 年 10 月版，卷首第 1—25 页。

130. 俞政：《严复翻译〈天演论〉的经过》，《苏州大学学报》2002 年第 4 期。

131. 王天根：《天演论早期稿本及其流传考析》，《史学史研究》2002 年第 3 期。

132. 姜奇平：《企业天演论——关于〈EVOLVE!〉》，《中外管理导报》2002 年第 4 期。

133. 姜奇平：《企业天演论——读〈e 变〉》，《经理世界》2002 年第 6 期。

134. 王民：《严复天演论对中国近代社会的影响》，张广敏主编：《严复与中国近代文化》，海风出版社 2003 年 9 月版，第 76—86 页。

135. 俞政：《〈天演论〉的译著经过》，俞政：《严复著译研究》，苏州大学出版社 2003 年 5 月版，第 2—21 页。

136. 俞政：《〈天演论〉的意译方式》，俞政：《严复著译研究》，第 21—63 页。

137. 俞政：《〈天演论〉译文的修改》，俞政：《严复著译研究》，第 63—

80 页。

138. 俞政:《〈天演论〉的社会影响——以孙宝瑄为例》, 俞政:《严复著译研究》, 第 80—95 页。

139. 张继孝:《一卷生花〈天演论〉天下谁人不识君——严复诗扇寻觅记》,《收藏界》2003 年第 8 期。

140. 孙应祥:《〈天演论〉版本考异》, 黄瑞霖主编:《中国近代启蒙思想家——严复诞辰 150 周年纪念论文集》, 方志出版社 2003 年版, 第 320—332 页。

141. 孙应祥:《天演论版本简表》, 孙应祥:《严复年谱》, 福建人民出版社 2003 年 8 月版, 第 133—134 页。

142. 皮后锋:《天演论手稿与修改过程》, 皮后锋:《严复大传》, 福建人民出版社 2003 年 10 月版, 第 166—171 页。

143. 皮后锋:《天演论通行本的主要内容》, 皮后锋:《严复大传》, 第 171—177 页。

144. 皮后锋:《天演论通行本的独创性》, 皮后锋:《严复大传》, 第 177—183 页。

145. 皮后锋:《天演论的传播》, 皮后锋:《严复大传》, 第 183—190 页。

146. 皮后锋:《天演论与近代中国学术》, 皮后锋:《严复大传》, 第 201—204 页。

147. 王天根:《天演论的传播与近代知识分子对生存斗争学说的诠释——以孙宝瑄日记为个案》,《华南理工大学学报》2003 年第 4 期。

148. 王红艳:《严复的天演思想与晚清社会风潮》, 黄瑞霖主编:《中国近代启蒙思想家——严复诞辰 150 周年纪念论文集》, 第 197—203 页。

149. 孙应祥、皮后锋:《进化天演 (夏期讲演会稿)》“编者注”, 孙应祥、皮后锋编:《〈严复集〉补编》, 第 134 页。

150. 荆文凤:《论〈天演论〉》,《鸡西大学学报》2004 年第 1 期。

151. 胡民生、周明鑫:《小杨树染绿大世界——记杨树大王、天演公司董事长唐天林》,《农产品市场周刊》2004 年第 46 期。

152. 王民:《严复“天演”进化论对近代西学的选择与汇释》,《东南学术》2004 年第 3 期。

153. 冯聿峰:《〈天演论〉: 一个文本解释学的标本——进化外传之七》,《中华读书报》2004 年 8 月 25 日第 15 版。

154. 汪家熔:《〈天演论〉、年鉴及其他》,《百家书话》2004 年第 1 期。

155. 赵艳:《从意识形态对严复〈天演论〉翻译过程的操纵看翻译是改写》,

华中科技大学 2004 年硕士学位论文。

156. 王天根：《〈天演论〉的传播与梁启超》，《安大史学》2004 年第 1 期。

157. 王天根：《〈天演论〉版本时间考析两题》，《安徽史学》2005 年第 3 期。

158. 陈鸿祥：《慈禧读〈天演论〉及其他》，《雨花》2005 年第 9 期。

159. 王新、乔晓燕：《"目的论" 在严译〈天演论〉中的体现》，《内蒙古工业大学学报》（社会科学版）2005 年第 2 期。

160. 林长洋：《翻译中的目的、规范、冲突和选择——从翻译规范论看严译〈天演论〉》，《萍乡高等专科学校学报》2005 年第 3 期。

161. 孙存准：《〈天演论〉的可 "信" 度》，《中国经济时报》2005 年 4 月 19 日。

162. 贺显斌：《严复的〈天演论·译例言〉的写作动机》，《上海翻译》2005 年第 3 期。

163. 杨全红：《文与白、偏与爱——从〈天演论〉第一段两种译文之对比点评谈起》，《北京第二外国语学院学报》2005 年第 4 期（总第 128 期）。

164. 田薇、胡伟希：《略论严复的天演论道德观及其对中国传统伦理思想的突破》，《教学与研究》2005 年第 7 期。

165. 王琳：《〈天演论〉中严复政治议程的体现》，华南师范大学 2005 年硕士学位论文。

166. 欧阳哲生：《导读：中国近代思想史上的〈天演论〉》，欧阳哲生导读：《天演论》，贵州教育出版社 2005 年 8 月第 1 版，第 1—2 页。

167. 黄克武：《吕增祥、吴汝纶与严译〈天演论〉》，黄克武：《走向翻译之路：北洋水师学堂时期的严复》，《近代史研究所集刊》2006 年第 49 期。

168. 李漫、江卫东：《精英与雅言——〈天演论〉的传播要素分析》，《新闻记者》2006 年第 2 期。

169. 欧阳哲生：《中国近代思想史上的天演论》，《广东社会科学》2006 年第 2 期。

170. 苏中立：《严复翻译出版天演论的时间考评》，苏中立、涂光久：《严复思想与近代社会》，中国文史出版社 2006 年 7 月版，第 138—149 页。

171. 苏中立、涂光久：《严复选译天演论的原因和主旨》，苏中立、涂光久：《严复思想与近代社会》，第 149—157 页。

172. 苏中立、涂光久：《严复对天演论的改作》，苏中立、涂光久：《严复思想与近代社会》，第 166—190 页。

173. 苏中立：《天演论的传播方式及其特点》，苏中立、涂光久：《严复思想与近代社会》，第 190—205 页。

174. 苏中立：《天演、进化、进步的内涵及其关系研究述评》，《安徽史学》2006 年第 4 期。

175. 王燕：《论社会历史语境下的严译〈天演论〉》，《牡丹江教育学院学报》2006 年第 4 期。

176. 焦飏：《从“翻译适应选择论”看严复〈天演论〉的翻译》，《成都教育学院学报》2006 年第 12 期。

177. 王天根：《易学与社会兴衰论——以严复译〈天演论〉文本解读为中心》，《史学史研究》2006 年第 3 期（总 123 期）。

178. 蒋小燕、罗晓洪：《论严复〈天演论〉的文化观》，《求索》2006 年第 5 期。

179. 龚书铎：《〈天演论〉传播与清末民初的社会动员·序》，王天根：《〈天演论〉传播与清末民初的社会动员》，合肥工业大学出版社 2006 年 5 月版，卷首第 1 页。

180. 谢俊美：《“天择”百年言犹在，“竞存”至理百世长——纪念严复翻译〈天演论〉110 年》，郭晓勇：《纪念天演论翻译 110 周年——严复与天津国际学术研讨会综述》，《历史教学》2006 年第 1 期。

181. 郭晓勇：《纪念〈天演论〉翻译 110 周年——严复与天津国际学术研讨会综述》，2006 年《历史教学》第 1 期。

182. 皮后锋：《〈天演论〉的主要内容》，皮后锋：《严复评传》，南京大学出版社 2006 年 8 月版，第 327—337 页。

183. 皮后锋：《〈天演论〉的独创性》，皮后锋：《严复评传》，第 337—374 页。

184. 皮后锋：《〈天演论〉的传播与主要版本》，皮后锋：《严复评传》，第 374—381 页。

185. 皮后锋：《〈天演论〉与近代中国学术》，皮后锋：《严复评传》，第 395—406 页。

186. 殷向飞：《〈天演论〉与进化论在近代中国的传播》，西北大学 2006 年硕士学位论文。

187. 管妮：《以德国目的论解析严译〈天演论〉的“不忠”》，上海海事大学 2006 年硕士学位论文。

188. 罗欢：《从操控论角度研究严复〈天演论〉的翻译》，四川大学 2006 年硕士学位论文。

189. 张昆：《从翻译的政治视角看严复的译作〈天演论〉》，合肥工业大学2006年硕士学位论文。

190. 荣利颖：《解构主义视野下看严复的〈天演论〉》，天津理工大学2006年硕士学位论文。

191. 蒋小燕：《从严复翻译〈天演论〉谈翻译中译者主体性的发挥》，中南大学2006年硕士学位论文。

192. 吴蓉：《从目的论的角度看〈天演论〉》，四川师范大学2006年硕士学位论文。

193. 耿传明：《〈天演论〉的回声——清末民初知识群体的心态转换与价值观转换》，《天津社会科学》2007年第5期。

194. 王天根：《〈天演论驳议〉：科学与宗教视野中的进化论批判》，2007年《史学月刊》第7期。

195. 麦劲生：《严复论时间、宏观和微观进化》，李建平主编：《严复与中国近代思想》，海风出版社2007年5月版，第327—338页。

196. 苏中立：《〈天演论〉的传播与辛亥时期社会思想的发展》，李建平主编：《严复与中国近代思想》，第5—18页。

197. 苏中立：《二十世纪初年含有天演内容的文章、著作、日记、回忆录集锦》(1901—1905年)，李建平主编：《严复与中国近代思想》，第581—595页。

198. 林丽玲：《严复的翻译文体风格探略——以〈天演论〉为例》，李建平主编：《严复与中国近代思想》，第458—464页。

199. 庞广仪：《另辟蹊径，匠心独运——〈天演论传播与清末民初的社会动员〉评介》，《安徽史学》2007年第4期。

200. 苏中立：《天演惊雷与辛亥思想的多元趋向》，辛亥革命史研究会编：《辛亥革命史丛刊》第13辑，湖北人民出版社2007年6月版，第512—528页。

201. 曹丹：《以传播的方式解读天演论——〈天演论传播与清末民初的社会动员〉一书评介》，《广西师范大学学报》(哲学社会科学版) 2007年4月第43卷第2期。

202. 林丽玲：《简论严复的“达旨”式翻译法——以分析〈天演论〉的翻译风貌为中心》，《福建医科大学学报》(社会科学版) 2007年第1期。

203. 杨和强、胡天寿：《〈天演论〉评述》，杨和强、胡天寿白话今译：《天演论》，人民日报出版社2007年10月版，第132—137页。

204. 张建英：《严复译〈天演论〉与翻译的政治性》，《政治理论研究·文教资料》，2007年3月号。

205. 梁真惠、陈卫国:《严复译本〈天演论〉的变异现象——以功能翻译理论为视角的研究》,《北京第二外国语学院学报》(外语版) 2007 年第 6 期。

206. 杨春花:《功能派翻译理论视角下重释“信达雅”——以严复〈天演论〉的翻译为例》,《信阳师范学院学报》(哲学社会科学版) 2007 年 10 月第 27 卷第 5 期。

207. 李宪堂:《严复与〈天演论〉》,《光明日报》2007 年 10 月11 日。

208. 汤志钧:《〈天演论〉的译述和出版》,贾长华主编:《严复与天津》,百花文艺出版社 2008 年 5 月版,第 8—10 页。

209. 章用秀:《〈天演论〉在津成书与刊行始末》,贾长华主编:《严复与天津》,第 11—12 页。

210. 陈作仪:《严复朱笔校改〈天演论〉》,贾长华主编:《严复与天津》,第 13—14 页。

211. 甄明:《我所收藏的〈天演论〉早期版本》,贾长华主编:《严复与天津》,第 15—16 页。

212. 严孝潜:《严复曾修订过〈天演论〉》,贾长华主编:《严复与天津》,第 17—18 页。

213. 李光照、陈久生:《大狮子胡同与〈天演论〉》,贾长华主编:《严复与天津》,第 206—208 页。

214. 谭淳、李延林:《从目的论看严复译著〈天演论〉》,《湖南医科大学学报》(社会科学版) 2008 年 9 月 12 日第 10 卷第 5 期。

215. 李颖:《多角度审视严复〈天演论〉的翻译》,《科教文汇》2008 年第 12 期。

216. 孙爱娟:《严复〈天演论〉翻译的目的论解读》,《安徽文学》2008 年第 9 期。

217. 田华:《重释〈天演论〉的翻译》,《辽宁工程技术大学学报》(社会科学版) 2008 年 11 月第 10 卷第 6 期。

218. 林长洋:《论严译〈天演论〉中的策略性叛逆》,《疯狂英语》(教师版) 2008 年第 5 期。

219. 刘溜:《天演中国——2007 观察家年会综述》,《经济观察报》2008 年 2 月4 日第 33 版。

220. 路保安:《论严复的天演哲学与中西文化比较会通》,北京语言大学 2008 年硕士学位伦文。

221. 董静玉:《从意识形态和诗学角度看严复的译作〈天演论〉》,太原理工大学 2008 年硕士学位论文。

222. 黄忠廉：《严译〈天演论〉究竟始于何年》，《光明日报》2008 年 5 月 12 日第 12 版。

223. 周崇云：《吴汝纶与〈天演论〉》，《光明日报》2008 年 8 月 3 日第 7 版。

224. 杨娟：《在“厚翻译”之后：严译〈天演论〉再思考》，湖南师范大学 2008 年硕士学位论文。、

225. 吴会平：《社会学视角下的〈天演论〉翻译研究》，河北大学 2008 年硕士学位论文。

226. 曹阳：《〈天演论〉翻译研究》，《当代学术论坛》2008 年第 5 期。

227. 王天根：《〈天演论〉与严复对生存斗争学说的解读》，王天根：《群学探索与严复对近代社会理念的建构》，黄山书社 2009 年 11 月版，第 78—84 页。

228. 黄忠廉：《变译平行语料库概说——以严复〈天演论〉为例》，《外语学刊》2009 年第 1 期。

229. 刘阳：《进化与天演——重读严译〈天演论〉》，《西北民族研究》2009 年第 1 期。

230. 张龙：《〈天演论〉在中国的影响有多大》，《中学政史地（初中适用）》，2009 年第 10 期。

231. 田静：《从语言顺应论看严复〈天演论〉的翻译》，《广西大学学报（哲学社会科学版）》2009 年第 1 期。

232. 于玲玲：《〈天演论〉与戊戌时期社会思想启蒙》，《黑龙江教育学院学报》2009 年第 5 期。

233. 《严复译著〈天演论〉出版》，《中学生导报·中考历史快递》2009 年第 4 期。

234. 李兵：《传统与现代之间——论严复翻译〈天演论〉的出发点》，《青年文学家》2009 年第 7 期。

235. 张怀宇：《严复天演思想的传播学诠释》，《东南传播》2009 年第 10 期。

236. 张雅：《从评价论看严复译〈天演论〉》，南京农业大学 2009 年硕士学位论文。

237. 熊秦怡：《从后殖民视角看严复译〈天演论〉中的抵抗性翻译》，上海外国语大学 2009 年硕士学位论文。

238. 孙启亮：《历史的规律：“天演”——有感于先秦的百家争鸣》，《成都航空职业技术学院学报》2009 年第 1 期。

239. 龙漫远：《两百岁的达尔文在中国 111 年：进化与天演》，《生命世界》

2009年第11期。

240. 张长江:《2009年中国摩托车行业“天演论”》,《摩托车信息》2009年第3期。

241. 叶庆芳:《从文化语境看译者主体性——以严复译本〈天演论〉为例》,《湖北经济学院学报》(人文社会科学版)2009年第5期。

242. 杨小彦:《物像天演——李邦耀的“新物像主义”及其艺术实践》,《东方艺术》2009年第1期。

243. 黄忠廉:《〈天演论〉“写”的单位与方式》,《当代外语研究》2010年第1期。

244. 郑钰湞:《会通中西、文以载道——从“会通”思想和诗学看〈天演论〉的翻译》,《皖西学院学报》2010年第6期。

245. 李群:《从文学翻译的层次说解读〈天演论〉》,吴尚义主编:《语言与文化研究》(第五辑)2010年第4期,知识产权出版社出版。

246. 赵金国:《严复〈天演论〉伦理思想研究》,中南大学2010年硕士学位论文。

247. 焦卫红:《严复译著〈天演论〉的生态翻译学》,《上海翻译》2010年第4期。

248. 王东风:《〈天演论〉译文片段赏析》,《中国翻译》2010年第5期。

249. 程磊:《论〈天演论〉译介中的文化操控》,《作家》2010年第6期。

250. 周娟:《从顺应论视角看严复〈天演论〉的翻译》,重庆大学2010年硕士学位论文。

251. 田伟丽:《从目的论角度对〈天演论〉的分析》,太原理工大学2010年硕士学位论文。

252. 王林:《从严复译作〈天演论〉看权力话语对翻译的影响》,四川师范大学2010年硕士学位论文。

253. 张锦:《基于目的论的严复〈天演论〉翻译过程中的创造性叛逆研究》,西北师范大学2010年硕士学位论文。

254. 闫亮亮:《从〈天演论〉手稿到〈天演论〉》,湖南大学2010年硕士学位论文。

255. 张小红:《浅谈严复〈天演论〉中进化论思想》,《商品与质量·理论研究》2010年第4期。

256. 邓隽:《从目的论管窥严复译〈天演论〉》,《上海翻译》2010年第2期。

257. 许宏泉:《严复:进而不化论天演》,《书摘》2010年第5期。

258. 蒯文婷：《回归传统　译介西学——论严复〈天演论〉的回归“文章”译法》，《重庆理工大学学报》（社会科学版）2011 年第 12 期。

259. 张秦：《从期待视野看严复翻译的〈天演论〉》，《黔南民族师范学院学报》2011 年第 4 期。

260. 黄庭月：《严复翻译〈天演论〉在辛亥时期的影响》，《华北水利水电学院学报》（社科版），2011 年第 5 期。

261. 周敏：《从目的论看严复〈天演论〉》，《长沙大学学报》2011 年第 1 期。

262. 俞妍君：《解构主义视域下〈天演论〉的翻译研究》，《安徽电子信息职业技术学院学报》2011 年第 1 期。

263. 蒋焕新：《〈天演论〉的翻译目的论解读》，《当代教育理论与实践》2011 年第 3 期。

264. 郑佳：《高文雄笔、取信读者——从切斯特曼翻译规范论看严复译著〈天演论〉》，《华中师范大学研究生学报》2011 年第 3 期。

265. 孟令维：《从接受美学视角评析严复〈天演论〉》，《湘潮（下半月）》2011 年第 5 期。

266. 黎珂：《从 MonaBaker 叙事理论看严复〈天演论〉译本的重构翻译》，华中师范大学 2011 年硕士学位论文。

267. 赵乐：《意识形态下严复对翻译的操纵——以译本〈天演论〉为例》，《青年文学家》2011 年第 7 期。

268. 杨建民：《关于严复与〈天演论〉的时代特征》，《团结报》2011 年 1 月 20 日第 7 版。

269. 黄忠廉：《〈天演论〉阐译研究》，《阅江学刊》2011 年第 2 期。

270. 刘映珊：《从系统语法看〈天演论〉的翻译》，《新西部（理论版）》2011 年第 6 期。

271. 崔纯：《从后殖民翻译理论视角解读严复“逐译”〈天演论〉》，《淮北师范大学学报》（哲学社会科学版）2011 年第 4 期。

272. 张德让：《严复治异国语言之“至乐”及其〈天演论〉翻译会通策略》，《天津外国语大学学报》2011 年第 4 期。

273. 万远新：《重论严复基于天演进化论的中西文化》，《科学经济社会》2011 年第 3 期。

274. 王道还：《重读〈天演论〉》，《科学文化评论》2012 年第 1 期。

275. 惠萍：《“天演”的进化——基于传播学视角的严复思想再考察》，《河南大学学报》（社会科学版）2012 年第 3 期。

276. 雷中行:《晚清士人对〈天演论〉自然知识的理解——以吴汝纶与孙宝瑄为例》,《清华大学学报》(哲学社会科学版)2012 年第 3 期。

277.《转型的〈天演论〉》,《上海国资》2012 年第 5 期。

278. 汪注:《〈天演论〉的祭品:塾师形象的妖魔化书写——以清末民初通俗小说为例》,《内蒙古农业大学学报》(社会科学版)2012 年第 1 期。

279. 王雪芹:《生态翻译学视角下的严译〈天演论〉解读》,浙江工商大学 2012 年硕士学位论文。

280. 于龙成:《〈天演论〉翻译的取舍及其历史思考》,《湘潮》(下半月),2012 年第 3 期。

281. 谢菲:《从多元系统论视角看严译〈天演论〉》,《文学界》(理论版) 2012 年第 2 期。

282. 王秋安:《严复科学方法论与〈天演论〉的进化观》,《商丘师范学院学报》2012 年第 4 期。

附录三：一部严复研究的学术发展史

——简评《百年严复——严复研究资料精选》

华中师大苏中立教授是老一辈中国近代史专家，不仅在近代社会思潮研究方面成果丰硕，在严复研究等方面也有突出贡献，先后出版《严复和中西文化》(1992 年)、《严复思想与近代社会》(2006 年) 等专著，并发表大量专题论文。苏教授退休以来，一直笔耕不辍，晚近又与涂光久副教授合作，编成《百年严复——严复研究资料精选》一书，于 2011 年 1 月由福建人民出版社出版。本书按专题和时间顺序，将大量重要严复研究论著与资料汇集一册，这是严复研究领域的又一项重要成果。当今学风浮躁，而年近八旬的苏教授甘于奉献，敢坐冷板凳，从十余年积累的700 余份资料中精选出100 份，编成本书，其中所耗心力、时间之多，编纂过程之艰辛，实非急功近利者所能想象。手此一册，学者们可以非常方便地检索到相关材料，既免于搜索之苦，又节省大量时间，其嘉惠学林，可谓功德无量，学界同仁对此多有好评。

1. 弥补了严复研究资料集结中的某些空白。

严复与康有为、孙中山等人同列为近代中国向西方寻求真理的先进人物之一，但其研究资料的数量和质量，不仅不能与孙中山相比，就是与康有为、梁启超相比，也是相差悬殊；至于资料的集结方面，严复这方面就更为落后了，至今没有一本较为完整的研究资料集。此前，已出版的严复研究资料集有两种：一为台湾学者所编《严复传记资料》，主要是辑录中国台湾学者研究严复的论著；二为大陆学者牛仰山、孙鸿霓合编《严复研究资料》，主要辑录研究严复文学方面的论著。与前二者比较，《百年严复——严复研究资料精选》一书在形式和内容方面都有自己的特点，特别是有关严复世系、严复故居、严复影响、严复族群追忆等方面文稿的集结，填补了以往严复研究资料集结中的某些空白，为进一步全面研究严复提供了坚实的文献基础。

2. 内容纵横交错，凸显严复地位。

该书全文除序言、后记、附录外，共收录100篇文稿；节录的文稿，篇名由编者所拟；每篇文稿又分为三个部分：编者提示，文稿原文，注释文稿版本和作者简介。所有文章横向立题，纵向排序，纵横交错，纲举目张，凸显全书的内容和严复的地位。

从纵向上看，100篇文稿，平均每年约1篇，而以两个时期较多，一是清末民初，平均每年约1.4篇；二是1978年改革开放后30年比改革开放前29年多，比例约为8∶3。这说明，严复研究与改革开放及现代化建设紧密相连，清末民初是革新之年，主要是对严复及其著译的认知与实用阶段；1978年之后的30年是改革开放之年，才真正进入对严复及其著译的深入研究阶段。

从横向上看，100篇文稿分为四大部分：一是严复的世系与故居，共6篇；二是严复的生平与行状，共31篇；三是严复的翻译与信达雅，共17篇；四是严复及其译著的影响，共47篇。其中一、三部分篇幅较小，二、四部分篇幅较大，突出了严复生平及其影响的内容。如严复的生平部分，包括四个横向专题——"生平·年谱·传略"，"散见于同代人文字中的事迹"，"有关亲友的追忆"，"有关行状的疏辩"。每个横向专题内的文稿则按时序编排，标明年代。如1921年严复逝世后，陈宝琛、王允皙、林纾等人分别撰写的墓志铭、行状及祭文，简述了严复的一生；1922年《申报》五十周年纪念之时，梁启超、蔡元培、胡适等人的文章，评述了严复在中国近代思想史上的地位；1927年的《清史稿·严复传》，使严复进入了所谓"正史"之门；之后，严璩、王蘧常、孙应祥、罗耀九等人先后撰写了严复年谱；林耀华、钱基博、严瑜、严家理、严停云、皮后锋等人先后撰写了严复传记，都详实地介绍了严复的生平活动。又如严复及其译著的影响部分，包括三个横向专题——"身前的影响与评价"，"身后的影响与评价"，"当代的审视与评判"。每个横向专题完全按时序编排，并标明具体年代。如说"严复为中国西学第一者"、"译才并世数严林"（康有为语），"严复是哲学初祖"、"严复于西学中学皆为我国第一流人物"（梁启超语），"严复是译界泰斗"（胡汉民语），"严复的确与众不同"（鲁迅语），"严复是介绍西洋近世思想第一人"（胡适语），"介绍西洋哲学要推严复为第一"（蔡元培语），"中国言逻辑、论逻辑文学均始于严复"（钱基博语），"严复是西方思想的最大权威"（冯友兰语），严复是"向西方寻找真理"的"先进的中国人"之一（毛泽东语），"《天演论》敲起祖国危亡的警钟"（王栻语），"《天演论》使我们奋起图存"（吴玉章语），等等。

总之，本书较为全面而又精当地反映了近百年间严复研究的概貌，以及不同时期严复研究的不同特点，在一定意义上可以说这是一部严复研究的学术发展史。

3. 注重名人效应，又不为名人讳言。

本书所录百文的作者，多为著名历史人物与现当代学者，名人评论名人，更显示被评论者的重要地位和价值。从所选文章的作者来看，大致可分为四种情况：一是主要从事政治活动和舆论宣传的社会活动家或领袖人物，如郭嵩焘、康有为、梁启超、胡汉民、刘冠雄、瞿秋白、郭沫若、吴玉章、嵇文甫、毛泽东等；二是主要从事文化教育事业的知识精英，如吴汝纶、孙宝瑄、林纾、黄遵宪、王国维、蔡元培、刘师培、傅斯年、贺麟、胡适、鲁迅、吴虞、冯友兰、艾思奇等；三是主要从事严复研究并有专门论著的专家学者，如王蘧常、林耀华、钱基博、潘光旦、周振甫、王栻、沈苏儒、刘桂生、孙应祥、罗耀九、卢美松、官桂铨、邬国义、王宪明、黄克武、林启彦等；四是严复宗亲中的知名人士，如严倬云、严停云等。

诸多名人在评论严复时，如上所述，大多肯定和赞扬严复的功德，有的还极力推荐严复承担各种重任，如吴汝纶认为严复是“救时之首选”人才，郭嵩焘认为严复可任驻外使臣，王锡蕃请求朝廷重用严复，刘冠雄举荐严复为海军总长，等等。

秉笔直书，不为尊者隐、不为贤者讳，是中国史学的优良传统，编者秉承这一优良传统，在本书中难能可贵地选编了部分异议文章，展开百家争鸣。有的直接批驳严复及其论著，如《辨〈辟韩〉书》、《〈天演论〉驳义》、《〈社会通诠〉商兑》等；有的对严复译著及其翻译思想提出不同看法，甚至完全否定，如王国维指出严译《天演论》的缺陷；傅斯年认为严译《天演论》最糟；瞿秋白先是完全否定严复翻译及其思想，后则部分肯定；贺麟先是完全肯定严复翻译及其思想，后则有某些否定。在所有辑录文章中，部分文章对同一问题也是两种观点并存，如严复与伊藤博文是否为留英同窗，严复对待中西文化的态度是否前后一致，严复后期是否倒退，如何看待严复译述的《社会通诠》，如何看待严复与筹安会的关系，等等。这些问题的分歧和辨析，有利于学术界在争辩中澄清史实，克服偏见，达成共识，进一步提升严复研究水平。

当然，本书也有令人遗憾和不足之处，如因版权问题或篇幅限制，有些重要资料未能收录或过于简略，严复思想研究方面的资料收录的比较少，有些文稿的分类是否恰当尚可商榷，等等。虽然如此，但本书仍不失为一部严复研究资料的精选之作，也是当今已版各类资料中的精品之一，是一部优秀的可以传世的著作，值得大家一读。

江苏省社会科学院研究员皮后锋

2011 年 6 月

后记

《百年天演——〈天演论〉研究经纬》一书和《百年严复——严复研究资料精选》本是姊妹篇，前者是为纪念严复诞生160周年而作，后者是为纪念严复逝世90周年而作。两书是同时开始搜集资料，同时拟定编写提纲，同时开始整理和编写的，所以在编写原则方面有许多相似之处，但因前者是著述，后者是资料选编，所以两书是同中有异，异中有同。为了使两书联系起来，特将江苏省社会科学院研究员皮后锋博士撰写的《一部严复研究的学术发展史——简评〈百年严复——严复研究资料精选〉》一文选入本书的附录之中，以便比较。

此外，两书还遵循了以下一些原则：都尊重历史事实，以史为据，强调论从史出；都力争用历史的、辩证的观点审视和评价历史人物；都贯彻百家争鸣的精神，注意选取不同观点的论著，并发表编者之浅见；都力求在继承前人研究成果的基础上，做到有所发现，有所创见。

回顾20多年前，当我开始集中研究严复的时候，虽然遇到了诸多困难，但也得到了许多师长学友和学界同仁的多方帮助与指导。本书之所以能顺利地得以出版，更是得益于许多单位的鼎力相助，如福建省严复学术研究会的领导，不但积极主动地向有关部门推荐，而且具体帮助联系，解决实际问题；闽都文化研究会的领导迅速组织有关专家对本书进行评审，最终决定将本书纳入该会研究课题之中，资助其公开出版。值此本书出版之际，对所有关心、支持、帮助本书编写出版的领导、专家、编辑、学界同仁，表示衷心的感谢和敬意！

由于编者的学识水平有限，加上时限很长、内容广泛，涉及问题很多，难免出现不足与错误，恳请领导、专家、读者教正，以便日后改进。

苏中立　于武汉华中师范大学

2012年12月

图书在版编目（CIP）数据

百年天演：《天演论》研究经纬/苏中立著．—福州：福建人民出版社，2014.1

ISBN 978-7-211-06837-1

Ⅰ.①百...　Ⅱ.①苏...　Ⅲ.①进化学说　②《天演论》　Ⅳ.①Q111

中国版本图书馆CIP数据核字（2013）第272363号

百年天演
BAINIAN TIANYAN

作　　者：苏中立　著
责任编辑：史霄鸿
出版发行：海峡出版发行集团
福建人民出版社
电　　话：0591-87533169（发行部）
网　　址：http://www.fjpph.com
电子邮箱：fjpph7211@126.com
地　　址：福州市东水路76号
邮政编码：350001
经　　销：福建新华发行（集团）有限责任公司
印　　刷：福建省天一屏山印务有限公司
地　　址：福州市闽侯永丰村
邮政编码：350101
开　　本：787毫米×1092毫米　1/16
印　　张：18.25
字　　数：317千字
版　　次：2014年1月第1版　2014年1月第1次印刷
书　　号：ISBN 978-7-211-06837-1
定　　价：110.00元